Informatorische Assistenzsysteme in der variantenreichen Montage

Manfred Bornewasser • Sven Hinrichsen
Hrsg.

Informatorische Assistenzsysteme in der variantenreichen Montage

Theorie und Praxis

Springer Vieweg

Hrsg.
Manfred Bornewasser
Institut für Psychologie
Universität Greifswald
Greifswald, Deutschland

Sven Hinrichsen
Labor für Industrial Engineering
Technische Hochschule Ostwestfalen-Lippe
Lemgo, Deutschland

ISBN 978-3-662-61373-3 ISBN 978-3-662-61374-0 (eBook)
https://doi.org/10.1007/978-3-662-61374-0

Die Deutsche Nationalbibliothek verzeichnet diese Publikation in der Deutschen Nationalbibliografie; detaillierte bibliografische Daten sind im Internet über http://dnb.d-nb.de abrufbar.

Springer Vieweg

Lektorat: Alexander Grün
Springer Vieweg ist ein Imprint der eingetragenen Gesellschaft Springer-Verlag GmbH, DE und ist ein Teil von Springer Nature.
Die Anschrift der Gesellschaft ist: Heidelberger Platz 3, 14197 Berlin, Germany

Vorwort

Erst mit der Ausführung des Montageprozesses entsteht ein Erzeugnis höherer Komplexität, das die vom Kunden gewünschten Eigenschaften erfüllt. Die Funktion der industriellen Montage ist aber nicht nur von entscheidender betrieblicher, sondern auch von volkswirtschaftlicher Bedeutung, da in Deutschland zehntausende von Montagearbeitsplätzen in Branchen wie dem Maschinen- oder Fahrzeugbau bestehen. Diese Arbeitsplätze verändern sich. So führt die hohe Wettbewerbsintensität in einzelnen Branchen zu einer hohen Innovationsdynamik. Diese findet wiederum ihren Ausdruck in Produkten, die durch Integration von Zusatzfunktionen aus immer mehr Einzelteilen bestehen, in einer Vielzahl an Varianten am Markt angeboten oder sogar kundenindividuell gestaltet werden. Dadurch steigt die Komplexität der Montagearbeit. Beschäftigte haben im Hinblick auf die Auswahl des aufzunehmenden Bauteils, des zu nutzenden Werkzeugs oder der anzuwendenden Arbeitsmethode eine Vielzahl an Entscheidungen zu treffen. Es stellt sich daher die Frage, wie mit dieser zunehmenden Komplexität umzugehen und wie diese seitens der Beschäftigten zu bewältigen ist, ohne dass es zu Überbeanspruchungen der Beschäftigten und einem Verfehlen von Produktivitätszielen kommt. Während Montage bislang vornehmlich als energetische Arbeit begriffen wurde, sind künftig die kognitiven Anteile der Montagearbeit in den Vordergrund zu rücken. Montagesystemgestaltung ist demnach verstärkt ein Handlungsfeld der kognitiven oder auch neurokognitiven Ergonomie. In diesem Zusammenhang spielt das Komplexitätsmanagement eine entscheidende Rolle: Während früher Strategien des Vereinfachens, z. B. durch fortschreitende Arbeitsteilung, im Vordergrund standen, gewinnen heute Strategien des Beherrschens der Komplexität an Bedeutung. Im Zentrum dieses Paradigmenwechsels stehen dabei informatorische Assistenzsysteme, die den Beschäftigten im Montageprozess mit Informationsangeboten unterstützen und so die wachsende Komplexität sicher beherrschbar machen.

Das vorliegende Buch möchte dazu anregen, eine betriebliche Strategie für ein umfassendes Informationsmanagement in der variantenreichen Montage zu entwickeln und umzusetzen, damit die industrielle Montagearbeit weiterhin Zukunft in Deutschland hat. Dieses Buch beinhaltet wesentliche Ergebnisse des öffentlich geförderten Projektes Montexas4.0. Es entstand im Zusammenspiel von Arbeitspsychologen, Wirtschaftsingenieuren, Produktionstechnikern und Informatikern, von Wissenschaftlern und Praktikern, in

Laboren und in betrieblichen Arbeitskontexten. Unser Dank gilt allen Beschäftigten und Autoren, die das Projekt getragen, unterstützt und bereichert haben. Besonderer Dank gilt den Unternehmen HOMAG Kantentechnik und Spier Fahrzeugwerk, die den Anforderungen der Wissenschaft stets aufgeschlossen gegenüberstanden und in hohem Maße zum Gelingen des Projektes beigetragen haben. Er gilt Herrn Dr. Raymond Djaloeis vom Projektträger Karlsruhe für seine Unterstützung während der gesamten Projektlaufzeit und Frau Sabine Bromby vom Springer-Verlag für ihre freundliche Förderung dieser Publikation.

Greifswald und Lemgo, Deutschland
September 2020

Manfred Bornewasser
Sven Hinrichsen

Förderhinweis

GEFÖRDERT VOM

Bundesministerium für Bildung und Forschung

ESF Europäischer Sozialfonds für Deutschland

EUROPÄISCHE UNION

Zusammen. Zukunft. Gestalten.

Das Forschungs- und Entwicklungsprojekt Montexas4.0 wurde im Rahmen des Programms „Zukunft der Arbeit" (Förderkennzeichen 02L15A260ff.) vom Bundesministerium für Bildung und Forschung (BMBF) und dem Europäischen Sozialfonds (ESF) gefördert und vom Projektträger Karlsruhe (PTKA) betreut. Die Verantwortung für den Inhalt dieser Veröffentlichung liegt bei den Autoren.

Inhaltsverzeichnis

Abkürzungsverzeichnis

4D-Modell	Vier Dimensionen des Ressourcenverbrauchs nach Wickens
5S	Methode des Toyota-Produktionssystems zur Beseitigung von Verschwendung durch Sortieren, Systematisieren, Säubern, Standardisieren, Selbstdisziplin und ständige Verbesserung
AR	Augmented Reality
BAuA	Bundesanstalt für Arbeitsschutz und Arbeitsmedizin
CAD	Computer-Aided Design
CIO	Chief Innovation Officer
CXI	Complexity Index
DFA	Design for Assembly
DGUV	Deutsche Gesetzliche Unfallversicherung
DHM	Digitales Menschmodell (Digital Human Model)
DIN	Deutsches Institut für Normung e. V.
DXF	Drawing Interchange File Format
EAWS	European Assembly Work Sheet
EDA	Elektrodermale Aktivität
EEG	Elektroenzephalografie
EKG	Elektrokardiogramm
EKP	Ereigniskorrelierte Potenziale
EN	Europäische Normen
ERP	Enterprise Resource Planning
ESD	Elektrostatische Entladung (Electrostatic Discharge)
FMEA	Fehlermöglichkeits- und -einflussanalyse
fMRT	funktionelle Magnetresonanztomografie
fNIRS	funktionelle Nahinfrarotspektroskopie
HR	Herzfrequenz (Heart Rate)
HRV	Herzfrequenzvariabilität (Heart Rate Variability)
Hz	Maßeinheit Hertz
IOT	Internet der Dinge (Internet of Things)

ISO	International Organization for Standardization (Internationale Organisation für Normung)
IT	Informationstechnologie
KI	Künstliche Intelligenz
KMU	Kleine und Mittlere Unternehmen
KVP	Kontinuierlicher Verbesserungsprozess
LASI	Länderausschuss für Arbeitsschutz und Sicherheitstechnik
LED	Leucht- oder Luminiszenz-Diode (Light Emitting Diode)
LMM	Leitmerkmalmethode
MEG	Magnetenzephalografie
MMAL	Mixed Model Assembly Line
MTM	Methods-Time Measurement
MTM-HWD	Methods-Time Measurement – Human Work Design
MTM-MEK	Methods-Time Measurement für die Einzel- und Kleinserienfertigung
NASA-TLX	National Aeronautics and Space Administration -Task Load Index
OKR	Objectives and Key Results
PAC	Product Assembly Complexity
PDCA	Plan, Do, Check and Adjust
PLM	Product Lifecycle Management
PMI	Project Management Institute
RAS	Reconfigurable Assembly System
REFA	Verband für Arbeitsgestaltung, Betriebsorganisation und Unternehmensentwicklung e. V.
RFID	Radio-Frequency Identification
RMS	Reconfigurable Manufacturing System
RULA	Rapid Upper Limb Assessment
SMART	Spezifisch, Messbar, Anspruchsvoll, Realistisch und Terminiert
SPEC	Specification
SPS	Speicherprogrammierbare Steuerung
SPSS	Statistical Package for the Social Sciences
SUS	System Usability Scale
TS	Technical Specification (Technische Spezifikation)
UTAUT	Unified Theory of Acceptance and Use of Technology
XLS	Excel Spreadsheet
XML	Extensible Markup Language

Autorenverzeichnis

Benjamin Adrian Technische Hochschule Ostwestfalen-Lippe, Lemgo, Deutschland

Sven Bendzioch Technische Hochschule Ostwestfalen-Lippe, Lemgo, Deutschland

Dominic Bläsing Universität Greifswald, Greifswald, Deutschland

Manfred Bornewasser Universität Greifswald, Greifswald, Deutschland

Sven Hinrichsen Technische Hochschule Ostwestfalen-Lippe, Lemgo, Deutschland

Natalia Moriz Technische Hochschule Ostwestfalen-Lippe, Lemgo, Deutschland

Alexander Nikolenko Technische Hochschule Ostwestfalen-Lippe, Lemgo, Deutschland

Andreas Schulz Technische Hochschule Ostwestfalen-Lippe, Lemgo, Deutschland

Philip Sehr Technische Hochschule Ostwestfalen-Lippe, Lemgo, Deutschland

Ernst Voß HOMAG Kantentechnik GmbH, Lemgo, Deutschland

Andreas Wilke Spier GmbH & Co. Fahrzeugwerk KG, Steinheim, Deutschland

1 Veränderung der Gestaltungsparadigmen industrieller Montagearbeit

Sven Hinrichsen und Manfred Bornewasser

Inhaltsverzeichnis

Zusammenfassung

Montagetätigkeiten werden von Menschen seit Jahrtausenden ausgeführt. Mit dem Aufkommen neuer Technologien und sich ändernder Marktanforderungen hat sich diese Tätigkeit im Zeitverlauf aber immer wieder verändert. Mit der handwerklichen Montage, der Massenmontage, der variantenreichen Serienmontage und der industriellen Individualmontage können vier Entwicklungsstufen unterschieden werden, in denen soziotechnische Montagesysteme ganz unterschiedliche Gestaltung erfahren.

S. Hinrichsen (✉)
Labor für Industrial Engineering, Technische Hochschule Ostwestfalen-Lippe, Lemgo, Deutschland
E-Mail: sven.hinrichsen@th-owl.de

M. Bornewasser
Institut für Psychologie, Universität Greifswald, Greifswald, Deutschland
E-Mail: bornewas@uni-greifswald.de

M. Bornewasser, S. Hinrichsen (Hrsg.), *Informatorische Assistenzsysteme in der variantenreichen Montage*, https://doi.org/10.1007/978-3-662-61374-0_1

Aufgrund des anhaltenden Trends zu komplexeren Produkten, zu steigender Variantenvielfalt und sinkenden Losgrößen sowie einer hohen Innovationsdynamik bedarf es neuartiger Ansätze, um den aktuellen Herausforderungen gerecht zu werden. Hierbei spielt das Komplexitätsmanagement eine entscheidende Rolle: Während früher Strategien des Vereinfachens z. B. durch fortschreitende Arbeitsteilung im Vordergrund standen, gewinnen heute Strategien des Beherrschens der Komplexität – vor allem durch den Einsatz informatorischer Assistenzsysteme – an Bedeutung.

1.1 Historische Entwicklung der Montagearbeit

Montage hat eine lange Tradition. Schon in den frühen Phasen der Menschheitsgeschichte bauen Menschen aus verschiedenen Einzelteilen nützliche Objekte zusammen, um sie entweder für den Eigenbedarf zu nutzen oder aber als Erzeugnis auf den Markt zu bringen. Dabei kommt es entscheidend darauf an, dass die Einzelteile zueinander passen und fest miteinander verbunden sind, denn nur dann erfüllen sie ihre beabsichtigte Funktion. Durch die Montage, die im Kern immer aus dem Handhaben und Fügen von Einzelteilen besteht, entstehen Erzeugnisse höherer Komplexität (Lotter 2012a). Die Verfahren des Fügens und Handhabens haben sich allerdings im Verlaufe der Menschheitsgeschichte immer wieder stark gewandelt. Montage kann dabei – in Anlehnung an bestehende Systematiken wie „craft production", „mass production" und „lean production" (Womack et al. 2007) – gemäß Abb. 1.1 in die Entwicklungsstufen der handwerklichen Montage, der Massenmontage, der variantenreichen Serienmontage und der industriellen Individualmontage untergliedert werden.

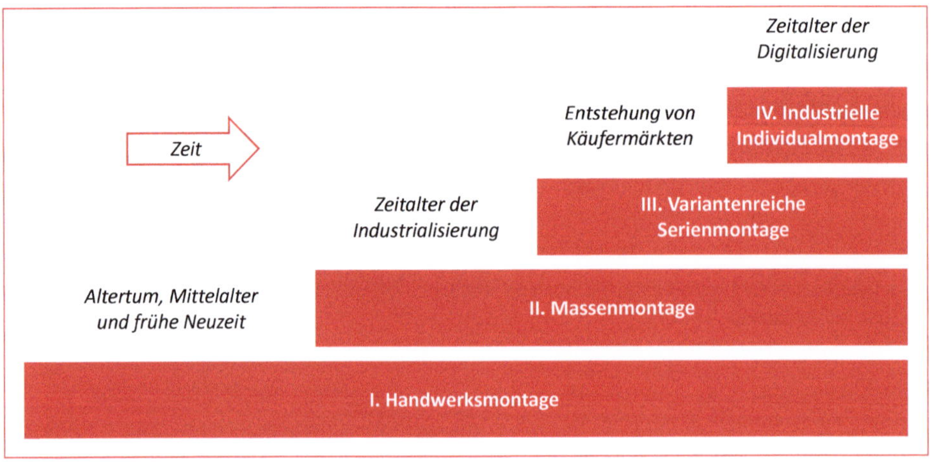

Abb. 1.1 Entwicklungsstufen der Montagearbeit

Handwerkliche Montagearbeiten wurden bereits in der Steinzeit ausgeführt, indem etwa bearbeitete Steine – sogenannte Rückenmesser – mittels Pflanzenteer auf beinerne oder hölzerne Geschoßspitzen oder Schneideinstrumente aufgesetzt wurden (Löhr 1986). Mit dem Aufkommen neuer Werkstoffe in der Bronze- und der sich anschließenden Eisenzeit ergaben sich neue Möglichkeiten beim Fügen von Einzelteilen, indem beispielsweise Bronzeniete verwendet wurden (Ebner 2001). Im Lauf der Geschichte nahm die Komplexität der in Werkstätten handwerklich hergestellten Produkte immer weiter zu, so dass die Montage schließlich auch als eigenständiger Teil des Produktionsprozesses an Bedeutung gewann. Handwerkliche Arbeiten bleiben jedoch immer dadurch gekennzeichnet, dass Produkte nach Kundenwunsch individualisiert hergestellt werden. Dabei übernimmt der Handwerker oftmals nicht nur die ausführenden Aufgaben der Fertigung der Einzelteile und ihrer anschließenden Montage, sondern plant die Ausführung seiner Arbeiten und kontrolliert seine Ergebnisse. Aufgrund dieser ganzheitlichen Aufgabe und variierender Kundenanforderungen kam und kommt der Qualifizierung im Handwerk eine besondere Bedeutung zu.

Mit der Industrialisierung im 18. und 19. Jahrhundert kam die Massenproduktion und mit ihr die Massenmontage auf. Das sich in dieser Zeit entwickelnde Produktionssystem basiert auf der Erkenntnis, dass mit der Herstellung großer Massen standardisierter Erzeugnisse Skaleneffekte zu erzielen sind, d. h. mit einer zunehmenden Produktionsmenge kommt es etwa zu einer Degression der Fixkosten, zu Produktivitätssteigerungen infolge von Erfahrungskurveneffekten und Kostenvorteilen bei der Beschaffung, so dass die Stückkosten sinken (z. B. Vahs und Schäfer-Kunz 2015). Kernelemente des sich als überaus erfolgreich herausstellenden neuen Produktionssystems sind die Arbeitsteilung, die Standardisierung von Arbeitsabläufen und Arbeitsmitteln (auf Basis von wissenschaftlichen Experimenten und Zeitstudien anstelle des im Handwerk vorherrschenden „Faustregeltums“), die Erzielung von Spezialisierungsvorteilen durch eine hohe Arbeitsteilung und die Schaffung von Leistungsanreizen über „Pensum und Bonus“ (Taylor 1995, erstmals 1913). Eine Ausprägung dieses Produktionssystems bildet die Montage an Fließbändern, die sog. Fließmontage, die von Henry Ford im Jahr 1908 für das äußerst erfolgreiche T-Modell eingeführt wurde. Die schnelle Verbreitung dieses hocharbeitsteiligen, aber auch hochproduktiven Montagekonzeptes führte dazu, dass Montagearbeit in vielen Industriebranchen zu einer „Hilfsarbeitertätigkeit“ wurde (Lotter 2012a).

Durch den stetigen Ausbau von Produktionskapazitäten, eine Liberalisierung von Märkten und einen zunehmenden globalen Wettbewerb haben sich zentrale Märkte mehr und mehr von Verkäufer- zu Käufermärkten entwickelt (z. B. Vahs und Schäfer-Kunz 2015). Die Produzenten sahen sich gezwungen, stärker auf die Wünsche ihrer Kunden nach einem breiten Angebot an Produktvarianten einzugehen. Ein auf diese Anforderungen ausgerichtetes Produktionssystem hat das Unternehmen Toyota Motors entwickelt, wenngleich zunächst nicht der globale Wettbewerb im Vordergrund stand, sondern die Bedürfnisbefriedigung eines nach Ende des zweiten Weltkrieges recht kleinen japanischen Inlandsmarktes. Dieser Markt verlangte „viele Modelle in kleiner Stückzahl zu niedrigen Kosten“ (Ohno 1993). Diese Marktanforderungen konnten in einem nach den Prinzipien der Massenmontage organisierten Produktionssystem mit seiner hohen Arbeitsteilung nicht realisiert werden. Lange Umrüstzeiten oder hoch spezialisierte Beschäftigte mit geringer Einsatzflexibilität passen nicht zu den Anforderungen nach einer variantenreichen und kundenorientierten Produktion (Ohno 1993). Daraufhin entwickelte Toyota Schritt für Schritt ein seinen Kundenanforderungen entsprechendes Produktionssystem, das eine variantenreiche Serienmontage beinhaltet. Beibehalten wurde die Standardisierung. Neue elementare Prinzipien dieses Produktionssystems sind das Eliminieren von Verschwendung bzw. das Wertschöpfungsprinzip (Value), das Gestalten von Wertströmen von Wareneingang bis Warenausgang (Value Stream), das Flussprinzip (Flow), das Zieh-Prinzip (Pull) und das Streben nach Perfektion (Womack und Jones 2003). Da Produktvarianten zumeist erst mit der Montage der Erzeugnisse entstehen, kommt der Funktion der Montage und der mit ihr verbundenen Logistik ein besonderer Stellenwert im Toyota-Produktionssystem zu, da mit steigender Variantenvielfalt die Zahl der zu verarbeitenden Einzelteile und damit die organisatorisch-logistische Komplexität in der Montage zunimmt. Um diese, im Vergleich zur Massenmontage hohe Komplexität zu beherrschen, kommt im Toyota-Produktionssystem der systematischen Personalauswahl, -entwicklung und -führung eine große Bedeutung zu (Liker und Meier 2008). Zudem tragen unterstützende Methoden wie Kanban, Poka-Yoke oder Andon sowie ein Kontinuierlicher Verbesserungsprozess (Kaizen) dazu bei, die Erzeugnisse trotz hoher Komplexität effizient und fehlerfrei zu montieren.

Mit der Entwicklung des Produktionskonzeptes der Industrie 4.0 steigen die Anforderungen nochmals an, indem eine im Vergleich zur Serienmontage gestiegene Vielfalt an Produktvarianten über standardisierte Prozesse produziert werden soll. Dabei besteht die Erwartung, „individualisierte Produkte zu Preisen üblicher Massenprodukte“ in Losgröße 1 herzustellen (Kagermann et al. 2013). Dieses technikzentrierte Produktionskonzept geht von der Vorstellung aus, dass über das „Internet der Dinge“ (engl.: IOT – Internet of things) die traditionelle Trennung von virtueller und realer Welt weitgehend aufgehoben wird, so dass physische Objekte (things) über autonome eingebettete Systeme drahtlos untereinander und über das Internet kommunizieren (Kagermann et al. 2013). Neben der informationstechnischen Vernetzung der Produktion gewinnen in der industriellen Individualproduktion werkzeuglose Fertigungsverfahren, z. B. Laserschneiden oder additive Verfahren, an Bedeutung, da diese in der Lage sind, kundenindividuelle Teile in Losgröße 1 wirtschaftlich zu erzeugen. Mit einer solchen industriellen Individualproduktion bzw. -montage geht ein weiterer Anstieg der Komplexität einher. Daher kommt es insbesondere in der modernen Montage darauf an, möglichst durchgängige digitale Prozessketten zu gestalten. Für die manuelle Montage bedeutet diese Anforderung, dass digitale Montageinstruktion auf Basis von Ablaufmodellen automatisiert aus den Auftrags- und Produktdaten generiert und den Beschäftigten in der Montage fallweise bereitgestellt werden, damit diese dann die individualisierten Produkte in nacheinander geschalteten Arbeitsschritten erzeugen können.

Zur Aussagekraft der Entwicklungsstufen der Montagearbeit
Das aufgezeigte Stufenmodell der Montagearbeit (s. Abb. 1.1) ist nicht so zu verstehen, dass die einzelnen Stufen strikt voneinander zu trennen wären und einander ablösten. Alle Entwicklungsstufen bestehen auch heute noch nebeneinander, verlieren oder gewinnen jedoch im Zeitverlauf an Bedeutung. Beispielsweise trägt die Digitalisierung auch zu einer Veränderung handwerklicher Leistungen bei. So können ehemals vor allem handwerklich erstellte Produkte (z. B. Balkon- und Terrassengeländer) heute in Online-Shops vom Kunden aus einem umfangreichen Baukasten unter Eingabe der benötigten Abmessungen konfiguriert werden. Die Teilefertigung erfolgt dann über in hohem Maße industrialisierte Prozesse in Losgröße 1. Lediglich die Endmontage eines solchen Produktes wird dann noch vom Handwerker vor Ort vorgenommen.

Auch hat sich die Bedeutung der manuellen Montagearbeit im Zeitverlauf verändert. Die mit der Massenmontage einhergehende Standardisierung der Montageprozesse führte über den Einsatz von Robotern und Automaten zu einer deutlichen Reduktion der manuellen Anteile am Montageprozess, besonders im Bereich schwerer körperlicher Arbeit. Allerdings werden selbst in der Massenmontage nicht alle Verrichtungen automatisiert ausgeführt, da einzelne Verrichtungen nur mit unverhältnismäßig hohem Aufwand automatisiert werden können. Trotz Fortschritten in der Automation erfolgen die variantenreiche Serienmontage und die industrielle Individualmontage auch heute noch überwiegend manuell, da etwa schwer zu prognostizierende Absatzmengen und Produktlebenszyklen zu einem hohen Investitionsrisiko führen und der Mensch im Vergleich zur Technik eine höhere Einsatzflexibilität aufweist.

1.2 Bedeutung der industriellen Montage

Im Verarbeitenden Gewerbe sind über sechs Millionen Beschäftigte in Deutschland tätig (Statistisches Bundesamt 2018). Sie arbeiten in rund 46.000 Betrieben. Das Verarbeitende Gewerbe trägt aufgrund seiner Exportstärke erheblich zum gesellschaftlichen Wohlstand in Deutschland bei. Große Branchen des Verarbeitenden Gewerbes (z. B. elektrotechnische Industrie, Maschinenbau, Automobilindustrie) haben gemein, dass die in diesen Branchen tätigen Betriebe zumeist über große Montagebereiche verfügen. Nach Schätzungen liegt in Deutschland der Tätigkeitsschwerpunkt von gut einer Million Beschäftigten beim Montieren, Zusammensetzen und Installieren (Müller et al. 2009). Aufgrund des anhaltenden Trends zu komplexer werdenden Produkten mit steigender Variantenvielfalt und sinkenden Losgrößen erfolgt die Montage – trotz vergleichsweise hoher Personalkosten am Wirtschaftsstandort Deutschland und fortschreitender Automationstechnologie – vielfach manuell oder teilautomatisiert. Eine Verlagerung der Montagefunktion ins Ausland oder eine Übertragung der Funktion an Lieferanten (Outsourcing) kommen zumeist nicht in Frage, da sich die Montage am Ende der Wertschöpfungskette eines Betriebes befindet (Koether und Rau 2012), eine vergleichsweise hohe logistische und organisatorische Komplexität aufweist und ein Outsourcing bzw. eine Verlagerung sich daher auch negativ auf die Liefertermintreue auswirken kann. Zudem hat die Montage einen entscheidenden Einfluss auf die Produktqualität, weshalb vielfach auch Messungen und Prüfungen am Montageobjekt durchzuführen sind.

1.3 Begriff und Merkmale der Montage

Unter Montage oder Montieren wird die Gesamtheit aller manuellen und maschinellen Vorgänge verstanden, die der Schaffung einer lösbaren oder unlösbaren Verbindung von geometrisch bestimmten Körpern dienen (Lotter 2012a; Seliger 2018). Der Montage geht die Fertigung von Einzelteilen voraus. Dabei werden unter Einsatz von Fertigungsverfahren aus Rohteilen Fertigteile hergestellt (E DIN 8580:2020-01 2020). Erst durch die Montage entsteht ein Produkt höherer Komplexität als Verbund verschiedener Teile, welches die vom Kunden gewünschten Funktionen erfüllt.

Montagevorgänge bestehen immer aus Füge- und Handhabungsvorgängen. Zusätzlich kann die Montage gemäß Abb. 1.2 Vorgänge des Kontrollierens und Justierens sowie diverse Sonderfunktionen beinhalten (Spur und Helwig 1986; Lotter 2012a). Fügen ist gemäß DIN 8593-0:2003-09 (2003) „das auf Dauer angelegte Verbinden oder sonstige Zusammenbringen von zwei oder mehr Werkstücken geometrisch bestimmter Form oder von ebensolchen Werkstücken mit formlosem Stoff. Dabei wird jeweils der Zusammenhalt örtlich geschaffen und im Ganzen vermehrt.“ Entsprechend dieser Norm ist Fügen „nicht mit Montieren gleichzusetzen. Montieren wird zwar stets unter Anwendung von Fügeverfahren durchgeführt, es schließt jedoch zusätzlich auch alle Handhabungs- und Hilfsvorgänge einschließlich des Messens und Prüfens mit ein. Außerdem gehören zum

Abb. 1.2 Funktionen der Montage

Fügen auch Fertigungsverfahren, die nicht im Zusammenhang mit Montieren angewendet werden, z. B. Verseilen, Einvulkanisieren, Ummanteln."

Handhaben ist gemäß VDI-Richtlinie 2860 (1990) „das Schaffen, definierte Verändern oder vorübergehende Aufrechterhalten einer vorgegebenen räumlichen Anordnung von geometrisch bestimmten Körpern in einem Bezugskoordinatensystem". Justieren beinhaltet das Einstellen oder Abgleichen eines Messsystems derart, dass die Anforderungen an das Messsystem (z. B. Wiederholbarkeit, Reproduzierbarkeit) erfüllt werden (DIN 1319-1:1995-01 1995). Tätigkeiten des Justierens werden beispielsweise häufig im Rahmen der Endmontage von Maschinen ausgeführt. Kontrollieren hat nach VDI-Richtlinie 2860 (1990) Mess- und Prüfvorgänge zum Gegenstand. Beim Prüfen wird nach dieser Richtlinie lediglich kontrolliert, ob ein Zustand erfüllt ist oder nicht. Beim Messen findet hingegen ein Vergleich mit vorgegebenen Bezugsgrößen statt. Ergebnis des Messens ist ein Messwert auf einer Kardinalskala mit einem definierten Nullpunkt. Darüber hinaus sind in der betrieblichen Praxis der industriellen Montage eine große Anzahl an Sonderfunktionen auszuführen – wie zum Beispiel das Aufspielen von Software auf ein Gerät, das individuelle Markieren oder das Verpacken eines Produktes.

1.4 Montagesysteme als spezielle Arbeitssysteme

Ein Montagesystem stellt entsprechend des Arbeitssystemansatzes ein abgegrenztes, aber zugleich offenes, sozio-technisches System dar (Heeg 1988), welches den Zweck hat, Erzeugnisse zu montieren. Systeme sind gegenüber ihrer Umwelt abgegrenzt. Offenheit kommt dadurch zustande, dass das System aus seiner Umwelt Eingaben erhält, zu denen insbesondere Informationen zum Montageauftrag, bereitgestellte Einzelteile als Montageobjekte und Energie zählen (s. Abb. 1.3). Durch das zielgerichtete Zusammenwirken von Betriebsmitteln und Beschäftigten sowie der Beschäftigten untereinander werden mit Hilfe der Systemeingaben Erzeugnisse montiert. Der Vorgang der Transformation von Eingaben in Ausgaben wird auch als Montageprozess bezeichnet. Während dieses Prozesses wirken physikalische Umwelteinflüsse auf die Beschäftigten ein. Diese werden als Arbeitsumgebung bezeichnet (Schlick et al. 2018). Bei der Gestaltung von manuellen Montagesystemen ist die Beleuchtung eine wichtige Arbeitsumgebungsgröße. Führung soll das Erreichen von Sachzielen (montierte Erzeugnisse in der geforderten Menge und Qualität) und Effizienzzielen (z. B. Arbeitsproduktivität) unterstützen (Grochla 1978) und beinhaltet die Einflussnahme des Führenden auf den Geführten und umgekehrt (Neuberger 2002).

Bei der Gestaltung eines Montagesystems stellt sich im Hinblick auf einzelne Systemelemente (s. Abb. 1.3) eine Vielzahl an Fragen, von denen eine Auswahl nachfolgend aufgeführt wird:

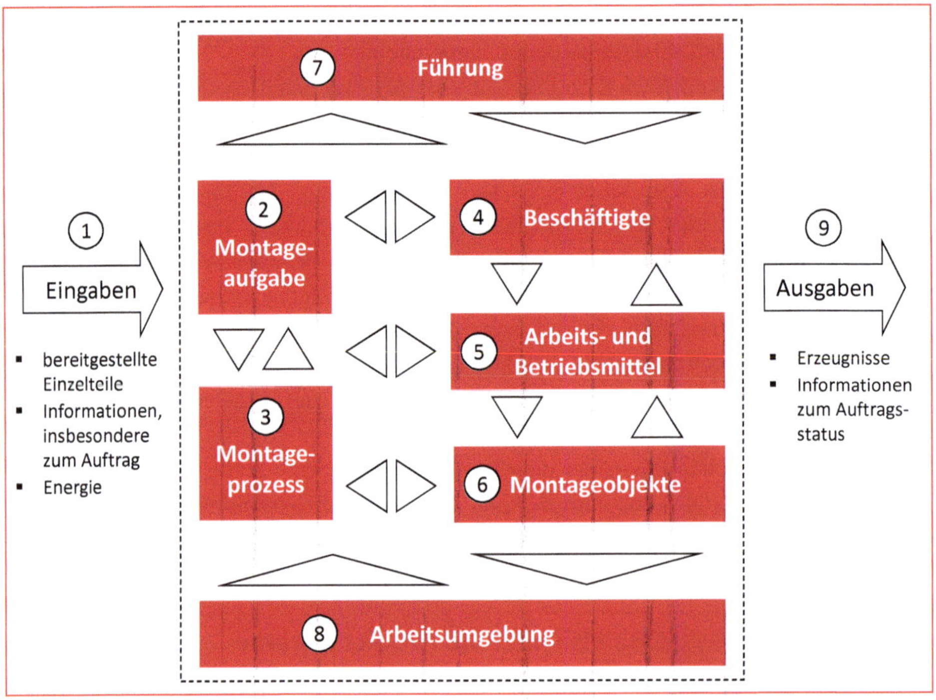

Abb. 1.3 Modell eines Montagesystems (nach Schlick et al. 2018, modifiziert)

1. Welche *Eingaben* sind zur Ausführung der Montageaufgabe erforderlich? Wie sind einzelne Eingaben bereitzustellen (z. B. Aufbereitung der Auftragsinformationen, Art der Teilebehälter und Ort ihrer Bereitstellung)?
2. Welche Anforderungen bestehen im Hinblick auf die Ausführung der *Montageaufgabe* (Produktionsmengen, Produktvarianten, Auftragsstruktur, Qualität etc.)?
3. Wie ist der *Montageprozess* zu gestalten, damit Sach- und Effizienzziele erreicht werden? Welche Methoden kommen bei der Prozessgestaltung zur Anwendung (z. B. REFA-Zeitaufnahme, MTM, Vorranggraph)?
4. Wie soll die Arbeitsteilung zwischen Mensch und Betriebsmitteln vorgenommen werden? Wie viele *Beschäftigte* werden benötigt? Wie ist die Arbeitsorganisation zu gestalten? Wie werden Beschäftigte qualifiziert?
5. Welcher Montagesystemtyp entspricht den Systemanforderungen am besten? Welche *Arbeits- und Betriebsmittel* werden benötigt? Lassen sich Ansätze der Einfachautomation (Takeda 2006) umsetzen? Welche Informations- und Kommunikationstechnik wird benötigt, um ein anforderungsgerechtes Informationsmanagement zu realisieren?
6. Wie werden einzelnen *Montageobjekte* im Arbeitssystem bereitgestellt?
7. Wie hat *Führung* zu erfolgen, um die Systemziele, bei denen nach Sach- und Effizienzzielen unterschieden werden kann, nachhaltig zu erreichen und motivationsfördernde Arbeitsbedingungen zu schaffen?

8. Wie ist die *Arbeitsumgebung*, insbesondere die Beleuchtung, zu gestalten, damit gute ergonomische Arbeitsbedingungen für die Beschäftigten entstehen?
9. Welche Anforderungen bestehen an die *Ausgaben* (z. B. Auftragsdokumentation, Verpackungsvorschriften, Kennzeichnung der Fertigware)?

Bei der Gestaltung eines Montagesystems kommt dem Montageprozess eine zentrale Bedeutung zu. Der Montageprozess (s. Abb. 1.3) wird in Ablaufabschnitte untergliedert (REFA 1997) und beschreibt Abschnitt für Abschnitt das Zusammenwirken von Beschäftigten, Arbeits- und Betriebsmitteln sowie Montageobjekten. Jeder einzelne Ablaufabschnitt kann als Transformation einer Eingabe in eine Ausgabe interpretiert werden. Montageprozessbeschreibungen stellen Standards dar und bieten damit den Beschäftigten Orientierung und Handlungsanleitung (z. B. Imai 1998). Darüber hinaus bilden diese Standards, die auch als Montageinstruktion oder -anleitung bezeichnet werden, eine Grundlage für Lernprozesse, indem der bestehende Standard hinterfragt und kontinuierlich weiterentwickelt wird (z. B. Imai 1998). Komplexe, arbeitsteilig ausgeführte manuelle Montageprozesse – beispielsweise in der Automobilmontage – werden vielfach mit Hilfe von Vorranggraphen (Bokranz und Landau 2006) geplant.

Planung von Montageprozessen mittels Vorranggraph

Zu Planungszwecken wird der komplexe Montageprozess in Ablaufabschnitte unterteilt. Ein Ablaufabschnitt, auch als Verrichtung bezeichnet, umfasst häufig das Aufnehmen und Platzieren eines einzelnen Bauteils. In der Regel wird jeder Verrichtung eine Planzeit für ihre Ausführung zugeordnet. Verrichtungen werden auf Basis der Erzeugnisstruktur in logische Beziehungen zueinander gesetzt, indem einer Verrichtung eine oder mehrere vorangehende und eine oder mehrere nachfolgende Verrichtungen zugeordnet werden. Der Vorranggraph beinhaltet demnach sämtliche Verrichtungen für die Montage eines Erzeugnisses und verdeutlicht visuell, welche Optionen bei der Festlegung der Reihenfolge von Verrichtungen bestehen. Der Vorranggraph bildet für die Planung der Arbeitsorganisation und insbesondere für die Austaktung von Montagelinien eine wichtige Grundlage.

1.5 Montagesystemtypen

Abb. 1.3 zeigt ein Modell eines Montagesystems, also eine idealisierte Darstellung, die wesentliche Systemelemente und ihre Beziehungen untereinander verdeutlichen soll. Diese Darstellung ist bewusst so abstrakt gehalten, damit beispielsweise jedes real existierende Montagesystem anhand dieses Modells analysiert und beschrieben werden kann. Dabei fällt jedoch auf, dass die einzelnen Systemelemente von Montagesystem zu Montagesystem ganz unterschiedlich ausgeprägt sind. Gleiches gilt für die Beziehungen der Elemente zueinander. Fast kein reales Montagesystem gleicht dem anderen und dennoch wird aus Ordnungsgründen gerne versucht, Montagesysteme zu typisieren. Dazu werden Kriterien benötigt, über die sich Montagesysteme in Typen oder Klassen einteilen und differenzieren lassen. Wichtige Kriterien beziehen sich auf Montageaufgabe und -objekte, Montageprozess und die Arbeitsteilung zwischen Beschäftigten und Betriebsmitteln. Dabei sind die Kriterien nicht unabhängig voneinander. So werden etwa der Einsatz von Montagetechnik (Betriebsmittel) und die Gestaltung des Montageprozesses in hohem Maße von den Sachzielen des Montagesystems, der Montageaufgabe, bestimmt. Auch hängen Kriterien der Montageprozessgestaltung wiederum eng mit dem Technikeinsatz zusammen.

Eine Übersicht zu den mit der Montageaufgabe und den Montageobjekten zusammenhängenden Kriterien stellt der morphologische Kasten in Abb. 1.4 dar. Ein wichtiges Kriterium der Montageaufgabe stellt die Wiederholhäufigkeit von Verrichtungen dar, die aus der Auftragsstruktur resultiert. Dabei ist zwischen Einzel-, Serien- und Massenmontage zu unterscheiden (Luczak 1986), wobei die Einzelmontage auch als Individualmontage bezeichnet werden kann (s. Abschn. 1.1). Einzelmontage meint, dass die Montage eines zumeist kundenspezifisch entwickelten oder konfigurierten Erzeugnisses mit der Losgröße 1 erfolgt. Unter Massenmontage wird verstanden, dass die Montage eines Erzeugnisses in großen Mengen erfolgt. Von Serienmontage wird gesprochen, wenn in einem Montagesystem nacheinander Aufträge bearbeitet werden, die sich im Hinblick auf die hergestellten Erzeugnisse und zumeist auch Losgrößen voneinander unterscheiden. Damit hängt das Kriterium der Auftragsstruktur eng mit der Einheitlichkeit bzw. Unterschiedlichkeit der Erzeugnisse, die in einem Montagesystem hergestellt werden, zusammen. So ist zwischen Einproduktmontage einerseits und Varianten- bzw. Mehrproduktmontage andererseits zu differenzieren (Luczak 1986), wobei die Einproduktmontage mit der Massenmontage und die Varianten- bzw. Mehrproduktmontage mit der Einzel- und Serienmontage korrespondiert. Nach der Komplexität der in einem Montagesystem hergestellten Erzeugnisse kann Montage beispielsweise in Einzelteile-, Baugruppen-, Geräte- und Anlagenmontage unterteilt werden (Luczak 1986). Ferner können Montagesysteme dahingehend unterteilt wer-

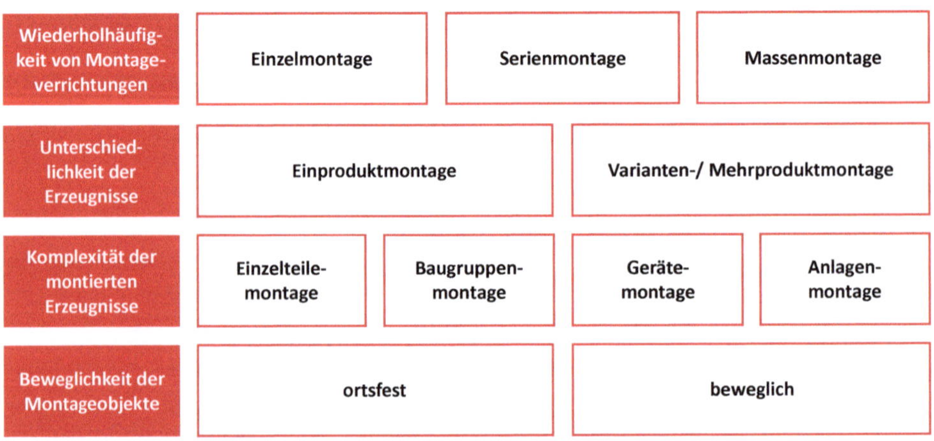

Abb. 1.4 Morphologischer Kasten zu Montageaufgabe und -objekten

Ablauflogik des Montageprozesses	satzweise	stückweise
Weitergabe der beweglichen Montageobjekte	ohne Werkstückträger	mit Werkstückträger
Zeitliche Bindung der beweglichen Montageobjekte	zeitlich ungebunden	zeitlich gebunden
Art der zeitlichen Bindung der bewegl. Objekte	kontinuierlich bewegtes Montageobjekt	in einem Takt bewegtes Montageobjekt

Abb. 1.5 Morphologischer Kasten zum Montageprozess

den, ob das Montageobjekt während der Montage ortsfest oder beweglich ist (Spur und Helwig 1986).

Bei der Gestaltung des Montageprozesses ist entsprechend Abb. 1.5 zwischen satz- und stückweiser Montage zu differenzieren (z. B. Lotter 2012b). Bei der stückweisen Montage wird zunächst ein Erzeugnis Schritt für Schritt fertig gestellt, bevor mit der Montage des nächsten Erzeugnisses begonnen wird. Bei der satzweisen Montage wird hingegen stets ein Satz identischer Erzeugnisse montiert. Dazu wird der Arbeitsplatz in einem ersten Schritt mit einem Satz gleicher Komponenten bestückt (z. B. werden acht gleiche Komponenten in acht Aufnahmen eingelegt). Dann wird in einem zweiten Schritt der nächste Montagevorgang in der entsprechenden Anzahl wiederholt durchgeführt (z. B. Handhaben und Fügen eines zweiten Teils acht Mal) bis nach mehreren Durchläufen mit weiteren zu montierenden Teilen ein Satz fertig montierter Erzeugnisse vorliegt. Durch die Wiederholvorgänge werden bei manueller Ausführung der Montageaufgabe einerseits Übungsgewinne erzielt, andererseits aber auch Wachsamkeitsverluste provoziert. Wenn das Montageobjekt beweglich ist, können Montagesysteme wiederum dahingehend unterteilt werden, ob die Weitergabe der Montageobjekte von Arbeitsplatz zu Arbeitsplatz mit oder ohne Werkstückträger erfolgt (Konold und Reger 2003). Zudem kann bei Montagesystemen mit beweglichen Montageobjekten unterschieden werden, ob die Bewegung des Montageobjektes von Station zu Station zeitlich gebunden ist oder nicht. Liegt keine zeitliche Bindung vor, wird von Reihenmontage gesprochen. Erfolgt die Montage des sich von Station zu Station bewegenden Erzeugnisses hingegen zeitlich gebunden, so wird unterschieden, ob sich das Fördermittel kontinuierlich (Fließmontage) oder in einem Takt (Taktmontage) bewegt (Spur und Helwig 1986).

Eng verbunden mit der Gestaltung des Montageprozesses ist die Frage nach der Ausführung einzelner Verrichtungen durch Mensch oder Betriebsmittel. Dabei kann gemäß Abb. 1.6 zwischen manuellen, teil- und vollautomatischen Montagesystemen unterschieden werden (Luczak 1986; Konold und Reger 2003). In Bezug auf die manuellen Monta-

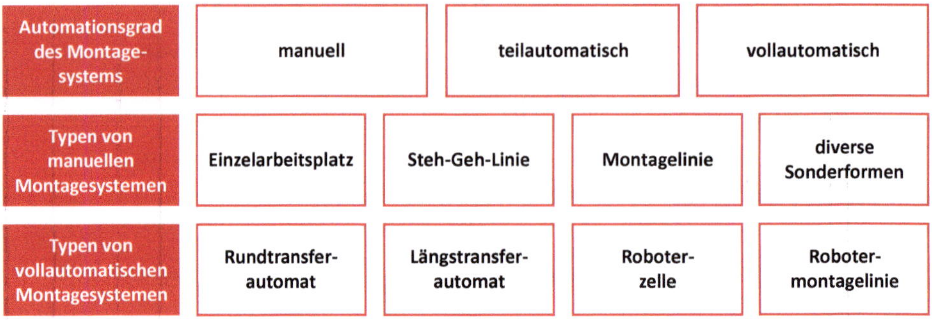

Abb. 1.6 Morphologischer Kasten zur Arbeitsteilung zwischen Beschäftigten und Betriebsmitteln

gesysteme sind in der betrieblichen Praxis – neben einer Vielzahl an Sonderformen – drei Grundtypen vorzufinden: Einzelarbeitsplätze, Steh-Geh-Linien (zumeist in U-Form) und Montagelinien (vgl. Konold und Reger 2003). An einem Einzelarbeitsplatz wird das Erzeugnis von einer Arbeitsperson montiert. Die Materialbereitstellung erfolgt zumeist über ein Durchlaufregal.

Komplexere Erzeugnisse werden in Steh-Geh-Linien, bestehend aus mehreren Arbeitsplätzen, montiert. In der Regel wird das Erzeugnis von einem Beschäftigten montiert, indem der Beschäftigte am ersten Arbeitsplatz mit der Montageaufgabe beginnt und das (Teil-)Erzeugnis von einem zum nächsten Arbeitsplatz bewegt. An jedem Arbeitsplatz werden Montageverrichtungen durchgeführt. Die zu montierenden Teile werden in der Regel über Durchlaufregale bereitgestellt. Am letzten Arbeitsplatz wird das Erzeugnis fertiggestellt. In der manuellen Montagelinie erfolgt hingegen eine Artteilung der Arbeit. Zumeist ist eine Arbeitsperson einem Arbeitsplatz zugeordnet. Jede Person führt die ihr zugewiesenen Verrichtungen aus und gibt das Ergebnis der eigenen Arbeit an die nächste Person bzw. den nächsten Arbeitsplatz weiter. Grundtypen vollautomatischer Montagesysteme sind gemäß Abb. 1.6 Rundtransferautomat, Längstransferautomat, Roboterzelle und Robotermontagelinie (Konold und Reger 2003). Bei teilautomatisierten Montagesystemen werden stets Werkstückträger eingesetzt, die zumeist automatisch von Station zu Station (z. B. über Doppelgurtfördersysteme) transportiert werden (Konold und Reger 2003). An einzelnen Stationen werden Verrichtungen – zumeist Handhabungs- und Fügeoperationen – von Robotern oder Automaten ausgeführt. An anderen Stationen, an denen die Verrichtungen sich nicht wirtschaftlich automatisieren lassen, sind Arbeitspersonen tätig. Teilautomatische Systeme werden auch als hybride Montagesysteme bezeichnet (Lotter 2012c).

Die aufgeführten Merkmale mit ihren jeweiligen Merkmalsausprägungen stellen einen Lösungsraum dar, um ausgehend von den Sachzielen, der Arbeitsaufgabe, und den Effizienzzielen, ein anforderungsgerechtes Montagesystem zu gestalten. Dabei können weitere Merkmale – etwa zu den Montagesystemelementen der Arbeitsumgebung oder Führung (s. Abb. 1.3) – herangezogen werden. Im Zuge des Prozesses der Montagesystemplanung können die dargestellten morphologischen Kästen helfen, Anforderungen zu ermitteln und Grobkonzepte zu gestalten (s. Kap. 7).

1.6 Veränderung der Gestaltungsparadigmen

Montagesysteme verändern sich, weil sich neue Anforderungen an die Montage ergeben und neue Technologien bereitstehen. So wie die Industrialisierung nicht ohne Fortschritte in der Mechanik und nicht ohne die Entwicklung der Dampfmaschine denkbar ist, so ist auch die industrielle Individualmontage (s. Abschn. 1.1), also die Herstellung eines Produkts mit einer einzigartigen Konstellation von Einzelteilen unter industriellen Produktionsbedingungen, nicht ohne moderne Informations- und Kommunikationstechnologien vorstellbar. Offen bleibt bei solchen Überlegungen, ob die Veränderungen im Sinne einer fortlaufenden Verbesserung in kleinen Schritten erfolgen oder ob sie eher ruckweise oder sprunghaft von statten gehen, wie es Begriffe wie Sprunginnovation und Paradigmenwechsel nahelegen. Dabei bleiben die Kernfunktionen der Montage, das Handhaben und Fügen von Einzelteilen, trotz aller Änderungen erhalten, wobei der Begriff des Handhabens auf den Ursprung als manuelle Tätigkeit verweist. Montagekonzepte wandeln sich hingegen fortlaufend. Dabei verändert sich in der Regel nicht nur ein Bestandteil eines Montagesystems, sondern – und das macht jedes System aus – es entwickeln sich verschiedene Bestandteile zueinander weiter. Wenn in der Massenmontage nur noch die Ausführung einfacher und sich stets wiederholender Tätigkeiten verlangt wird, benötigt der Beschäftigte lediglich eine Unterweisung und kann nach einer Einübung die Montagetätigkeiten sicher ausführen. Von daher kann auf eine ausgeprägte Qualifizierung verzichtet werden. Die Serienmontage wird hingegen von einem häufigen Auftragswechsel und einem Umrüsten geprägt, so dass immer wieder mentale Umstellungen von den Beschäftigten verlangt werden. Jede Serie benötigt ein eigenes kognitives Mindset. Mit der industriellen Individualmontage steigen die kognitiven Anforderungen an die Beschäftigten nochmals deutlich an, da eine Vielzahl an Produktvarianten gebildet werden kann und entsprechend viele unterschiedliche Bauteile und Arbeitsmittel im Montagesystem bereitgestellt werden müssen. In der Folge besteht die Gefahr, dass viele Fehlhandlungen durch Verwechslung evoziert werden, so dass sich Produktqualität und Produktivität negativ entwickeln. Aus diesem Grund nimmt die Bedeutung des Informationsmanagements – von der Entwicklungsstufe der Massenmontage zur Serienmontage und von der Serienmontage zur industriellen Individualmontage – jeweils erheblich zu. Diese Bedeutungszunahme kann auch mit dem Trend zu einer steigenden Komplexität erklärt werden (s. Kap. 3). Die Komplexität in einem Montagesystem nimmt zu, wenn …

- die Anzahl an unterschiedlichen, zu montierenden Produkten und Produktvarianten steigt,
- sich die Dynamik an Produktänderungen während ihres Lebenszyklus beschleunigt,
- Produktlebenszyklen kürzer werden (Stork und Schubö 2010),
- zusätzliche Funktionen in Produkte integriert werden, wodurch die Anzahl zu montierender Komponenten ansteigt (Brecher et al. 2011) oder

- mehr Sonderfunktionen (s. Abb. 1.2) ausgeführt werden müssen, weil beispielsweise mehr mechatronische Produkte entwickelt werden, bei denen etwa Vorschriften zum ESD-Schutz einzuhalten sind, eine Firmware aufzuspielen ist oder umfangreiche Funktionsprüfungen durchgeführt werden müssen (Bornewasser et al. 2018).

Mit der Entwicklung der industriellen Individualmontage geht daher die Frage einher, wie mit zunehmender Komplexität umzugehen und wie diese seitens der Beschäftigten zu bewältigen ist, ohne dass Produktivitäts-, Mengen- und Qualitätsziele verfehlt werden (s. Kap. 6). Während Montage bislang vornehmlich als energetische Arbeit begriffen wurde, sind künftig die informatorischen Anteile der Montagearbeit in den Vordergrund zu rücken. Montagesystemgestaltung ist demnach künftig verstärkt ein Handlungsfeld der kognitiven Ergonomie (Hollnagel 1997), während in der Vergangenheit vor allem biomechanische Aspekte der Ergonomie betrachtet wurden (s. Kap. 5). Dabei stellt sich die Frage, wie insbesondere in der manuellen und hybriden Montage die besonderen Fähigkeiten des Menschen mit den Vorzügen einzelner Technologien kombiniert werden können. Beispielsweise bietet der Einsatz industrieller Bildverarbeitungstechnologien bei komplexen Montageaufgaben prinzipiell die Möglichkeit, vom Menschen verursachte Montagefehler automatisch zu erkennen, ihm eine Rückmeldung und damit Orientierung zu geben (Nikolenko und Hinrichsen 2019).

Hinter einem solchen Ansatz verbirgt sich eine völlige Neubesinnung darauf, wie mit Komplexität in Unternehmen umgegangen wird (s. Abb. 1.7). Strategisch betrachtet ging es Jahrzehnte lang darum, in Organisationen und Handlungssystemen Komplexität zu reduzieren. Früher – im Zeitalter der Industrialisierung mit seinem Trend zur Massenmontage – standen Strategien des Vereinfachens im Vordergrund, indem die Arbeitsteilung und die Standardisierung von Montageprozessen erhöht wurden. In der Folge konnten sich durch Wiederholung mehr und mehr Routinen entwickeln, Such- und Orientierungszeiten vermieden und dadurch die Effizienz der Beschäftigten gesteigert werden (z. B. Lotter 2012b). Mit der Zunahme von Produktvarianten gewann ein weiterer Ansatz der Komple-

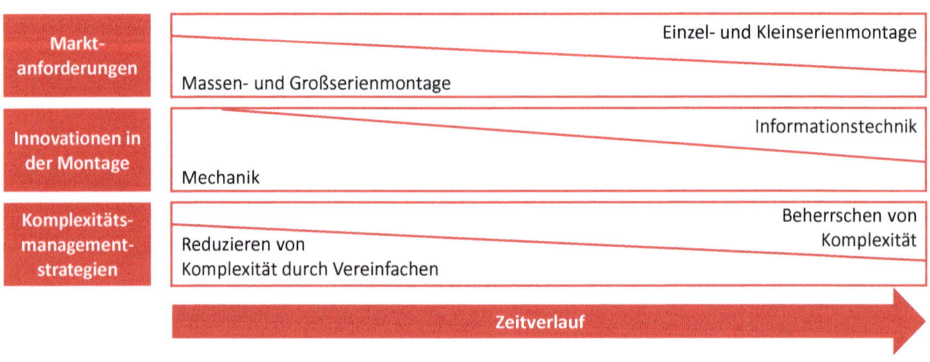

Abb. 1.7 Veränderung der Bedeutung von Strategien des Komplexitätsmanagements in der Montage im Zeitverlauf (Hinrichsen et al. 2020, modifiziert)

xitätsreduktion an Bedeutung. Dieser setzt bereits in den frühen Phasen der Produktentstehung an. Durch eine modulare Gestaltung der Produktstruktur wird die Vielfalt der Bauteile und Baugruppen in der Montage deutlich reduziert, ohne dass es zu Leistungseinschränkungen gegenüber den Kunden kommt (Wildemann 2014; Krause und Gebhardt 2018). Dieser Ansatz der Reduzierung der Komplexität und ihrer Kosten wird auch als Plattform- oder Modulbaukastenstrategie bezeichnet. Darüber hinaus führte auch eine Besinnung auf die Prinzipien der montagegerechten Produktgestaltung (z. B. Minimierung der Teileanzahl, Verwendung von Funktionselementen der Selbstzentrierung) zu einer Verringerung der Komplexität, wonach der Montageprozess auf „wenige, leicht und schnell ausführbare Teiloperationen" reduziert wird (Spur und Helwig 1986).

Mit der Digitalisierung und der Etablierung einer industriell ausgerichteten Individualmontage verbindet sich eine strategische Neuausrichtung mit dem Ziel der Komplexitätsbeherrschung. Komplexität und Vielfalt werden nunmehr explizit zugelassen, Komplexitätsursachen genau identifiziert und in der Regel durch informationstechnische Maßnahmen zu bewältigen versucht (Brinzer und Banerjee 2017). Im Zentrum stehen dabei informatorische Assistenzsysteme (s. Kap. 2), die den Beschäftigten im Montageprozess mit zusätzlichen Informationsangeboten und geeigneten Montageinstruktionen unterstützen und so auch wachsende Variantenvielfalt sicher bewältigbar machen (Mattsson und Fast-Berglund 2016). Konkret wird dabei der Frage nachgegangen, wie Informationen darzustellen sind, damit die sensorische Aufnahme und Verarbeitung dieser Informationen effektiv (Fehlervermeidung) und effizient (geringe Ausführungszeit) erfolgen können. Die informatorische Montagesystemgestaltung bezieht sich dabei nicht nur auf Montageinstruktionen, die papierbasiert oder von einem Assistenzsystem bedarfsgerecht bereitgestellt werden, sondern auch auf den Montagearbeitsplatz (s. Kap. 2). So können insbesondere eine regelbasierte Anordnung und Kennzeichnung von Werkzeugen, Bauteilen, Ladungsträgern sowie die Gestaltung von Vorrichtungen dem Beschäftigten bei der Montage Orientierung bieten. Konkret geht es um die Fragen, wie Auswahlentscheidungen erleichtert werden können oder die Aufmerksamkeit auf kritische Montageaspekte gelenkt werden kann (Hinrichsen et al. 2020). Dabei kommt es zentral darauf an, sowohl eine zu starke Fokussierung auf einen Aspekt als auch unnötige Ablenkungen zu vermeiden (s. Kap. 5). Auch spezifische Trainings- und Übungsangebote oder arbeitsorganisatorische Maßnahmen wie Teambildung oder Job-Rotation können dazu beitragen, Komplexität zu beherrschen und den Rest an nicht vermeidbarer Komplexität gering zu halten (Westkämper und Schloske 2018).

1.7 Hinweise für die betriebliche Praxis

Das vorliegende Buch wendet sich insbesondere an betriebliche Praktiker, die den Bereich der Montage aus der Übernahme verschiedener Planungs-, Gestaltungs- oder Führungsfunktionen kennen und davon überzeugt sind, dass gerade eine variantenreiche, manuelle Montage unter Wettbewerbsbedingungen nur dann in Deutschland aufrechterhalten werden kann, wenn der gesamte Montageprozess zum Gegenstand grundlegender Innovation gemacht wird. Mehr denn je geht es darum, die Montage als einen bedeutsamen Teil der Wertschöpfung in eine durchgängig digitalisierte Produktentstehung zu integrieren, um die steigende Komplexität beherrschen zu können. Für die in der Montage Beschäftigten bedeutet diese Zunahme an Komplexität, dass der informatorische Anteil ihrer Arbeit zunimmt und mehr Flexibilität vor dem Hintergrund wechselnder Varianten oder kürzer werdender Produktlebenszyklen von ihnen verlangt wird. Diesen wachsenden Anforderungen kann – so die Überzeugung der Herausgeber – nur oder vor allem durch verbesserte technische Unterstützung begegnet werden.

Ein Weg zu einer solchen Unterstützung wird in diesem Buch ausführlich erörtert: Durch den Einsatz informatorischer Assistenzsysteme soll die zunehmende Komplexität der Montage beherrschbar gemacht und die Produktivität von Montageprozessen gesteigert werden. Gleichzeitig werden die Werker durch informatorische Unterstützung von hohen kognitiven Beanspruchungen befreit. Aus der Ergonomie ist bekannt, dass hohe körperliche Beanspruchungen zu mehr Fehlern führen und auch die Absentismusrate nach oben treiben. Dieser Zusammenhang gilt insbesondere für ältere Arbeitnehmer (Fritzsche et al. 2014). Es ist anzunehmen, dass die gleichen Effekte auch dann auftreten, wenn es zu hohen mentalen Beanspruchungen kommt. Diesen Effekten kann – so die hier vertretende Annahme – durch den Einsatz von informatorischen Assistenzsystemen vorgebeugt werden.

Am Markt werden ganz verschiedene Montageassistenzsysteme angeboten. Unterschiede bestehen etwa im Hinblick auf ihre Ein- und Ausgabegeräte oder Funktionen. Beispiele für Ausgabegeräte sind AR-Datenbrillen, Licht- und Laser-Projektoren oder Pick-by-Light-Systeme mit Sensorlampen, um nur einige bekannte Systeme zu nennen. Entscheidend bei der Auswahl und Gestaltung solcher Systeme ist, dass sie immer daraufhin zu beurteilen sind, ob sie den Anforderungen der Beteiligten gerecht werden. Ein Produkt „von der Stange" erfüllt oftmals nicht die spezifischen Anforderungen. Von daher gilt es, sich nicht nur mit der Technik, sondern vor allem auch mit dem Umfeld, in das Assistenzsysteme integriert werden sollen, zu beschäftigen (s. Kap. 7).

1.8 Zum Aufbau des Buches

Das vorliegende Buch setzt sich mit informatorischen Assistenzsystemen auseinander. Dabei handelt es sich um technische Systeme, die Informationen aus ihrer Umgebung oder durch Eingaben aufnehmen und verarbeiten, um Menschen bei der Durchführung ihrer Aufgabe zu unterstützen (Geiser 1997). Unter einem solchen System kann z. B. ein Navigationssystem eines Kraftfahrzeugs verstanden werden, das den Fahrer dabei unterstützt, in kürzester Zeit unter Einhaltung von Verkehrsregeln den gewünschten Zielort zu erreichen. Im Bereich der manuellen Montage gibt es vielfältige Systeme, die den Beschäftigten ebenfalls bei der Ausführung seiner Aufgabe informatorisch unterstützen. Dabei werden Montageinstruktionen erzeugt. Das folgende Kap. 2 geht auf den Aufbau, Nutzen und die Wirkungsweise von solchen Montageassistenzsystemen ein.

So wie das Navigationssystem oder der Spurhalteassistent den Fahrer unterstützt, so unterstützt das informatorische Assistenzsystem den Werker bei der Montage, weil beide – Fahrer und Werker – jeden Tag sehr komplexen Situationen auf der Straße bzw. im Montagesystem ausgesetzt sind. In der „Rushhour" sind im Straßenverkehr vielfach Situationen – hervorgerufen etwa durch andere Verkehrsteilnehmer – unter Beachtung verschiedener Verkehrszeichen zu bewältigen, die höchste Konzentration erforderlich machen. Wenn diese Konzentration überstrapaziert wird, kommt es zu Fehlern, z. B. zur Auswahl der falschen Spur, zu einem abrupten Bremsen oder zu einem Beinahe-Unfall. Der Werker in der Montage steht vor ähnlichen Herausforderungen, wenn immer wieder andere, zum Teil kundenspezifische Varianten eines Produkts montiert werden müssen und dabei besondere Anforderungen z. B. im Hinblick auf Sonderausstattung, Kennzeichnung oder Verpackung einzuhalten sind. Die Vielzahl an wechselnden Anforderungen erzeugt hohe mentale Beanspruchungen. Beiden, Fahrern und Werkern, können in solchen Fällen informatorische Assistenzsysteme helfen, die immer weiter anwachsende Komplexität zu beherrschen und fehlerfrei zu fahren bzw. zu montieren. Kap. 3 setzt sich vor diesem Hintergrund mit dem Konzept der Komplexität auseinander. Es wird darauf eingegangen, welche Wirkungen Komplexität auf die manuelle Montage hat, wie sie zu erfassen ist und wie der Komplexität mit informatorischen Assistenzsystemen begegnet werden kann.

Hohe Komplexität kann Menschen überfordern. Der Fahrer an einer großen Straßenkreuzung kann nicht mehr alle relevanten Informationen verarbeiten, er übersieht z. B. den Radfahrer, der sich von hinten annähert oder das Blinklicht des voranfahrenden Fahrzeugs. Ähnlich ergeht es dem Werker, der vielfältige Informationen zu beachten und beispielsweise in kurzer Zeit zwischen alternativen Bauteilen und Werkzeugen auszuwählen hat. Beide sind weniger körperlich, sondern vor allem kognitiv beansprucht. Es „strömt" zu viel Information auf sie ein, die nicht komplett erfasst und rechtzeitig verarbeitet werden kann. Eine solche Situation kann zu falschen Entscheidungen und damit Fehlern führen. Informatorische Assistenzsysteme sollen solche Fehlregulationen verhindern. Kap. 4 setzt sich intensiv mit kognitiven Überforderungen und mentalen Beanspruchungen auseinander und zeigt auf, wie sie erfasst werden können und was zur Verringerung von hohen Beanspruchungen getan werden kann.

Wenn Unterstützung gewährt werden soll, dann ist zunächst offen, wie diese Unterstützung aussehen kann, klar ist aber, dass sie überforderte Fahrer oder Werker nicht noch zusätzlich belasten dürfen. Ein unerfahrener Fahrer würde noch weiter überfordert werden, wenn er gleichzeitig noch sechs weitere Signale oder Anzeigen beachten müsste. Vergleichbar würde ein Assistenzsystem dem überforderten Werker nicht helfen, wenn auf einem Bildschirm in kleiner Schrift umfangreiche, schwer verständliche Montageinstruktionen ausgegeben würden. Hilfreich könnte es stattdessen sein, schrittweise eindeutige Bilder oder Symbole zu präsentieren. Mit Signalen, Zeichen und Symbolen, der Informationspräsentation auf Bildschirmen am Arbeitsplatz bis hin zur Gestaltung von informatorischen Assistenzsystemen beschäftigt sich die kognitive Ergonomie. Sie wird im Kap. 5 thematisiert. Unter anderem wird in diesem Kapitel auch eine Tabelle mit Ansatzpunkten für eine kognitive Optimierung dargestellt.

So wie das Navigationssystem dazu beitragen soll, dass der Fahrer in möglichst kurzer Zeit sicher an sein Ziel kommt, so soll das Montageassistenzsystem dabei helfen, Verteil- und Ausführungszeiten zu reduzieren, indem etwa Fehler und Nacharbeiten vermieden und die effizienteste Arbeitsmethode zur Anwendung kommt. Es geht also um die Frage, wie sich der Einsatz von Montageassistenzsystemen auf die Arbeitsproduktivität auswirken kann. Dazu wurden umfangreiche Laboruntersuchungen durchgeführt. Die Ergebnisse dieser Untersuchungen werden in Kap. 6 beschrieben und interpretiert.

Ob informatorische Assistenzsysteme einen Beitrag zur Steigerung der Arbeitsproduktivität leisten, hängt entscheidend davon ab, wie die Akzeptanz dieser Systeme im Betrieb ausfällt. Akzeptanz entsteht dadurch, dass die von der Einführung betroffenen Beschäftigten in den Prozess der Auswahl und Gestaltung des Assistenzsystems eingebunden werden. Betroffen sind dabei nicht nur die Werker in der Montage, sondern auch Beschäftigte in weiteren Bereichen (z. B. Arbeitsvorbereitung, Konstruktion, IT). Beispielsweise kann die Einführung von Montageassistenzsystemen die Überarbeitung der Konstruktionsrichtlinien erforderlich machen, um Daten aus CAD-Zeichnungen automatisch auslesen und in Montageinstruktionen digital bereitstellen zu können. Es kommt daher entscheidend darauf an, den Einführungsprozess so zu gestalten, dass alle wesentlichen Anforderungen an ein Assistenzsystem berücksichtigt und effizient umgesetzt werden können. Kap. 7 widmet sich der Frage, wie ein solcher Implementierungsprozess zu gestalten ist.

Die beiden sich anschließenden Kap. 8 und 9 beinhalten zwei Fallbeispiele zur Einführung von informatorischen Assistenzsystemen. Diese beiden Beispiele verdeutlichen, dass die Implementierung eines Assistenzsystems kein Prozess ist, dessen Phasen sukzessive abgearbeitet werden können und der einfach vorausbestimmt werden kann. Vielmehr kommt es zu vielfältigen Iterationen während eines solchen Projektes, da beispielsweise erst im Rahmen der praktischen Erprobung eines Prototyps Probleme mit dieser Lösung erkannt werden oder erst spät im Projektverlauf ganz neue Ideen entstehen. Darüber hinaus hat sich in beiden Implementierungsprojekten gezeigt, dass die Integration von Assistenzsystemen in bestehende IT-Systeme eine große Herausforderung darstellt.

Das abschließende Kap. 10 richtet den Blick auf die zukünftige Gestaltung von Montagesystemen. Die zunehmende Individualisierung der Erzeugnisgestaltung und sich verkürzende Innovationslebenszyklen führen dabei zu einem weiteren Anstieg der Komplexität in der Montage. Damit nehmen die zu verarbeitenden Informationsmengen deutlich zu und es stellt sich die Frage, wie mit diesen großen Mengen an Informationen umzugehen ist. Dabei kommen dem Einsatz von Informations- und Kommunikationstechnologien eine Schlüsselrolle in der Montagesystemgestaltung zu. Wie diese Rolle und mit ihr verbundene Entwicklungen aussehen, wird in fünf Handlungsfeldern zur Montagesystemgestaltung beschrieben. Zum dritten Handlungsfeld, dem der intelligenten Montageassistenzsysteme, werden zudem Trends dargestellt. Abschließend werden Hinweise für die betriebliche Praxis formuliert.

Literatur

Bokranz R, Landau K (2006) Produktivitätsmanagement von Arbeitssystemen – MTM-Handbuch. Schäffer-Poeschel, Stuttgart

Bornewasser M, Bläsing D, Hinrichsen S (2018) Informatorische Assistenzsysteme in der manuellen Montage: Ein nützliches Werkzeug zur Reduktion mentaler Beanspruchung? Z Arbeitswiss 72(4):264–275. https://doi.org/10.1007/s41449-018-0123-x.

Brecher C, Kolster D, Herfs W (2011) Innovative Benutzerschnittstellen für die Bedienpanels von Werkzeugmaschinen. ZWF 106(7–8):553–556. https://doi.org/10.3139/104.110607.

Brinzer B, Banerjee A (2017) Komplexitätsbewertung im Kontext Cyber-physischer Systeme. ZWF 112(5):341–345. https://doi.org/10.3139/104.111709.

Ebner K (2001) Die mittlere Bronzezeit in Südthüringen. https://archiv.ub.uni-marburg.de/diss/z2001/0408/pdf/dke.pdf. Zugegriffen am 31.03.2020.

Fritzsche L, Wegge J, Schmauder M, Kliegel M, Schmidt K-H (2014) Good ergonomics and team diversity reduce absenteeism and errors in car manufacturing. Ergonomics 57(2):148–161. https://doi.org/10.1080/00140139.2013.875597.

Geiser G (1997) Informationstechnische Arbeitsgestaltung. In: Luczak H, Volpert W (Hrsg) Handbuch Arbeitswissenschaft. Schäffer-Poeschel, Stuttgart, S 589–594

Grochla E (1978) Einführung in die Organisationstheorie. Schäffer-Poeschel, Stuttgart

Heeg FJ (1988) Moderne Arbeitsorganisation – Grundlagen der organisatorischen Gestaltung von Arbeitssystemen bei Einsatz neuer Technologien. Carl Hanser, München

Hinrichsen S, Adrian B, Bornewasser M (2020) Information management strategies in manual assembly. In: Ahram T, Taiar R, Gremeaux-Bader V, Aminian K (Hrsg) Human interaction, emerging technologies and future applications II. IHIET 2020, Advances in intelligent systems and computing, Bd 1152. Springer, S 520–525. https://doi.org/10.1007/978-3-030-44267-5_78

Hollnagel E (1997) Cognitive ergonomics: it's all in the mind. Ergonomics 40(10):1170–1182. https://doi.org/10.1080/001401397187685

Imai M (1998) Kaizen – Der Schlüssel zum Erfolg der Japaner im Wettbewerb, 8. Aufl. Ullstein, Berlin

Kagermann H, Wahlster W, Helbig J (2013) Deutschlands Zukunft als Produktionsstandort sichern – Umsetzungsempfehlungen für das Zukunftsprojekt Industrie 4.0 – Abschlussbericht des Arbeitskreises Industrie 4.0. https://www.bmbf.de/files/Umsetzungsempfehlungen_Industrie4_0.pdf. Zugegriffen am 31.03.2020

Koether R, Rau W (2012) Fertigungstechnik für Wirtschaftsingenieure, 4. Aufl. Carl Hanser, München

Konold P, Reger H (2003) Praxis der Montagetechnik. Springer Vieweg, Wiesbaden

Krause D, Gebhardt N (2018) Zusammenhänge und Auswirkungen der Vielfalt. In: Methodische Entwicklung modularer Produktfamilien. Springer Vieweg, Berlin, Heidelberg, S 19–65. https://doi.org/10.1007/978-3-662-53040-5

Liker JK, Meier DP (2008) Praxisbuch Der Toyota Weg, 2. Aufl. FinanzBuch, München

Löhr H (1986) Einige kennzeichnende Werkzeuge der späten Altsteinzeit aus dem Trierer Land. Funde und Ausgrabungen im Bezirk Trier: Aus der Arbeit des Rheinischen Landesmuseums Trier, 18. https://journals.ub.uni-heidelberg.de Zugegriffen am 31.03.2020

Lotter B (2012a) Einführung. In: Lotter B, Wiendahl H-P (Hrsg) Montage in der industriellen Produktion, 2. Aufl. Springer, Berlin, Heidelberg, S 1–8. https://doi.org/10.1007/978-3-642-29061-9

Lotter B (2012b) Manuelle Montage von Kleingeräten. In: Lotter B, Wiendahl H-P (Hrsg) Montage in der industriellen Produktion, 2. Aufl. Springer, Berlin, Heidelberg, S 109–146. https://doi.org/10.1007/978-3-642-29061-9

Lotter E (2012c) Hybride Montagesysteme. In: Lotter B, Wiendahl H-P (Hrsg) Montage in der industriellen Produktion, 2. Aufl. Springer, Berlin, Heidelberg, S 167–193. https://doi.org/10.1007/978-3-642-29061-9

Luczak H (1986) Manuelle Montagesysteme. In: Spur G, Stöferle T (Hrsg) Handbuch der Fertigungstechnik, Bd 5. Carl Hanser, München, S 620–682
Mattsson S, Fast-Berglund Å (2016) How to support intuition in complex assembly? Procedia CIRP 50:624–628. https://doi.org/10.1016/j.procir.2016.05.014
Müller R, Buchner T, Fayzullin K, Gottschalk S, Herfs W, Hilchner R, Pyschny N (2009) Montagetechnik und -organisation – Strategien und Trends. Apprimus, Aachen
Neuberger O (2002) Führen und führen lassen, 6. Aufl. Lucius & Lucius, Stuttgart
Nikolenko A, Hinrichsen S (2019) Potential of industrial image processing in manual assembly. In: Ahram T, Karwowski W, Pickl S, Taiar R (Hrsg) Human systems engineering and design II. IHSED 2019, Advances in intelligent systems and computing, Bd 1026. Springer, S 795–800. https://doi.org/10.1007/978-3-030-27928-8_121
Ohno T (1993) Das Toyota-Produktionssystem. Campus, New York, Frankfurt a.M.
REFA (Hrsg) (1997) Methodenlehre der Betriebsorganisation – Datenermittlung. Carl Hanser, München
Schlick C, Bruder R, Luczak H (2018) Arbeitswissenschaft, 4. Aufl. Springer Vieweg, Berlin. https://doi.org/10.1007/978-3-662-56037-2
Seliger G (2018) Montage und Demontage. In: Grote K-H, Bender B, Göhlich D (Hrsg) Dubbel – Taschenbuch für den Maschinenbau, 25. Aufl. Springer Vieweg, Berlin, S S121–S127. https://doi.org/10.1007/978-3-662-54805-9_117
Spur G, Helwig H-J (1986) Einführung in die Montagetechnik. In: Spur G, Stöferle T (Hrsg) Handbuch der Fertigungstechnik, Bd 5. Carl Hanser, München, S 591–606
Statistisches Bundesamt (2018) Statistisches Jahrbuch Deutschland und Internationales 2018. Statistisches Bundesamt, Wiesbaden
Stork S, Schubö A (2010) Human cognition in manual assembly: theories and applications. Adv Eng Inform 24(3):320–328. https://doi.org/10.1016/j.aei.2010.05.010
Takeda H (2006) LCIA – low cost intelligent automation – Produktivitätsvorteile durch Einfachautomatisierung, 2. Aufl. mi-Fachverlag, Landsberg am Lech
Taylor FW (1995) Die Grundsätze wissenschaftlicher Betriebsführung. Repr. der autorisierten Ausg. Oldenbourg, München 1913, neu hrsg. Beltz, Weinheim
Vahs D, Schäfer-Kunz J (2015) Einführung in die Betriebswirtschaftslehre, 7. Aufl. Schäffer-Poeschel, Stuttgart
Westkämper E, Schloske A (2018) Fertigungs- und Fabrikbetrieb. In: Grote K-H, Bender B, Göhlich D (Hrsg) Dubbel – Taschenbuch für den Maschinenbau, 25. Aufl. Springer Vieweg, Berlin, S S128–S159. https://doi.org/10.1007/978-3-662-54805-9_118
Wildemann H (2014) Produktivitätsverbesserung: Leitfaden zur kurzfristigen Produktivitätssteigerung in kleinen und mittleren Unternehmen, Bd 52. TCW, München
Womack JP, Jones DT (2003) Lean thinking – banish waste and create wealth in your corporation. Simon & Schuster, London
Womack JP, Jones DT, Roos D (2007) The machine that changed the world. Free Press, New York

Normen und Richtlinien

DIN 1319-1:1995-01 (1995) Grundlagen der Messtechnik – Teil 1: Grundbegriffe. Beuth, Berlin. https://doi.org/10.31030/2713411
DIN 8593-0:2003-09 (2003) Fertigungsverfahren Fügen – Teil 0: Allgemeines, Einordnung, Unterteilung, Begriffe. Beuth, Berlin. https://doi.org/10.31030/9500684
E DIN 8580:2020-01 (2020) Fertigungsverfahren – Begriffe, Einteilung. Beuth, Berlin. https://doi.org/10.31030/3115263
VDI 2860:1990-05 (1990) Montage- und Handhabungstechnik – Handhabungsfunktionen, Handhabungseinrichtungen, Begriffe, Definitionen, Symbole

Informatorische Gestaltung der Montage mittels Assistenzsystemen

2

Sven Hinrichsen

Inhaltsverzeichnis

Zusammenfassung

Je höher die Komplexität eines Montagesystems ist, desto wichtiger ist es, den Beschäftigten Informationen so bereitzustellen, wie sie diese für eine effektive und effiziente Ausführung ihrer Tätigkeit benötigen. Die informatorische Montagesystemgestaltung beinhaltet dabei einerseits die Entwicklung und Bereitstellung von Montageinstruktionen, die über Assistenzsysteme ausgegeben werden. Andererseits ist die Anordnung und Kennzeichnung von Werkzeugen, Bauteilen, Ladungsträgern und Vorrichtungen Gegenstand der informatorischen Montagesystemgestaltung. Beide Teilbereiche sind eng miteinander verbunden und aufeinander abzustimmen. Dazu sind

S. Hinrichsen (✉)
Labor für Industrial Engineering, Technische Hochschule Ostwestfalen-Lippe, Lemgo, Deutschland
E-Mail: sven.hinrichsen@th-owl.de

M. Bornewasser, S. Hinrichsen (Hrsg.), *Informatorische Assistenzsysteme in der variantenreichen Montage*, https://doi.org/10.1007/978-3-662-61374-0_2

betriebsspezifische Richtlinien zu formulieren. Aufbauend auf diesen Richtlinien bedarf es einer Digitalisierungsstrategie, die das Ziel verfolgt, durchgängige digitale Prozessketten mit Hilfe von Montageassistenzsystemen zu realisieren.

2.1 Bedeutung

Informationsmanagement und Komplexität hängen eng miteinander zusammen (s. Abschn. 1.6). Je höher die Komplexität eines Arbeitssystems ist, desto wichtiger ist es, den Beschäftigten Informationen so bereitzustellen, wie sie diese für eine effektive und effiziente Ausführung ihrer Tätigkeit benötigen. Bei der Ausgestaltung eines solchen Informationsmanagementsystems gibt es zahlreiche Herausforderungen. Erstens variieren in der Regel die Kriterien für eine effektive und effiziente Aufgabenausführung in einem Betrieb von Arbeitssystem zu Arbeitssystem, da etwa die Anforderungen der jeweiligen (internen) Kunden verschieden sind oder die Kostenstrukturen der Arbeitssysteme sich voneinander unterscheiden. Dominieren beispielsweise die Personalkosten in einem Arbeitssystem, stehen Effizienzkennzahlen wie etwa die Arbeitsproduktivität oder der Zeitgrad im Vordergrund. Bei hohen Abschreibungen auf Investitionsgüter – wie Maschinen – kommen zumeist Kennzahlen wie etwa die Gesamtanlageneffektivität zur Anwendung. Zweitens können bei der Aufgabenausführung die Informationsbedarfe von Person zu Person aufgrund unterschiedlicher Erfahrungen und Fähigkeiten variieren, selbst wenn diese Personen in demselben Arbeitssystem identische Aufgaben wahrnehmen. Drittens kommt erschwerend hinzu, dass im Zeitverlauf die Informationsbedarfe einer Person durch Prozesse des Lernens und Vergessens variieren können. Zudem ist viertens zu beachten, dass sich die Arbeitsinhalte – beispielsweise aufgrund von konstruktiven Weiterentwicklungen am Erzeugnis – und damit auch die Informationsbedarfe verändern können. Fünftens ist bei der Bereitstellung und dem Verwalten von Informationen zu beachten, dass Beschäftigte mitunter flexibel eingesetzt werden und zeitweise in einem anderen als dem gewohnten Arbeitssystem tätig sind. Auch in einem solchen Fall kommt es darauf an, dass sich die Beschäftigten schnell orientieren können, damit die Anlernzeiten möglichst gering gehalten und Fehler vermieden werden. Vor dem Hintergrund dieser und weiterer Herausforderungen bedarf es einer betriebsspezifischen Strategie des Informationsmanagements, die Standards für das Verwalten und Bereitstellen von Informationen beinhaltet und eine anforderungsgerechte Weiterentwicklung dieser Standards gewährleistet. Denn Standards schaffen Orientierung, reduzieren Unsicherheit und können eine Handlungsanleitung bieten (z. B. Imai 1998).

Aufgrund des Trends einer zunehmenden Komplexität in der Montage (s. Abschn. 1.1 und 1.6) kommt dem Informationsmanagement in diesem betrieblichen Bereich eine besondere Bedeutung zu (Bornewasser et al. 2018). Empirische Untersuchungen weisen auf vielfältige Defizite bei der informatorischen Gestaltung von manuellen Montagesystemen

Klassifizierung der informatorischen Defizite in der manuellen Montage	Beispiele
1. Benötigte Informationen fehlen im Montagesystem	Keine Information innerhalb des Arbeitssystems über den nächsten zu bearbeitenden Auftrag
2. Unnötige Informationen werden dargestellt	Bereitstellung einer kompletten Stückliste, auch wenn im Arbeitssystem nur eine Teilmenge der Informationen benötigt wird
3. Informationen sind nicht aktuell	Veraltete Muster oder Skizzen
4. Informationen werden zum falschen Zeitpunkt und in der falschen Menge bereitgestellt	Analyse des gesamten CAD-Modells, auch wenn ein Teil der Informationen erst später im Prozess benötigt wird
5. Informationen sind nicht so aufbereitet, dass diese ohne Schwierigkeiten vom Beschäftigten aufgenommen und verarbeitet werden können	Textlastige Kommunikation anstelle von Bildern

Abb. 2.1 Defizite der Informationsbereitstellung in der manuellen Montage

hin (Claeys et al. 2015). So zeigt eine Untersuchung zur Informationsbereitstellung in der manuellen Montage, dass entsprechend Abb. 2.1 fünf Defizitkategorien unterschieden werden können (Hinrichsen und Bendzioch 2018). Diese Defizite führen beispielsweise zu Aufgabenunterbrechungen, Suchvorgängen oder Rücksprachen mit Vorgesetzten, Kollegen oder Konstrukteuren, d. h. der Anteil der Verteilzeiten an den Auftragszeiten steigt infolge dieser Gestaltungsdefizite. In der Folge wird seit einigen Jahren der Einsatz von Assistenzsystemtechnologien in der manuellen Montage forciert.

Während Montageassistenzsysteme bisher erst in wenigen Betrieben umfassend zur Anwendung kommen, sind schon seit Jahren unterschiedliche Assistenzsystemtechnologien in Fahrzeugen im Einsatz (z. B. beim Parken und Rangieren, beim Navigieren zum Ziel oder beim Halten der Spur). So gelten Assistenzsysteme in der Branche der Automobilindustrie sogar bereits als Brückentechnologie, da an einer Automatisierung der Fahraufgabe bis hin zum autonomen Fahren geforscht wird (vgl. Geisler 2018). Einzelne Assistenzfunktionen werden daher aller Voraussicht nach zukünftig nicht mehr benötigt werden. Ganz anders stellt sich die Situation in der manuellen Montage dar. In vielen Betrieben, zum Beispiel in denen des mittelständisch geprägten Maschinenbaus, wird noch immer mit papierbasierten Montageanleitungen gearbeitet (Bannat 2014). Dabei werden nach einer Befragung von Wiesbeck (2014) insbesondere traditionelle Gestaltungselemente wie Text, Tabellen oder Zeichnungen eingesetzt. Animationen oder Videos werden hingegen kaum zur Unterstützung der Werker in der Montage verwendet. Durch eine nicht nutzergerechte Darstellung der Montageinformationen kann es zu Fehlinterpretationen und damit zu Montagefehlern kommen, da der Zeitbedarf für die Decodierung abstrakt-begrifflicher Informationen hoch und die Fähigkeit des Menschen, Zwischenresultate zu behalten, äußerst begrenzt ist (Hacker 1986). Dabei leisten Beschäftigte in der Varianten- und Mehrproduktmontage – wie sie beispielsweise im Maschinenbau anzutreffen ist – mehr und mehr informatorische Arbeit (s. Abschn. 1.6). Sie haben permanent Entscheidungen im Hinblick auf die aufzunehmenden Bauteile, Werkzeuge, Hilfsmittel oder die anzuwendende Arbeitsmethode zu treffen (Bornewasser et al. 2018). Die informatorische Gestaltung von manuellen Montagesystemen im Allgemeinen (s. Abschn. 2.2) und von Montageassistenzsystemen (s. Abschn. 2.3 und 2.4) im Speziellen erfährt daher eine zunehmende Bedeutung. Dabei dürfen Montageassistenzsysteme nicht isoliert, sondern nur als Bestandteil einer umfassenden informatorischen Gestaltungsaufgabe betrachtet werden.

2.2 Informatorische Gestaltung der manuellen Montage

2.2.1 Einordnung in die ergonomische Montagesystemgestaltung

In jedem Montagebereich gibt es Regelungen, wie etwa Auftragsinformationen und Montageinstruktionen bereitzustellen sind, wie Rückmeldungen zum Auftragsstatus zu erfolgen haben oder Kennzahlen auszugeben sind. Diese Regelungen sind zumeist im Laufe der Zeit entstanden, weisen aber auch vor dem Hintergrund einer steigenden Komplexität vielfach deutliche Verbesserungspotenziale auf (s. Abschn. 2.1). Vor diesem Hintergrund empfiehlt es sich, bestehende Lösungen der informatorischen Gestaltung der manuellen Montage zu hinterfragen und weiterzuentwickeln, damit die Komplexität von den Beschäftigten besser beherrscht werden kann (s. Abschn. 1.6). Dabei geht es insbesondere um die Frage, wie Informationen den Montagebeschäftigten anforderungsgerecht bereitgestellt werden können. Die informatorische Gestaltung ist dabei gemäß Abb. 2.2 in

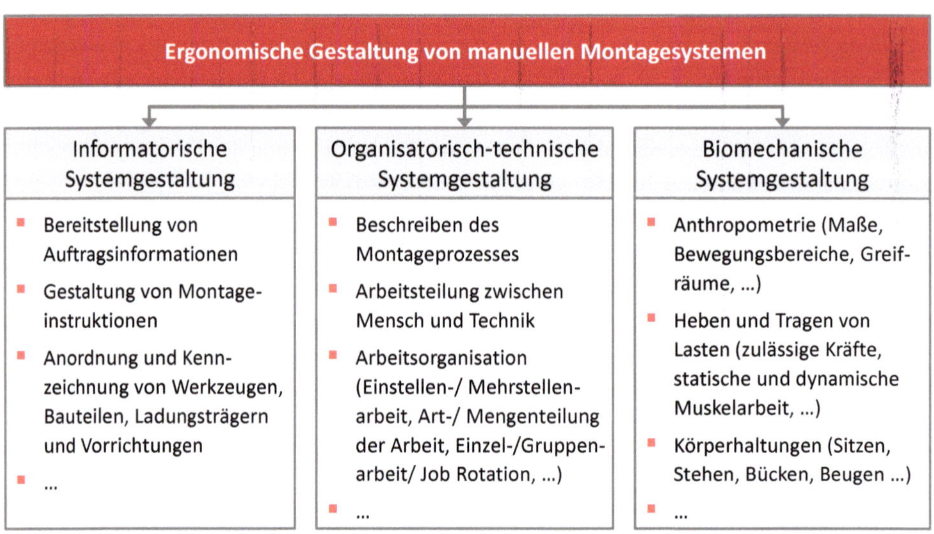

Abb. 2.2 Teilaufgaben der ergonomischen Gestaltung von manuellen Montagesystemen

Anlehnung an Luczak (1986) eine von drei miteinander zusammenhängenden Teilaufgaben der ergonomischen Montagesystemgestaltung. Im Rahmen der organisatorisch-technischen Systemgestaltung wird der Montageprozess beschrieben – zum Beispiel über einen Vorranggraphen, eine Arbeitsablaufanalyse nach REFA (2016) oder über eine Anwendung von MTM (Bokranz und Landau 2012). Zu jedem Ablaufabschnitt ist zu bestimmen, ob dieser rein manuell auszuführen oder Arbeits- bzw. Betriebsmittel einzusetzen sind. Ferner sind Fragen der Arbeitsorganisation und des geeigneten Montagekonzeptes zu klären. Die biomechanische Systemgestaltung als weitere Teilaufgabe (s. Abb. 2.2) beinhaltet insbesondere Fragen zur Anthropometrie, zum Heben und Tragen von Lasten und zu Körperhaltungen während der Ausführung der Montageaufgabe. Die informatorische Montagesystemgestaltung umfasst zum einen die Entwicklung und Bereitstellung von anforderungsgerechten Montageinstruktionen einschließlich benötigter Auftragsinformationen. Zur Informationsausgabe können Assistenzsysteme zum Einsatz kommen. Zum anderen ist die Anordnung und Kennzeichnung von Werkzeugen, Bauteilen, Ladungsträgern und Vorrichtungen Gegenstand der informatorischen Montagesystemgestaltung. Dabei sind die Gestaltung der Montageinstruktionen und die Kennzeichnung von Arbeitsgegenständen eng miteinander verbunden und aufeinander abzustimmen (Hinrichsen et al. 2020).

2.2.2 Kompatibilitätsprinzip

Nach dem Kompatibilitätsprinzip (Strasser 1993) hat die Informationsbereitstellung so zu erfolgen, dass diese möglichst weitgehend dem zur Bewältigung der Arbeitsaufgabe gebildeten mentalen Modell des Menschen entspricht. Eine angemessene Gestaltung des Informationsangebots bildet daher die Voraussetzung für eine anforderungsgerechte Ausführung der Montageaufgabe (Hacker 1986). Die Umsetzung des Kompatibilitätsprinzips soll gewährleisten, dass der Beschäftigte die zur Aufgabenausführung benötigten Informationen in möglichst kurzer Zeit identifizieren und richtig interpretieren kann, um dann die passende Handlung fehlerfrei auszuführen. Informationen können dabei als interpretierbarer Code oder als interpretierbare Daten oder Signale (z. B. Begriffe, Anzeigen) aufgefasst werden (Hacker 1986). Daten, Signale oder Codes sind zwar objektiv wahrnehmbar, aber nur verwertbar, wenn sie vom Menschen interpretiert werden können. Die Interpretation durch den Menschen kann daher als Decodierung bezeichnet werden (Hacker 1986). Mit der Decodierung entstehen Informationen. Voraussetzung für eine Decodierung ist, dass der Mensch über sogenannte Signalinventare im Gedächtnis verfügt (Hacker 1986), also in der Lage ist, tätigkeitsleitende Signale oder Daten richtig zu deuten. Je abstrakter und umfangreicher die übermittelten Informationen bzw. Daten sind, desto länger dauert der Decodierungsprozess. Daher kommt es darauf an, Daten bzw. Informationen bedarfsgerecht bereitzustellen, wie das nachfolgende Beispiel zeigen soll.

Beispiel für die Umsetzung des Kompatibilitätsprinzips
Die Bereitstellung einer komplexen technischen Zeichnung inkl. einer Stückliste als Montageinstruktion geht in der Einzelmontage in der Regel mit langwierigen Decodierungs-, also Interpretationsprozessen des Montagebeschäftigten einher, so dass der Montageprozess immer wieder unterbrochen wird, um etwa die Richtigkeit ausgeführter Handlungen zu überprüfen oder nächste Handlungsschritte zu planen. Farbcodierungen für einzelne Baugruppen in der Gesamtzeichnung führen zum Beispiel zu einer besseren Orientierung, da Teilaufgaben vom Beschäftigten direkt erkannt werden können. Dadurch verringern sich seine Ausführungszeiten. Zusätzliche begriffliche Informationen – etwa zur Struktur des Gesamtproduktes – bilden in Kombination mit den farblich codierten Zeichnungsinformationen eine „Doppelcodierung". Diese gibt zusätzliche Hilfestellung für den Beschäftigten (Hacker 1986). Weitere Maßnahmen – wie etwa die Möglichkeit für neue Beschäftigte, über ein Assistenzsystem eine Schritt-für-Schritt-Montageanleitung zu erhalten – lassen eine weitere Verringerung der Ausführungszeiten und eine Vermeidung von Montagefehlern erwarten. Das Beispiel zeigt, dass große Informationsmengen – etwa durch Farbcodierungen oder schrittbezogene Informationsausgaben – strukturiert und Zusatzinformationen (z. B. Montagehinweise) angeboten werden sollten, um eine schnelle kognitive Verarbeitung dieser Informationen zu gewährleisten. Gleichzeitig muss darauf geachtet werden, dass Informationen so bereitgestellt werden, dass diese dem Erfahrungskontext der Beschäftigten entsprechen und nicht erst mühsam erlernt werden müssen (z. B. Verwenden von bekannten Bildzeichen anstelle von neu gestalteten, nicht intuitiv interpretierbaren Bildzeichen in einer Montageanleitung).

2.2.3 Gestaltung von Montageinstruktionen

Die Übermittlung der Montageinstruktionen kann gemäß Abb. 2.3 einerseits über Arbeitspapiere oder Baumuster und andererseits in Form von rechnergestützt aufbereiteten Informationen vorgenommen werden. Die rechnergestützte Informationsbereitstellung wiederum kann statisch oder dynamisch erfolgen (s. Abb. 2.3). Eine statische Informationsbereitstellung liegt vor, wenn zu einem Erzeugnis eine Montageanleitung existiert – zum Beispiel in Form eines pdf-Dokuments – und diese etwa mittels eines Bildschirms ausgegeben wird. Die Informationsbereitstellung erfolgt dynamisch, wenn Informationen dem Beschäftigten bedarfs- und situationsgerecht übermittelt werden, indem eine direkte Interaktion zwischen Nutzer und Dialogsystem möglich ist (Hinrichsen und Bornewasser 2019). Assistenzsysteme ermöglichen eine solche Interaktion. Sie nehmen Daten über Sensoren oder Eingaben auf und verarbeiten diese, um den Beschäftigten die richtigen Informationen (was) zur richtigen Zeit (wann) in der gewünschten Form (wie) – je nach

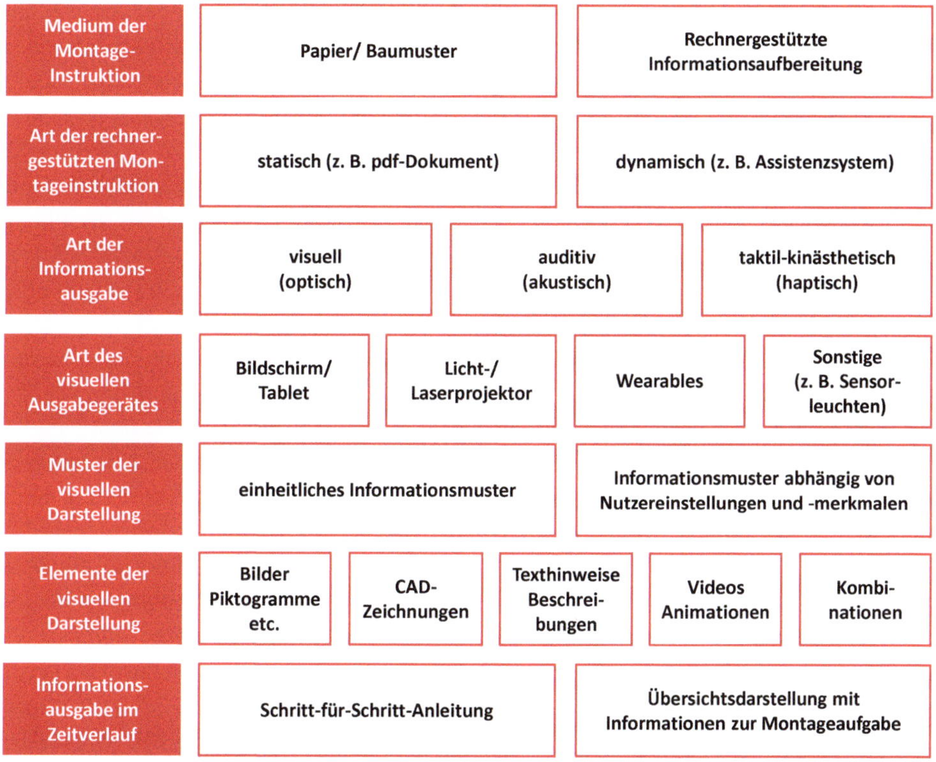

Abb. 2.3 Morphologischer Kasten zur Gestaltung von Montageinstruktionen (Hinrichsen et al. 2020, modifiziert)

erfahrungsbedingtem Bedarf oder nach Beanspruchungsstatus – bereitzustellen (Hollnagel 1987; Claeys et al. 2015). Die Art der Informationsausgabe kann visuell (optisch), auditiv (akustisch) und/oder taktil-kinästhetisch (haptisch) erfolgen. Die Fokussierung auf rein visuelle Informationsausgaben kann nach der Theorie der multiplen Ressourcen nach Wickens (2008) zu Engpässen in der Ressourcenbeanspruchung führen. Vielmehr kann es unter Gesichtspunkten der Reduzierung von Beanspruchung und der Steigerung von Leistung hilfreich sein, eine visuelle beispielsweise mit einer auditiven Ausgabe zu kombinieren (s. Kap. 4 und 5). Zu den gängigen visuellen Ausgabegeräten in der manuellen Montage zählen Bildschirme und Tablets, Licht- und Laserprojektoren sowie Wearables (s. Abb. 2.3). Die letztgenannten Ausgabegeräte können wiederum nach den Körperteilen, von denen sie getragen werden, klassifiziert werden (Hinrichsen et al. 2016). Relevant sind derzeit vor allem Kopf (Augmented Reality-Brille/Datenbrille/„smart glasses"), Hand („smart glove") und Handgelenk („smart watch").

Bei der Auswahl der in den Montageinstruktionen bereitgestellten Informationen (was) ist darauf zu achten, dass nur notwendige Informationen in erwartungskonformen Mustern dargestellt werden. Die Aufbereitung der Muster kann entweder für alle Beschäftigten identisch erfolgen oder vom Beschäftigten nach seinen Wünschen angepasst werden (s. Abb. 2.3). Diese individuelle Anpassung wird vom Beschäftigten in der Software eines Assistenzsystems vorgenommen und in der Benutzerverwaltung gespeichert. Eine andere Möglichkeit besteht darin, dass das Assistenzsystem das Nutzerverhalten analysiert und dem Beschäftigten Vorschläge zu einer Anpassung des Musters liefert (z. B. Weglassen von einzelnen Informationen bei hohem Übungsgrad des Beschäftigten). Im Hinblick auf die Art der visuellen Darstellung (wie) gibt es vielfältige Möglichkeiten. In der Praxis bewähren sich Montageinstruktionen, die vor allem Bild- oder Zeichnungsinformationen nutzen und mit wenigen Textinformationen (z. B. Hinweise) kombinieren, so dass eine „Doppelcodierung" vorliegt (Hacker 1986).

In Bezug auf den zeitlichen Aspekt der Informationsbereitstellung (wann) ist zwischen zwei unterschiedlichen Konzepten auszuwählen (s. Abb. 2.3). Bei einer Schritt-für-Schritt-Anleitung wird der Gesamtablauf in Verrichtungen untergliedert. Die Informationsausgabe erfolgt sequenziell. Der Montagebeschäftigte wird bei Einsatz eines Assistenzsystems Schritt für Schritt durch den Montageprozess geführt, indem nach Ausführung einer Verrichtung angezeigt wird, was die Inhalte der nächsten Verrichtung sind (s. Kap. 9). Wird eine papierbasierte Montageanleitung verwendet, so ist auch diese in einzelne Schritte zu strukturieren. Ein zweites Konzept beinhaltet Übersichtsdarstellungen. Sie liefern Informationen zu einer Mehrzahl von Verrichtungen oder zur gesamten Montageaufgabe (s. Kap. 8). Beispielsweise wird ein Arbeitsauftrag auf einem Bildschirm ausgegeben, indem eine Stückliste – mit den zu montierenden Komponenten und ihren jeweiligen Lagerorten – sowie eine Zeichnung des fertigen Erzeugnisses auf einem Bildschirm dargestellt werden. Der Vorteil dieser Art der Informationsausgabe kann darin bestehen, dass die Beschäftigten – im Unterschied zur Schritt-für-Schritt-Anleitung – die Freiheit haben, eine von ihnen präferierte Arbeitsweise anzuwenden. Der Nachteil liegt zumeist in längeren, nicht produktiv genutzten Orientierungszeiten.

Empfehlungen zur Gestaltung von visuellen Montageinstruktionen

Ausgehend von den Defiziten der informatorischen Gestaltung der Montage (s. Abb. 2.1) sind bei der Entwicklung von visuellen Montageinstruktionen mehrere, nachfolgend aufgeführte Kriterien zu beachten. Bei der Umsetzung dieser Kriterien bedarf es der Einbeziehung der Beschäftigten, um eine bedarfsgerechte Informationsausgabe zu gewährleisten. Ferner können Evaluationen helfen, Schwachstellen zu identifizieren und Montageanleitungen bzw. betriebsspezifische Richtlinien zu ihrer Gestaltung zu verbessern.

1) Relevanz: Es sind nur relevante Informationen anzuzeigen – nach dem Grundsatz „weniger ist mehr".
2) Aktualität: Montageinstruktionen müssen aktuell sein, d. h. eine Montageinstruktion muss den gleichen Revisionsstand aufweisen wie die zugehörige Stückliste und CAD- Zeichnung.

3) Kompatibilität: Informationen bzw. Daten sind so auszugeben, dass diese in kurzer Zeit identifiziert und richtig interpretiert werden können.
   a) Informationen sind so anzuordnen, zu strukturieren und kenntlich zu machen, dass benötigte Informationen in kurzer Zeit identifiziert werden können.
   b) Zur Ausgabe einzelner Informationen sind jeweils geeignete Elemente der visuellen Darstellung (s. Abb. 2.3) zu verwenden. Beispielsweise können Bildzeichen (z. B. für ein in einem Montageschritt zu verwendendes Werkzeug) dazu beitragen, die Informationsaufnahme zu erleichtern.
4) Standardisierung: Bei der Erstellung einer visuellen Anleitung zur Montage eines neuen Produktes sind wiederkehrende Muster (z. B. zum Aufbau einer Anleitung) und Gestaltungselemente (z. B. Bildzeichen) aus bestehenden Anleitungen zu verwenden. Somit sind neuen Beschäftigten nur die bestehenden Standards (z. B. die Gesamtheit der verwendeten Bildzeichen), also die Richtlinien zur Gestaltung von visuellen Montageinstruktionen zu vermitteln, nicht aber jede einzelne Anleitung für die unterschiedlichen Erzeugnisse.
5) Anpassung an den Bedarf: Informationen sollten möglichst dynamisch auf die Bedarfe einzelner Nutzer oder Nutzergruppen angepasst werden. Wer über umfangreiche Erfahrungen mit der Montage eines bestimmten Produktes verfügt, benötigt im Regelfall deutlich weniger Informationen als ein Beschäftigter, der diesen Produkttyp erstmalig montiert. Eine pragmatische Umsetzung dieser Anforderung kann zum Beispiel erfolgen, indem eine Montageanleitung eine Kurzform (Übersicht mit allen relevanten Informationen für einen erfahrenen Beschäftigten) und eine Langform (z. B. Schritt-für-Schritt-Anleitung mit allen wichtigen Informationen für einen wenig erfahrenen Beschäftigten) enthält (s. Kap. 9).

2.2.4 Anordnung und Kennzeichnung von Arbeitsgegenständen

Neben der Gestaltung von Montageinstruktionen beinhaltet die informatorische Montagesystemgestaltung auch die Anordnung und Kennzeichnung von Werkzeugen, Bauteilen, Ladungsträgern und Vorrichtungen (Hinrichsen et al. 2020), die in ihrer Gesamtheit nachfolgend als Arbeitsgegenstände bezeichnet werden. Wichtige Gestaltungsmöglichkeiten werden in Abb. 2.4 dargestellt. Die Anordnung von Bauteilen und Werkzeugen kann nach der Verwendungsreihenfolge und/ oder nach gemeinsamen Merkmalen (Zugehörigkeit zu einer Kategorie wie Schraubendreher) erfolgen. Im ersten Fall werden Bauteile bzw. Werkzeuge von links nach rechts in der üblichen Reihenfolge ihrer Verwendung in der Montage angeordnet. Im zweiten Fall werden alle Arbeitsgegenstände einer Kategorie (z. B. alle im Montagesystem benötigten Maulschlüssel) nebeneinander bzw. in einem gekennzeichneten Feld bereitgestellt. Beide Anordnungsprinzipien sollen dazu beitragen, dass sich verstärkt „automatisiert“ ablaufende Verhaltensmuster herausbilden können

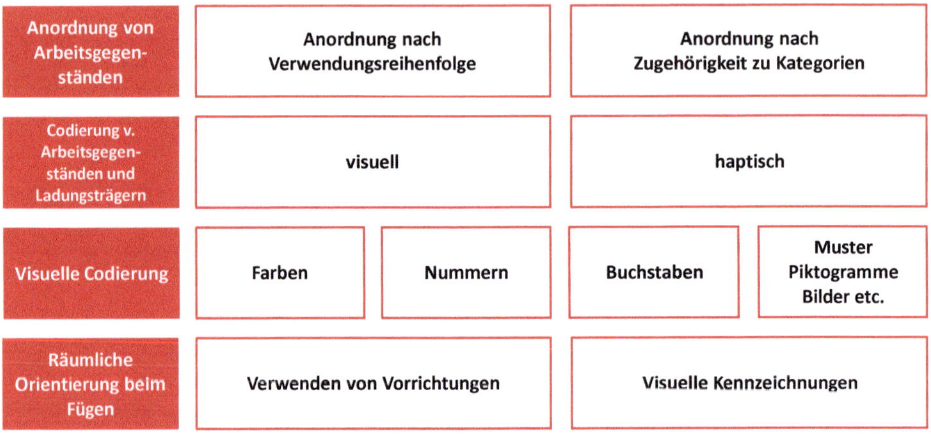

Abb. 2.4 Morphologischer Kasten zur Anordnung und Kennzeichnung von Arbeitsgegenständen in der manuellen Montage

(wobei zu beachten ist, dass automatisierte Abläufe zu Beharrungstendenzen führen können, die erforderliche Anpassungen an Varianten verhindern und dadurch dort mehr Fehler erzeugen, wo Flexibilität erwartet wird) (Hinrichsen et al. 2020).

Die Codierung von Arbeitsgegenständen kann haptisch und/oder visuell erfolgen (s. Abb. 2.4). Zum Beispiel kann das korrekte Aufnehmen eines Inbusschlüssels unterstützt werden, indem taktile (z. B. Griffband) und/ oder optische Merkmale (z. B. Farbcodierung von Werkzeug und Behälter mit zugehörigen Schrauben) berücksichtigt werden. Visuelle Codierungen können zum Beispiel über Farben, Nummern, Buchstaben oder Piktogramme vorgenommen werden. In der Praxis eignen sich häufig Kombinationen (z. B. Hacker 1986). Der Beschäftigte muss sich diese Codierungen (z. B. Angabe des Lagerortes bzw. Kennzeichnung eines Teilebehälters) möglichst einfach merken können, wenn ein unterstützender Effekt erzielt werden soll. Auch die Verwendung von Montagevorrichtungen oder Kennzeichnungen auf der Arbeitsfläche können dem Beschäftigten Orientierung bieten und dazu beitragen, dass sich auch in der variantenreichen Montage stabile Verhaltensmuster herausbilden (s. Abb. 2.4).

Bedeutung von Standards für die Informationsbereitstellung

Analog zu vielfältig vorhandenen betrieblichen Standards (z. B. Konstruktionsrichtlinien, Arbeits- und Prüfpläne) sind betriebsspezifische Richtlinien für die informatorische Gestaltung von Montagearbeitsplätzen zu entwickeln. Ein Beispiel für einen Standard bildet die regelbasierte Anordnung von Werkzeugen an allen Montagearbeitsplätzen eines Betriebes. Auch wenn sich die Werkzeuge von Arbeitsplatz zu Arbeitsplatz unterscheiden und damit auch Werkzeugbereitstellungen nicht an Arbeitsplätzen vollkommen identisch sein können, beinhaltet eine solche Regel beispielsweise, dass sogenannte Shadow-Boards an allen Montagearbeitsplätzen für die Bereitstellung des häufig benötigten Montagewerkzeugs zu verwenden sind. Ferner kann in dem Regelwerk aufgeführt sein, wie diese Boards im Detail zu gestalten und nach welchen Prinzipien Werkzeuge ergonomisch anzuordnen sind (z. B. Festlegen maximaler Greifhöhen). Die Umsetzung dieser Richtlinien hat den Vorteil, dass sich stabile mentale Modelle bei den Beschäftigten herausbilden können. Dadurch wird ein Arbeitsplatzwechsel von Beschäftigten erleichtert und ihre Einsatzflexibilität prinzipiell erhöht. Außerdem unterstützen solche Richtlinien die Einarbeitung neuer Beschäftigter. Sie tragen ferner zur Verbesserung von Prozessfähigkeit und Arbeitsproduktivität bei.

2.3 Begriff, Nutzen und Merkmale von Montageassistenzsystemen

Unter einem Assistenzsystem wird ein technisches System verstanden, welches Informationen aus seiner Umgebung oder durch Eingaben aufnimmt und verarbeitet, um den Menschen bei der Durchführung seiner Aufgabe zu unterstützen (Geiser 1997). Nach der Art der Systemunterstützung kann zwischen energetischer und informatorischer Unterstützung unterschieden werden (Reinhart et al. 2013; Müller et al. 2014). Energetische Montageassistenzsysteme dienen der Gewährleistung der Ausführbarkeit der Aufgabe und der Reduzierung der körperlichen Belastung für den Menschen (Reinhart et al. 2013) . Zu diesen Assistenzsystemtypen zählen beispielsweise Exoskelette oder kollaborierende Roboter. Informatorische Montageassistenzsysteme haben den Zweck, Montageinformationen bedarfsgerecht bereitzustellen. Dadurch reduzieren sie einerseits mentale Beanspruchungen der Beschäftigten (Bornewasser et al. 2018). Andererseits sollen sie einen Beitrag dazu leisten, dass Beschäftigte ihre Aufgaben fehlerfrei (Effektivität) und in der dafür geplanten Zeit (Effizienz) durchführen. Dazu haben die Systeme den Anspruch, den Beschäftigten die richtigen Informationen („what") zur richtigen Zeit („when") in der gewünschten Form („how") bereitzustellen (Hollnagel 1987; Claeys et al. 2015; Hinrichsen et al. 2016). Informatorische Assistenzsysteme tragen daher dazu bei, Beschäftigten bei Bedarf Hilfestellung zu geben, so dass Montagefehler vermieden, Anlernprozesse verkürzt, und die Arbeitsproduktivität gesteigert werden kann (Unrau et al. 2016).

Informatorische Assistenzsysteme bestehen aus Hardware und Software. Sie verfügen hardwareseitig über Eingabe- und Ausgabesysteme. Die Systemsteuerung erfolgt über eine Software. Dabei werden Nutzereingaben auf Basis von Modellen (z. B. zum Montageablauf und zu Nutzermerkmalen), bereitgestellten Auftrags- und Produktdaten – unter Umständen ergänzt um Echtzeitdaten zum Status der Aufgabenausführung (z. B. Situations- oder Fehlererkennung per Kamera) – zu Informationsausgaben transformiert. In Anlehnung an Geiser (1997) sind bei der Gestaltung eines Assistenzsystems mit dem Aufgaben-, Benutzer-, Umgebungs- und Interaktionsmodell vier, voneinander abhängige Modelle zu unterscheiden. Diese können dabei helfen, Anforderungen an ein Assistenzsystem zu ermitteln, den Nutzungskontext zu beschreiben und eine Grobkonzeptionierung des Assistenzsystems vorzunehmen (Hinrichsen et al. 2016). Im Kern verfügt jedes Assistenzsystem über ein Aufgabenmodell, welches die Systemfunktionen beschreibt. Dazu ist die durch das System zu unterstützende Aufgabe in einzelne Teilaufgaben zu zerlegen und in Ablaufmodellen darzustellen. Unter Einbeziehung von künftigen Nutzern sind Arbeitsabläufe, Ablaufabschnitte und Entscheidungen zu identifizieren, die seitens eines Assistenzsystems unterstützt werden sollen. Die Art der gewünschten Unterstützung ist jeweils zu beschreiben. Um das Benutzermodell zu erstellen, sind wesentliche Merkmale künftiger Nutzer zu identifizieren, mögliche Unterschiede zwischen Nutzern festzustellen, Nutzergruppen zu bilden und insbesondere die Anforderungen von Nutzern bzw. einzelnen Nutzergruppen an eine Assistenzunterstützung aufzunehmen. Bei der Gestaltung von Assistenzsystemen kommt es entscheidend darauf an, wesentliche Merkmale typischer Nutzer zu kennen, damit die über das Assistenzsystem ausgegebenen Daten von den Nutzern richtig und zügig interpretiert werden können. Das Umgebungsmodell beinhaltet die Beschreibung von Umgebungsgrößen (z. B. Lärm, Licht) und von typischen räumlichen Anordnungen von Nutzern und Arbeitsobjekten. Das Interaktionsmodell beschreibt die Modalitäten der Informationseingaben und -ausgaben. Auf Basis dieser Modalitäten wird die Hardware für die Ein- und Ausgaben ausgewählt. Die vier Modelle beeinflussen sich gegenseitig (ebd. 2016). Die Konzeptionierung eines Assistenzsystems ist ein iterativer Vorgang (s. Kap. 7), bei dem gemäß DIN EN ISO 9241-210 wiederholte Usability-Testphasen einzuplanen sind. Beispielsweise beeinflusst das Benutzermodell maßgeblich das Aufgaben- und Interaktionsmodell, dabei insbesondere den Umfang und die Art der Assistenzfunktion, die Wahl der Ein- und Ausgabeeinheiten sowie die Dialoggestaltung. Das Umgebungsmodell wirkt sich wiederum in erheblichem Maße auf das Interaktionsmodell aus, da bestimmte Umgebungsgrößen (z. B. Lärm) sich negativ auf bestimmte Interaktionsformen (z. B. Spracheingabe) auswirken können und eine Kompatibilität zwischen den Modellen herzustellen ist. Gleichzeitig wirkt zum Beispiel das Aufgabenmodell auf das Umgebungsmodell, wenn beispielsweise die Beleuchtungsbedingungen so zu gestalten sind, dass Kamera- bzw. Bildverarbeitungssysteme eingesetzt werden können.

2.4 Wirkungsweise und Klassifikation von Montageassistenzsystemen

Die Wirkungsweise von Montageassistenzsystemen lässt sich anhand eines Modells veranschaulichen (Bornewasser et al. 2018). Das Modell geht davon aus, dass eine hohe Komplexität als unabhängige Variable entsprechend Abb. 2.5 zu einer hohen mentalen Beanspruchung des Montagebeschäftigten führt, die sich auch durch Fehlhandlungen negativ auf die Arbeitsproduktivität auswirken kann. Komplexität entsteht dabei etwa durch eine hohe Variantenvielfalt, eine große Anzahl zu verbauender Komponenten, häufige Produktänderungen oder Sondervorgänge, wie beispielsweise das Aufspielen von Software auf ein Gerät (s. Abschn. 1.6). Die negativen Wirkungen einer hohen Komplexi-

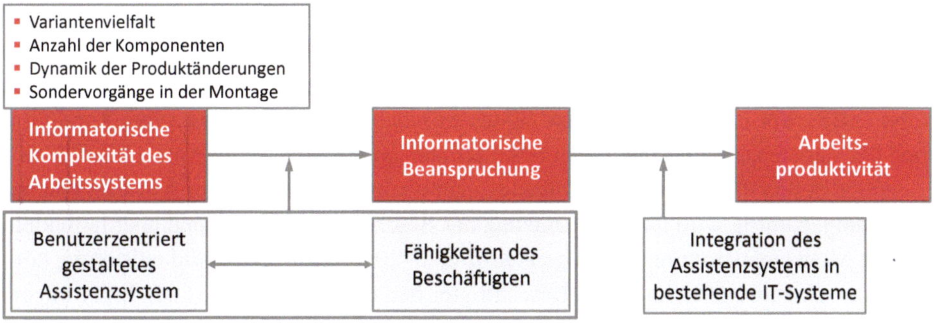

Abb. 2.5 Modell zur Erklärung der Wirkungsweise von Montageassistenzsystemen (Bornewasser et al. 2018, modifiziert)

tät auf Beanspruchung und Produktivität lassen sich durch moderierende Variablen – in Abb. 2.5 grau hinterlegt – abschwächen oder beseitigen (ebd. 2018).

Eine erste moderierende Variable beinhaltet den Einsatz eines Montageassistenzsystems. Ein solches System trägt dazu bei, einem Montagebeschäftigten Orientierung zu geben, so dass er durch eine geeignete informatorische Unterstützung mit der bestehenden Komplexität zurechtkommt. Ein Mindestmaß an Komplexität kann demnach als Grundvoraussetzung für den Einsatz von Assistenzsystemen angesehen werden. Umgekehrt heißt das, dass für die Ausführung einfacher, sich vielfach wiederholender Montagetätigkeiten der Einsatz von Assistenzsystemen zumeist nicht nutzbringend ist, da eine sichere Ausführung der Tätigkeit nach kurzem Anlernen möglich ist. Eine hohe Aufgabenkomplexität kombiniert mit einer unzureichenden informatorischen Montagesystemgestaltung kann zu einer Überforderung des Beschäftigten führen. Der Einsatz eines Assistenzsystems soll solche hohen mentalen Beanspruchungen vermeiden, gleichzeitig aber auch keine Unterforderung des Beschäftigten verursachen. Dieser optimale Einsatz der mentalen Ressourcen des Menschen führt zu einer hohen Arbeitsproduktivität, da durch das Assistenzsystem beispielsweise Suchvorgänge entfallen oder Montagefehler vermieden werden. Eine zweite moderierende Variable beinhaltet die Kompetenzen des Beschäftigten. So nimmt die von einem Beschäftigten wahrgenommene Komplexität mit der Entwicklung seiner Fähigkeiten ab. Eine systematische Personalentwicklung ist daher ein weiterer Ansatz, Komplexität beherrschbar zu machen und ihre negativen Folgewirkungen zu vermeiden. Allerdings können der Kompetenzentwicklung insbesondere in der Einzel- bzw. der Varianten- und Mehrproduktmontage (s. Abschn. 1.4) dann Grenzen gesetzt sein, wenn die kognitiven Ressourcen nicht ausreichen, die Komplexität ohne geeignete informatorische Montagesystemgestaltung zu bewältigen und damit den Mengen-, Termin- und Qualitätsanforderungen gerecht zu werden.

Entsprechend des dargestellten Modells stehen Komplexität, Funktionalität des Assistenzsystems und Kompetenzentwicklung in enger Wechselwirkung zueinander. So führt die Zunahme an Erfahrung des Beschäftigten mit der Montageaufgabe zu einer Verringerung der wahrgenommenen Komplexität (Bornewasser et al. 2018). In der Folge verliert das Assistenzsystem aus Sicht des Beschäftigten an Nutzen und kann – wenn das System sich nicht selbst an die Anforderungen der Benutzer anpasst oder nicht individuell angepasst werden kann – als störend empfunden werden und keine Akzeptanz mehr erfahren (ebd. 2018). Vor diesem Hintergrund bilden Möglichkeiten der individuellen Konfiguration des Assistenzsystems durch den Beschäftigten oder systemseitige Vorschläge für eine Adaption des Systems an den jeweiligen Nutzer wichtige Prinzipien der Assistenzsystemgestaltung. Künftig wird die Unterstützung der Beschäftigten zunehmend über individualisierte Montageinstruktionen erfolgen (Kölz et al. 2015). Bei der Individualisierung können unterschiedliche Merkmale der Beschäftigten berücksichtigt werden (z. B. Erfahrungen, Sehbeeinträchtigungen). Dabei ist der Umfang der Erfahrungen der Beschäftigten mit der Durchführung der Montageaufgabe von besonderer Bedeutung (Hinrichsen et al. 2018). So ist die typische Erwartung eines neuen Montagebeschäftigten, dass das Assistenzsystem ihn in seinem Anlernprozess unterstützt und er Schritt für Schritt durch den Montageprozess geleitet wird. Ebenfalls wünschen sich insbesondere neue Beschäftigte Hinweise zur Ausführung von Prozessschritten, die als besonders qualitätskritisch oder fehleranfällig gelten. Ein erfahrener Beschäftigter möchte hingegen nur noch Hilfestellung zu ausgewählten Vorgängen und in reduzierter Form erhalten (z. B. Übersicht zur Stückliste mit Lagerorten anstelle detaillierter Schritt-für-Schritt-Montageinstruktion) (ebd. 2018).

Neben der benutzerzentrierten Gestaltung des Assistenzsystems und der Entwicklung der Kompetenzen der Beschäftigten bildet entsprechend Abb. 2.5 die Integration des Assistenzsystems in die bestehende Soft- und Hardware-Infrastruktur die dritte moderierende Variable in dem Modell. Softwareseitig sollte das Assistenzsystem über direkte oder indirekte Schnittstellen zu einem ERP-System und einem PLM-System bzw. vergleichbaren Systemen verfügen (Hinrichsen et al. 2018). Über eine Schnittstelle zu einem ERP-System werden Auftragsdaten in die Assistenzsystemsoftware eingelesen, so dass auftragsspezifische Angaben ausgegeben und die richtige Montageinstruktion aufgerufen werden kann. Nach Abschluss einzelner Aufträge werden Daten an das ERP-System zurückgemeldet. Über die Anbindung an ein PLM-System lassen sich Montageinstruktionen dynamisch generieren, d. h. für eine kundenspezifische Produktkonfiguration wird automatisch die passende Montageinstruktion gebildet. Zudem werden Produktänderungen nach Möglichkeit automatisch von der Assistenzsystemsoftware übernommen (ebd. 2018). Durch eine solche Integration eines Montageassistenzsystems in die bestehende IT-Infrastruktur wird ein Beitrag zur Gestaltung durchgängiger digitaler Wertschöpfungsketten als eine Vision der Industrie 4.0 geleistet (ebd. 2018). Hardwareseitig lassen sich beispielsweise WLAN-Schrauber, digitale Messmittel oder Bildverarbeitungssysteme über eine Datenschnittstelle mit dem Assistenzsystem verbinden. In Bezug auf den WLAN-Schrauber können Nenndrehmomente für einzelne Schraubvorgänge in Montageinstruktionen hinterlegt und bei der Montage automatisch die richtigen Drehmomente am Schrauber eingestellt werden. Zudem können die Ist-Drehmomente gemessen und dokumentiert werden, so dass Prozessparameter lückenlos und zentral protokolliert und für abgeschlossene Aufträge jederzeit abrufbar sind (ebd. 2018). Ebenfalls kann die Einbindung von Bildverarbeitungssystemen dazu beitragen, Montagefehler direkt zu identifizieren und dem Beschäftigten eine Rückmeldung zu geben (Nikolenko und Hinrichsen 2019).

Eine Klassifikation der Montageassistenzsysteme kann insbesondere im Hinblick auf die Gestaltung ihrer Informationseingaben und -ausgaben vorgenommen werden. Ausgewählte Klassifikationskriterien zur Informationsausgabe wurden bereits anhand des morphologischen Kastens zur Gestaltung von Montageinstruktionen dargestellt (s. Abschn. 2.2). Weitere Kriterien zur Klassifikation können sich auf die Art der Informationseingabe, die Anzahl der Ein- und Ausgabemodalitäten sowie den Unterstützungsumfang beziehen (Hinrichsen et al. 2016). So kann die Informationseingabe manuell über Stellteile (z. B. Tasten), verbal über Spracheingabe, gestikulär über Gestenerkennung oder automatisch durch Sensorik erfolgen, indem der Zustand des Arbeitsobjektes bzw. der Status des Arbeitsprozesses überwacht wird. Zudem kann unterschieden werden, ob die Mensch-Maschine-Schnittstelle unimodal oder multimodal konzipiert ist. Unimodal bedeutet, dass ein spezifischer Kanal zur Informationsaufnahme, häufig der visuelle, und ein weiterer zur Informationseingabe, meist der manuelle, bereitstehen. Multimodale Schnittstellen berücksichtigen hingegen unterschiedliche Eingabe- und Ausgabemodalitäten (Schlick et al. 2018). Nach dem Unterstützungsumfang kann sich die Assistenzfunktion auf eine oder mehrere Funktionen der Montage beziehen. Zu diesen zählen Handhaben, Fügen, Kontrollieren, Justieren und Hilfsfunktionen (s. Abschn. 1.3). Zudem kann der Rüstprozess eines Montagesystems über ein Assistenzsystem informatorisch unterstützt werden.

2.5 Forschung und Beispiele zu Montageassistenzsystemen

Zur Gestaltung von Montageassistenzsystemlösungen liegen mittlerweile umfangreiche Forschungsergebnisse vor. Diese beziehen sich beispielsweise auf …

- die automatische Generierung von Montageinstruktionen (z. B. Reisinger et al. 2018), indem Produkt- und Auftragsdaten anforderungsgerecht bereitgestellt (z. B. Fast-Berglund et al. 2019) und zum Beispiel über eine App (Bosse und Hellge 2019) ausgegeben werden,
- die Erfassung der Montagesituation über hochauflösende Kameras, so dass mittels Augmented Reality-Technik situationsangepasste Arbeitsanweisungen bereitgestellt werden (z. B. Liu et al. 2015; Elkmann et al. 2015; Büttner et al. 2017),
- den Einsatz von Künstlicher Intelligenz, um das individuell passende Maß an informatorischer Unterstützung anbieten zu können (Steil und Wrede 2019) oder
- verschiedene Ausgabegeräte wie Smart Watch (z. B. Funk et al. 2019), Laser (z. B. Müller et al. 2018), Datenbrille (z. B. König et al. 2019) oder Projektion (z. B. Martin 2003).

Dabei lässt sich ein Trend zur Entwicklung von Assistenzsystemplattformen ausmachen (Müller et al. 2018; Hinrichsen et al. 2018). Diese Plattformen verfügen über umfassende Funktionalitäten und Schnittstellen (s. Kap. 10).

Aufgrund unterschiedlichster Anforderungen an die informatorische Gestaltung eines manuellen Montagesystems und verschiedener verfügbaren Technologien sind vielfaltig

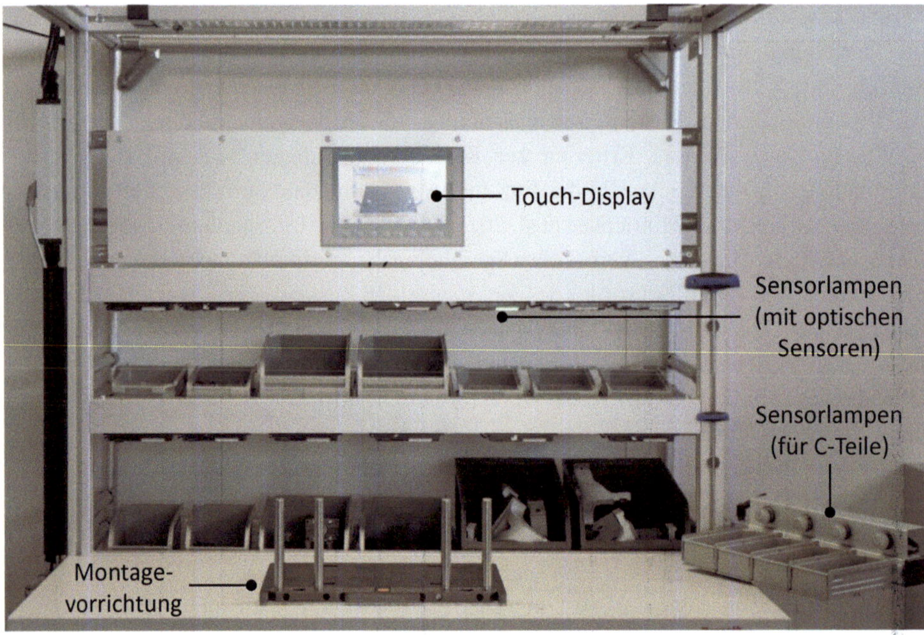

Abb. 2.6 Montageassistenzsystem mit Touch-Display und Sensorlampen zur Informationsausgabe

ausgeprägte Assistenzsysteme im Einsatz, von denen exemplarisch drei Systeme nachfolgend vorgestellt werden. Abb. 2.6 zeigt ein Assistenzsystem, das im Wesentlichen aus einer speicherprogrammierbaren Steuerung (SPS), zwei unterschiedlichen Typen von Sensorlampen (optische Sensoren mit Reflexionslichttaster und kapazitive Sensoren für sogenannte C-Teile) und einem Touch-Display besteht. Über das Touch-Display wird ein Montageauftrag gestartet. Die Anzahl der im nächsten Schritt zu entnehmenden Komponenten wird über das Display ausgegeben. Über die jeweils grün leuchtende Sensorlampe wird der Behälter angezeigt, aus dem die Komponenten zu entnehmen sind. Sind einzelne Montageschritte per Beidhandarbeit auszuführen, leuchten gleichzeitig zwei Lampen auf. Über den optischen Sensor einer Lampe wird die Entnahme automatisch registriert, so dass mit der Entnahme auf dem Display angezeigt wird, wie die entnommenen Teile zu montieren sind und was bei der Montage zu beachten ist.

Abb. 2.7 zeigt ein projektionsgestütztes Assistenzsystem, welches für die Montage von Baugruppen oder Maschinenaggregaten entwickelt wurde. Dieses System ermöglicht die Erstellung von Montageinstruktionen, die im direkten Sichtbereich des Benutzers dargestellt werden (Unrau et al. 2016). Informationen werden erstens als Positionierungsdarstellungen direkt auf den Arbeitsgegenstand bzw. eine Vorrichtung projiziert. Zweitens werden Informationen zur Entnahme von Komponenten durch Anstrahlen einzelner Behälter angezeigt. Drittens werden Informationen zu den Inhalten eines Montageschritts in Form von Bildern und Texten auf der Arbeitsfläche ausgegeben. Im Unterschied zu dem in Abb. 2.6 dargestellten Assistenzsystem wird als Ausgabegerät ein lichtstarker Beamer ver-

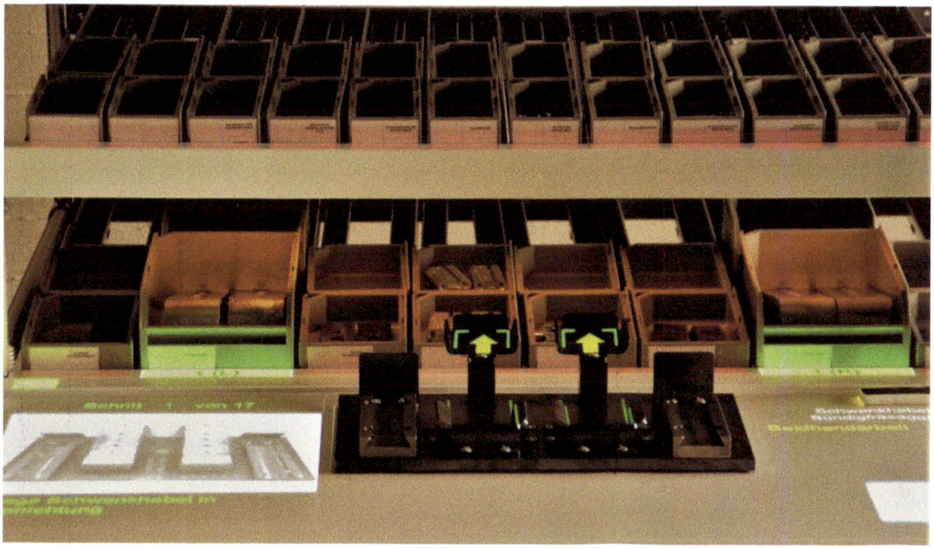

Abb. 2.7 Projektionsgestütztes Montageassistenzsystem

wendet. Der Einsatz des Beamers hat den Vorteil, dass Änderungen am Arbeitssystem (z. B. Verwenden von zwei kleineren Behältern anstelle eines breiteren Behälters) in kurzer Zeit softwareseitig vorgenommen werden können, während bei der Verwendung von Sensorlampen nicht zuletzt durch ihre Verkabelung größere Änderungsaufwände entstehen. Im Unterschied zu dem Assistenzsystem mit Sensorlampen erfolgt die Steuerung der Assistenzsystemsoftware über Taster, Gesten oder Spracheingabe (ebd. 2016).

Abb. 2.8 zeigt ein mobiles projektionsgestütztes Assistenzsystem, welches speziell für den Werkzeugbau prototypisch entwickelt wurde (Hinrichsen et al. 2017). Hintergrund dieser Entwicklung ist, dass die Wartung und Instandsetzung eines Werkzeugs – beispielsweise für das Spritzgießen – in aller Regel mit seiner Demontage und anschließenden Montage einhergeht. Die Dauer der Montagetätigkeit hat dabei oftmals einen signifikanten Anteil an der Gesamttätigkeitszeit für die Reparatur oder Wartung des Werkzeugs. In Abhängigkeit von der Komplexität eines Werkzeuges, der Häufigkeit seiner Wartung bzw. Instandsetzung und den Erfahrungen des Beschäftigten variieren die Ausführungszeiten für Demontage und Montage erheblich. Zudem treten oftmals größere Verteilzeiten auf (z. B. Beschaffen von Informationen zum Werkzeug, Suche nach Arbeitsmitteln). Der Arbeitsplatzaufbau zur Demontage und Montage des Spritzgusswerkzeuges umfasst eine Werkbank sowie zusätzliche Ablageflächen für die demontierten Teile. Das dargestellte Spritzgusswerkzeug ist eine Sonderbauform eines Zweiplattenwerkzeuges und besteht aus 41 Einzelteilen. Das Assistenzsystem wurde mit einem lichtstarken Ultrakurzdistanzbeamer umgesetzt, der auf einem mobilen Wagen angebracht ist und über ein Notebook angesteuert wird. In dieser mobilen Ausführung kann das Assistenzsystem an einen beliebigen Arbeitsplatz geschoben werden. Nach einer Ausrichtung der Projektion an Referenzpunkte

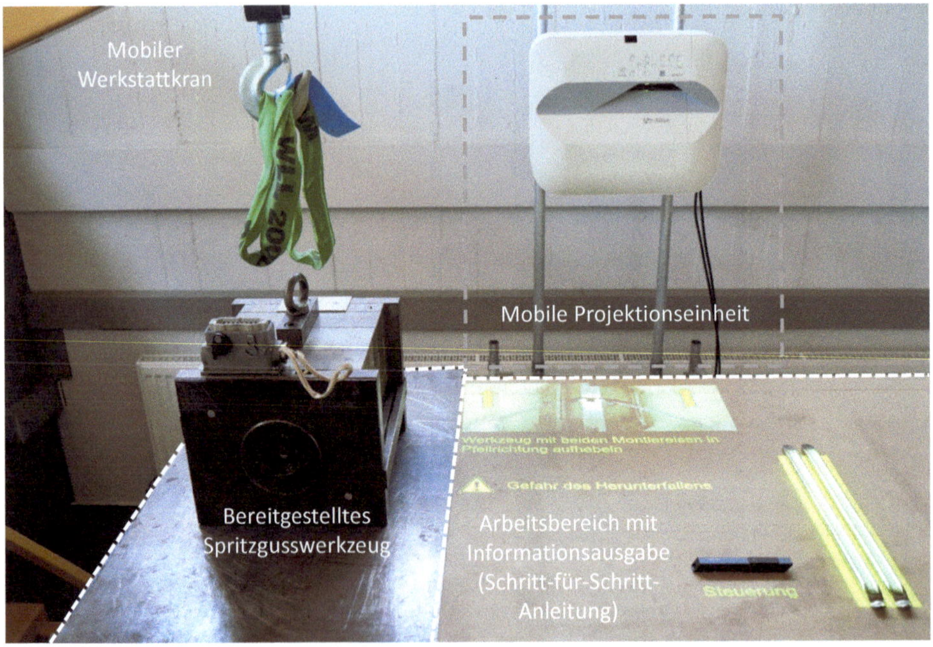

Abb. 2.8 Projektionsgestütztes Assistenzsystem für die Demontage und Montage von Werkzeugen

am Arbeitsplatz werden die Arbeitsanweisungen auf die gesamte Arbeitsfläche projiziert. Im Rahmen einer Schritt-für-Schritt-Anleitung werden Texthinweise, Bilder, Animationen sowie Markierungs- bzw. Positionierungsdarstellungen ausgegeben. Letztere zeigen dem Beschäftigten an, auf welcher Position die demontierten Bauteile abzulegen sind, so dass bei der späteren Montage wieder die Position angeleuchtet wird, auf der das benötigte Bauteil liegt, so dass ein Suchen vermieden wird. Das System wird mithilfe eines Tasters gesteuert, mit dem der Benutzer die Arbeitsschritte vor- oder zurückschalten kann.

Jedes dieser drei exemplarisch vorgestellten Assistenzsysteme beinhaltet in Abhängigkeit vom jeweiligen Anwendungsfall Vor- und Nachteile. Bei der Gestaltung eines Assistenzsystems kommt es daher darauf an, zunächst die Anforderungen aus Sicht des Betriebes und seiner Montagebeschäftigten zu ermitteln, um auf Basis dieser Anforderungen ein Assistenzsystem zu planen, umzusetzen und zu evaluieren (s. Kap. 7).

2.6 Hinweise für die betriebliche Praxis

Vor dem Hintergrund einer steigenden Bedeutung der Varianten- und Mehrproduktmontage bis hin zur industriellen Individualmontage sind betriebsspezifische Richtlinien zum Informationsmanagement in der manuellen Montage zu gestalten. Die Umsetzung solcher Richtlinien kann entscheidend dazu beitragen, dass sich stabile mentale Modelle bei den Beschäftigten herausbilden und in der Folge sowohl die Arbeitsproduktivität (z. B. durch

Wegfall von Verteilzeiten für das Suchen von Informationen) als auch die Arbeitsbedingungen für die Beschäftigten (z. B. durch weniger Unterbrechungen der eignen Arbeit) positiv beeinflusst werden. Ein besonderes Augenmerk ist zum einen auf die Gestaltung von visuellen Montageinstruktionen zu legen (s. Abschn. 2.2.3). Zum anderen sind Standards zur Anordnung und Kennzeichnung von Werkzeugen, Bauteilen, Ladungsträgern und Vorrichtungen zu formulieren (s. Abschn. 2.2.4). Im Zusammenhang mit diesen Richtlinien bedarf es einer Digitalisierungsstrategie, die das Ziel verfolgt, durchgängige digitale Prozessketten mit Hilfe von Montageassistenzsystemen zu realisieren. Dazu sind insbesondere in der Einzel- und Kleinserienmontage digitale Montageinstruktionen auf Basis von Ablaufmodellen automatisiert aus den bereitgestellten Auftrags- und Produktdaten zu generieren und den Beschäftigten über Ausgabegeräte (z. B. Bildschirm, Projektor) bereitzustellen. In der Folge können administrative Tätigkeiten in der Arbeitsvorbereitung – wie die Aktualisierung von papierbasierten Montageinstruktionen – reduziert werden, so dass mehr Zeit für die Planung und Optimierung von Montageprozessen zur Verfügung steht. Zudem kann die automatisierte Bereitstellung von digitalen Montageinstruktionen zu einer Verbesserung der Arbeitsproduktivität in der manuellen Montage beitragen, da über die Digitalisierung und die verschiedenen Ausgabegeräte – im Vergleich zur Papieranleitung – vielfältige Möglichkeiten der anforderungsgerechten Informationsbereitstellung (z. B. über Animationen oder kurze Videos) bestehen. Die Assistenzsystemsoftware sollte nicht nur über Schnittstellen zu ERP- und PLM-Systemen verfügen. Vielmehr bedarf es der Anbindung von Werkzeugen wie digitalen Messmitteln, WLAN-Schraubern oder Bildverarbeitungssystemen. Zusammenfassend lassen sich ausgehend von den identifizierten Defiziten der Informationsbereitstellung (s. Abschn. 2.1) entsprechend Abb. 2.9 wichtige Gestaltungshinweise für die betriebliche Praxis formulieren.

Klassifizierung der Informationsdefizite in der manuellen Montage	Wichtige Gestaltungshinweise
1. Benötigte Informationen fehlen im Montagesystem	Anzeige aller Informationen, die zur Ausführung der (Teil-) Aufgabe benötigt werden
2. Unnötige Informationen werden dargestellt	Anzeige nur der Informationen, die innerhalb des Montagesystems von Relevanz sind
3. Informationen sind nicht aktuell	Anbindung des Assistenzsystems an IT-Systeme mit aktuellen Produkt- u. Auftragsinformationen
4. Informationen werden zum falschen Zeitpunkt und in der falschen Menge bereitgestellt	Anzeige von Detailinformationen erst dann, wenn sie benötigt werden
5. Informationen sind nicht so aufbereitet, dass diese ohne Schwierigkeiten vom Beschäftigten aufgenommen und verarbeitet werden können	Verwendung von Gestaltungselementen mit einer hohen Selbstbeschreibungsfähigkeit (z. B. Bildzeichen, Abbildungen etc.) im Bedarfsfall kombiniert mit Texthinweisen

Abb. 2.9 Gestaltungshinweise für die Informationsbereitstellung in der variantenreichen Montage

Diese sind bei der Entwicklung betriebsspezifischer Richtlinien zum Informationsmanagement in der Montage und bei der Konfiguration von Assistenzsystemen zu berücksichtigen.

Literatur

Bannat A (2014) Ein Assistenzsystem zur digitalen Werker-Unterstützung in der industriellen Produktion. https://mediatum.ub.tum.de/doc/1206607/1206607.pdf. Zugegriffen am 31.03.2020

Bokranz R, Landau K (2012) Handbuch Industrial Engineering, 2. Aufl. Schäffer-Poeschel, Stuttgart

Bornewasser M, Bläsing D, Hinrichsen S (2018) Informatorische Assistenzsysteme in der manuellen Montage: Ein nützliches Werkzeug zur Reduktion mentaler Beanspruchung? Zeitschrift für Arbeitswissenschaft 72(4):264–275. https://doi.org/10.1007/s41449-018-0123-x

Bosse CK, Hellge V (2019) Shopfloor-App als informatorisches Assistenzsystem zur Steigerung der Flexibilität der manuellen Montage. In: Bosse C, Zink K (Hrsg) Arbeit 4.0 im Mittelstand. Springer Gabler, Berlin, Heidelberg, S 253–266. https://doi.org/10.1007/978-3-662-59474-2_15

Büttner S, Sand O, Röcker C (2017) Exploring design opportunities for intelligent worker assistance: a new approach using projection-based AR and a novel hand-tracking algorithm. In: Braun A, Wichert R, Maña A (Hrsg) Ambient intelligence. AmI 2017, Lecture notes in Computer Science. Springer, Cham, S 33–45. https://doi.org/10.1007/978-3-319-56997-0_3

Claeys A, Hoedt S, Soete N, Van Landeghem H, Cottyn J (2015) Framework for evaluating cognitive support in mixed model assembly systems. IFAC-PapersOnLine 48(3):924–929. https://doi.org/10.1016/j.ifacol.2015.06.201

Elkmann N, Berndt D, Leye S, Richter K, Mecke R (2015) Arbeitssysteme der Zukunft. In: Schenk M (Hrsg) Produktion und Logistik mit Zukunft. VDI-Buch. Springer Vieweg, Berlin, Heidelberg, S 49–149. https://doi.org/10.1007/978-3-662-48266-7_2

Fast-Berglund Å, Åkerman M, Li D, Salunkhe O (2019) Conceptualising assembly 4.0 through the drone factory. IFAC-PapersOnLine 52(13):1525–1530. https://doi.org/10.1016/j.ifacol.2019.11.416

Funk M, Hartwig M, Wischniewski S (2019) Evaluation of assistance systems for manual assembly work. In: 2019 IEEE/SICE International Symposium on System Integration (SII). IEEE, S 794–798. https://doi.org/10.1109/SII.2019.8700420

Geiser G (1997) Informationstechnische Arbeitsgestaltung. In: Luczak H, Volpert W (Hrsg) Handbuch Arbeitswissenschaft. Schäffer-Poeschel, Stuttgart, S 589–594

Geisler S (2018) Von Fahrerinformation über Fahrerassistenz zum autonomen Fahren. In: Reuter C (Hrsg) Sicherheitskritische Mensch-Computer-Interaktion. Springer Vieweg, Wiesbaden, S 357–376. https://doi.org/10.1007/978-3-658-19523-6_18

Hacker W (1986) Arbeitspsychologie – Psychische Regulation von Arbeitstätigkeiten. Hans Huber, Bern

Hinrichsen S, Bendzioch S (2018) How digital assistance systems improve work productivity in assembly. In: Nunes IL (Hrsg) Advances in human factors and systems interaction. Proceedings of the AHFE 2018 international conference on human factors and systems interaction. Springer, Cham, S 332–342. https://doi.org/10.1007/978-3-319-94334-3_33

Hinrichsen S, Riediger D, Unrau A (2016) Assistance systems in manual assembly. In: Villmer F-J, Padoano E (Hrsg) Production engineering and management. Proceedings 6th international conference, Bd 6. Publication Series in Direct Digital Manufacturing, Lemgo, S 3–14

Hinrichsen S, Riediger D, Unrau A (2017) Development of a projection-based assistance system for maintaining injection molding tools. In: De Meyer A, Chai KH, Jiao R, Chen N, Xie M (Hrsg) Proceedings of the 2017 IEEE international conference on industrial engineering and engineering management (IEEM). 10.12.-13.12.2017 in Singapore. https://doi.org/10.1109/ieem.2017.8290157

Hinrichsen S, Riediger D, Unrau A (2018) Montageassistenzsysteme – Begriff, Entwicklungstrends und Umsetzungsbeispiele. Betriebspraxis & Arbeitsforschung 232:24–27

Hinrichsen S, Adrian B, Bornewasser M (2020) Information management strategies in manual assembly. In: Ahram T, Taiar R, Gremeaux-Bader V, Aminian K (Hrsg) Human interaction, emerging technologies and future applications II. IHIET 2020, Advances in intelligent systems and computing, Bd 1152. Springer, Cham, S 520–525. https://doi.org/10.1007/978-3-030-44267-5_78

Hinrichsen S, Bornewasser M (2019) How to design assembly assistance systems. In: Karwowski W, Ahram T (Hrsg) Intelligent Human Systems Integration 2019. IHSI 2019. Advances in Intelligent Systems and Computing, vol 903. Springer, Cham, S. 286-292. https://doi.org/10.1007/978-3-030-11051-2_44

Hollnagel E (1987) Information and reasoning in intelligent decision support systems. Int J Man Mach Stud 27(5–6):665–678. https://doi.org/10.1016/s0020-7373(87)80023-8

Imai M (1998) Kaizen - Der Schlüssel zum Erfolg der Japaner im Wettbewerb, 8. Aufl. Ullstein, Berlin

Kölz M, Bächler A, Kurtz P, Hörz T (2015) Entwicklung eines interaktiv, adaptiven Montageassistenzsystems. In Gesellschaft für Arbeitswissenschaft e.V. (Hrsg), Verantwortung für die Arbeit der Zukunft. Bericht zum 61. Kongress der Gesellschaft für Arbeitswissenschaft e.V. (GfA) vom 25.–27. Februar 2015 in Karlsruhe

König M, Stadlmaier M, Rusch T, Sochor R, Merkel L, Braunreuther S, Schilp J (2019) MA^2RA – manual assembly augmented reality assistant. In: IEEE international conference on industrial engineering and engineering management (IEEM). IEEE, S 501–505. https://doi.org/10.1109/IEEM44572.2019.8978844

Liu Y, Li S, Wang J, Zeng H, Lu J (2015) A computer vision-based assistant system for the assembly of narrow cabin products. Int J Adv Manuf Technol 76(1–4):281–293. https://doi.org/10.1007/s00170-014-6274-9

Luczak H (1986) Manuelle Montagesysteme. In: Spur G, Stöferle T (Hrsg) Handbuch der Fertigungstechnik, Bd 5. Carl Hanser, München, S 620–682

Martin C (2003) Patent DE 103 20 557 B4 – Verfahren und Vorrichtung zur Unterstützung der an einem Werkstattarbeitsplatz auszuführenden Tätigkeiten. Bundesrepublik Deutschland: Deutsches Patent- und Markenamt

Müller R, Vette M, Mailahn O, Ginschel A, Ball J (2014) Innovative Produktionsassistenz für die Montage – Intelligente Werkerunterstützung bei der Montage von Großbauteilen in der Luftfahrt. wt Werkstattstechnik online 104(9):552–560

Müller R, Vette-Steinkamp M, Hoerauf L, Speicher C, Bashir A (2018) Intelligent and flexible worker assistance systems – assembly assistance platform for planning assisted assembly and rework as well as execution of a worker-centered assistance. In: Proceedings of the 13th international joint conference on computer vision, imaging and computer graphics theory and applications (VISIGRAPP 2018), S 77–85. https://doi.org/10.5220/0006613900770085

Nikolenko A, Hinrichsen S (2019) Potential of industrial image processing in manual assembly. In: Ahram T, Karwowski W, Pickl S, Taiar R (Hrsg) Human systems engineering and design II. IHSED 2019, Advances in intelligent systems and computing, Bd 1026. Springer, Cham, S 795–800. https://doi.org/10.1007/978-3-030-27928-8_121

REFA-Bundesverband e. V (2016) Industrial Engineering – Standardmethoden zur Produktivitätssteigerung und Prozessoptimierung, 2. Aufl. Hanser, München

Reinhart G, Shen Y, Spillner R (2013) Hybride Systeme – Arbeitsplätze der Zukunft. Nachhaltige und flexible Produktivitätssteigerung in hybriden Arbeitssystemen. wt Werkstattstechnik online 103(6):543–547

Reisinger G, Komenda T, Hold P, Sihn W (2018) A concept towards automated data-driven reconfiguration of digital assistance systems. Procedia Manuf 23:99–104. https://doi.org/10.1016/j.promfg.2018.03.168

Schlick C, Bruder R, Luczak H (2018) Arbeitswissenschaft, 4. Aufl. Springer Vieweg, Berlin. https://doi.org/10.1007/978-3-662-56037-2

Steil J, Wrede S (2019) Maschinelles Lernen und lernende Assistenzsysteme – Neue Tätigkeiten, Rollen und Anforderungen für Beschäftigte? Berufsbildung in Wissenschaft und Praxis – Zeitschrift des Bundesinstituts für Berufsbildung 48:14–18

Strasser H (1993) Kompatibilität. In: Hettinger T, Wobbe G (Hrsg) Kompendium der Arbeitswissenschaft. Kiehl, Ludwigshafen, S 228–242

Unrau A, Hinrichsen S, Riediger D (2016) Development of projection based assistance system for manual assembly. Ergonomics 2016 – focus on synergy, 6th international ergonomics conference. Zadar/Croatia 2016, S 365–370

Wickens CD (2008) Multiple resources and mental workload. Hum Factors J Hum Factors Ergon Soc 50(3):449–455. https://doi.org/10.1518/001872008X288394

Montage und Komplexität

3

Manfred Bornewasser

Inhaltsverzeichnis

Zusammenfassung

Das Konzept der Komplexität wird am Beispiel von variantenreichen Montagesystemen erläutert. Bei diesen handelt es sich um Montagesysteme mit hohem Informationsgehalt, die ein ausgeprägtes Maß an kognitiver Aktivität und motorischer Flexibilität der Montagetätigkeit erfordern. Dadurch nehmen die Vorhersehbarkeit der Arbeitstätigkeit ab und der Anspruch an Aufmerksamkeit zu. Gewohnte mentale Muster und Automatismen sowie motorische Routinen werden in Frage gestellt. Es muss fortlaufend zwischen verfügbaren Handlungsalternativen entschieden werden. Zunehmende Komplexität der Montage führt damit zu erhöhter mentaler Beanspruchung, die sich in Zeitverlusten und gesteigerten Fehlerquoten niederschlägt. Diese Auswirkungen lassen sich vor allem durch ein verbessertes Informationsmanagement und den Einsatz informatorischer Assistenzsysteme beherrschen. Abschließend werden einige objektive und

M. Bornewasser (✉)
Institut für Psychologie, Universität Greifswald, Greifswald, Deutschland
E-Mail: bornewas@uni-greifswald.de

M. Bornewasser, S. Hinrichsen (Hrsg.), *Informatorische Assistenzsysteme in der variantenreichen Montage*, https://doi.org/10.1007/978-3-662-61374-0_3

subjektive Ansätze zur Erfassung und Messung von Komplexität im Montagebereich vorgestellt.

3.1 Montage als Handlungssystem mit invarianter Ordnung

Aus organisationspsychologischer Perspektive betrachtet stellt die Montage ein gegen andere Bereiche – wie die Konstruktion oder die Logistik – abgegrenztes, soziotechnisches Handlungssystem dar (s. Abschn. 1.4). Das bedeutet zunächst einmal zweierlei (Luhmann 1964):

- Im Vordergrund der Analyse stehen Leistungsprozesse, die von Beschäftigten meist im Verbund mit technischen Systemen erbracht werden. Diese Leistungsprozesse sind durch eine stabile Struktur von spezifischen Erwartungen geordnet und laufen geregelt und wiederholt ab. Die Struktur grenzt dabei das Montagesystem einmal von einer äußeren Umwelt (also z. B. der Konstruktionsabteilung) ab, dient sodann aber auch dazu, die geschaffene innere Ordnung möglichst invariant gegenüber externen Einflüssen zu halten. Die Schaffung von stabilen Strukturen oder Ordnungen und deren Aufrechterhaltung sind Kernmerkmal aller abgegrenzten Systeme. Das schließt erforderliche oder gar erzwungene Anpassungen etwa an Veränderungen des Marktverhaltens von Kunden, an veränderte Qualifizierungsstrukturen oder an neue Montagetechnologien in gar keiner Weise aus, sie werden aber auch nicht leichtfertig vorgenommen.
- Strukturen von Handlungssystemen werden im Sinne einer Mittel-Zweck-Relation interpretiert. Handlungen und Leistungen haben einen Zweck, wodurch alle zugehörigen Beschäftigten, alle technischen Anlagen und jegliche Arbeitsorganisation funktional auf ein gemeinsames, sinnstiftendes Ziel – aktuell präferiert man das Buzzword Purpose – hin ausgerichtet sind. Dadurch erscheint die Montage als eine Aufgabenordnung: Jeder Beschäftigte – gleichgültig ob Meister oder Angelernter – hat an seiner Stelle eine zugeordnete Aufgabe innerhalb der invarianten Ordnung zu erfüllen. Damit ist die begründete Erwartung an die Beschäftigten verbunden, dieser Aufgabe auch möglichst bereitwillig zu entsprechen (z. B. hinsichtlich der Einhaltung von Arbeitsregeln, Zeiten oder Qualitätsanforderungen).

Innere Ordnungen gegen externen Veränderungsdruck aufrechtzuerhalten und die innere Aufgabenordnung auf Dauer durchzusetzen erzeugt Spannungen: Spannungen zwischen bestehender Ordnung und neuen Anforderungen sowie Spannungen zwischen Aufgabenanforderungen an die Mitarbeiter sowie Erfüllung dieser Erwartungen z. B. in Hinsicht auf Engagement oder eine Flexibilisierung der Arbeitszeiten. Extern bedingte Spannungen resultieren aktuell aus Forderungen nach immer weiter zunehmender Variantenvielfalt von Produkten oder auch Sonderfertigungen. Diese erfordern einen zusätzlichen

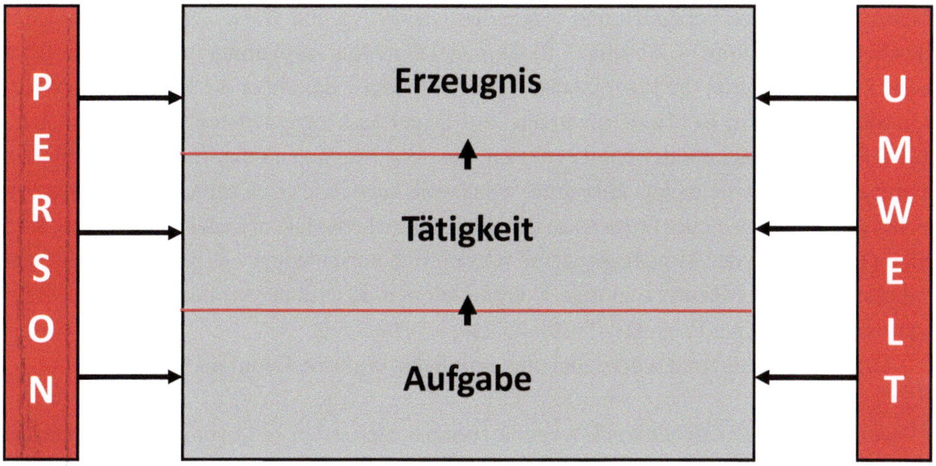

Abb. 3.1 Montage als abgegrenztes Handlungssystem

Einsatz kognitiver Ressourcen und erschweren ein fehlerfreies Arbeiten. Abb. 3.1 fasst noch einmal die wesentlichen Komponenten der Montage als Handlungssystem zusammen.

Bereits die Organisation eines jeden Industrieunternehmens trägt mit ihrer internen Struktur und der Schaffung von verschiedenen Untersystemen erheblich dazu bei, dass solche Spannungsverhältnisse erfolgreich bewältigt werden können. Als eingebettetes Handlungssystem basiert die Montage auf weitgehend geordneten und aufeinander abgestimmten Verrichtungen der Beschäftigten, die in eine sukzessive Anordnung von Prozessschritten zu bringen sind. Arbeitsteilung, standardisierte Wiederholung, Reduzierung von Arbeitszeiten und die Fokussierung auf die Ausführung bilden auch in der Montage letztlich die entscheidende Voraussetzung, um skalierbare Volumina zu produzieren. Für die Beschäftigten impliziert dies ein hohes Maß an Fremdkontrolle und Gleichförmigkeit bis hin zur Monotonie, zugleich aber auch eine Reduzierung mentaler Aktivität und damit verbunden wenig Möglichkeit zum Lern- und Kompetenzzuwachs. Das Montagehandeln wird dadurch auf ein fertigkeits- oder skill-basiertes, mehr oder weniger sensumotorisch reguliertes Handeln reduziert (Rasmussen 1983; Hacker und Sachse 2014). Diese Einengung schafft für den Montagearbeitnehmer zumindest ein hohes Maß an Stabilität und damit verbundene Sicherheit, die ihn lange Zeit auch vor stärkeren Flexibilitätsanforderungen schützte.

3.2 Moderne Montage: Einfachheit weicht zunehmender Komplexität

Die Montage gilt als zentraler Bestandteil der industriellen Produktion und vereinigt in einigen Betrieben fast 50 % aller Produktionskosten auf sich (Samy und ElMaraghy 2010). Sie beschreibt den Vorgang des sukzessiven Zusammenfügens von vielen Teilen zu einem

Ganzen, oft zeitlich gebunden und in standardisierter Art und Weise, zudem oft mit technischer Unterstützung (s. Abschn. 1.2). Das Ziel der Montageplanung und -gestaltung besteht zum einen darin, die Prozesskette so zu zergliedern, dass über die jeweils benachbarten Stellen (n−1; n; n+1) eine invariante, auf Dauer angelegte Montageordnung entsteht. D. h. jeder Montagearbeiter kann erwarten, dass das Montageobjekt in einer spezifischen Form an seinem Arbeitsplatz ankommt, jeder weiß auch, wie es an seinem Arbeitsplatz zu bearbeiten und in welcher Form es an den nächsten Arbeitsplatz abzugeben ist. Dabei wird eine Optimierung der Montageprozesse hinsichtlich verschiedener Kriterien verfolgt, um möglichst schon präventiv unnötige Komplikationen, Koordinationsmängel, Fehler, Zeitverluste und sonstige Produktivitätseinbußen zu vermeiden.

Angestrebt wurde und wird dabei eine möglichst einfache Ordnung, in der

- jedermann immer sicher weiß, was er zu tun hat, sich dabei nicht vor unvorhergesehene Handlungsalternativen gestellt sieht und selten von Zufälligkeiten überrascht wird,
- weitgehend Stabilität herrscht und wenig Veränderungen über die Zeit hinweg auftreten,
- möglichst geringe Abhängigkeiten z. B. zwischen Montageobjekten und den Konstellationen der zu montierenden Teile sowie den einzusetzenden Werkzeugen bestehen (vgl. Schuh et al. 2015).

Im Kern bedeutete dies lange Zeit, Montagetätigkeit im herkömmlichen Montagesystem auf mehr oder weniger gleichförmiges, überwiegend energetisches Handeln zu reduzieren. Der Beschäftigte erkennt am Prozessanfang das Montageobjekt und spult dann sicher und routiniert – man könnte auch sagen per Autopilot – die Abfolge der erforderlichen Montagetätigkeiten bis hin zum Prozessende ab. Tiefergreifende kognitive Leistungen sind dabei nicht erforderlich. Das System ist in diesem Fall gezielt so einfach gestaltet, dass keine besonderen Anforderungen an Wachsamkeit oder Entscheidungsbereitschaft gestellt werden müssen. Allein auf eingeübte motorische Fertigkeiten kommt es an, die durch entsprechende Signale ausgelöst, über Rezeptoren aufgenommen und dann zentralnervös bearbeitet werden und motorisches Verhalten bewirke. In diesem Sinne sprechen Hacker und Sachse (2014) von einer sensumotorischen Verhaltensregulation. Es kommt zentral auf motorische Fertigkeiten oder Skills an (Rasmussen 1983): Handgriffe müssen sitzen und fehlerfreie Fügevorgänge ausgeführt werden.

Das Aufkommen einfach strukturierter Montagesysteme nimmt jedoch tendenziell ab. Aktuelle Trends zur Digitalisierung bzw. zu Industrie 4.0 schaffen gänzlich veränderte Rahmenbedingungen. Kunden erwarten gleichzeitig von Unternehmen eine größere Variantenvielfalt und Flexibilität. Unter Produktivitätsgesichtspunkten kann die Antwort der Produktionssystemgestaltung nicht darin bestehen, viele nebeneinander bestehende Montagelinien mit einfachen Montagetätigkeiten bereitzustellen und diese vielleicht auch untereinander zu verknüpfen. Vielmehr liegt sie darin, in einem Montagesystem immer mehr Varianten eines Produkts, z. B. eines Motors, einer Pumpe oder einer anderen Komponente bis hinunter zur Losgröße Eins herzustellen. Solche Montagesysteme werden in der Literatur als Mixed-Model-Assembly-Lines (Zhu et al. 2008) beschrieben, wobei sich die

Mehrzahl der Publikationen auf die Kfz-Montage mit großen Volumina und weniger auf die manuelle Montage in mittelständischen Unternehmen bezieht. Dadurch wird die Montagetätigkeit in der bestehenden Linie bzw. an der einzelnen Montagestation zunehmend komplexer. D. h. die ständige Wiederholung gleichförmiger Montagehandlungen in kurzen bis sehr kurzen Takten oder Zyklen und die damit verbundenen Automatismen und Routinen treten mehr und mehr in den Hintergrund. Stattdessen werden vermehrt kognitive Prozesse der bewussten Informationsverarbeitung und der Auswahl von alternativen Handlungsmustern je nach gefordertem Produkt in den Vordergrund gerückt. Wo bisher allein eine sensumotorische Regulation zur Handlungskontrolle ausreichte, müssen nun nach spezifischen Regeln und unter Einsatz von hoher Aufmerksamkeit Entscheidungen zwischen Handlungsalternativen, z. B. bezüglich Teilen oder Werkzeugen, getroffen werden. Montagehandeln wird zum wissensbasierten und regelgeleiteten Verhalten (Rasmussen 1983; siehe auch die sog. Decision Step Ladder bei Rasmussen et al. 1994) bzw. begrifflich-perzeptiv reguliert (Hacker und Sachse 2014). Wo bislang Einfachheit, Unabhängigkeit, Stabilität, Kontrolle und Sicherheit dominierten, gewinnen nun Vielfalt, Dynamik, Abhängigkeit, Flexibilität und damit auch Unsicherheit an Bedeutung (Brinzer und Banerjee 2017).

Einfachheit und Komplexität der Montage stellen in diesem Zusammenhang zwei Pole einer Dimension dar (Gell-Mann 1995), mit deren Hilfe letztlich die interne Ordnung der Montage und damit auch der Montagetätigkeit beschrieben wird. Der Einfachheit des Montagesystems entspricht seitens des Beschäftigten eine Reduktion auf eine weitgehend mechanische und motorische Tätigkeit (Laurig 1990, s. Abschn. 5.1). Die komplexe Montage erfordert hingegen ein höheres Maß an Informationsverarbeitung und damit kognitiver Aktivität. In diesem Sinne ließe sich die einfache Montage einmal als wenig und die komplexe Montage als stark informationshaltig kennzeichnen, sodann könnte aber auch

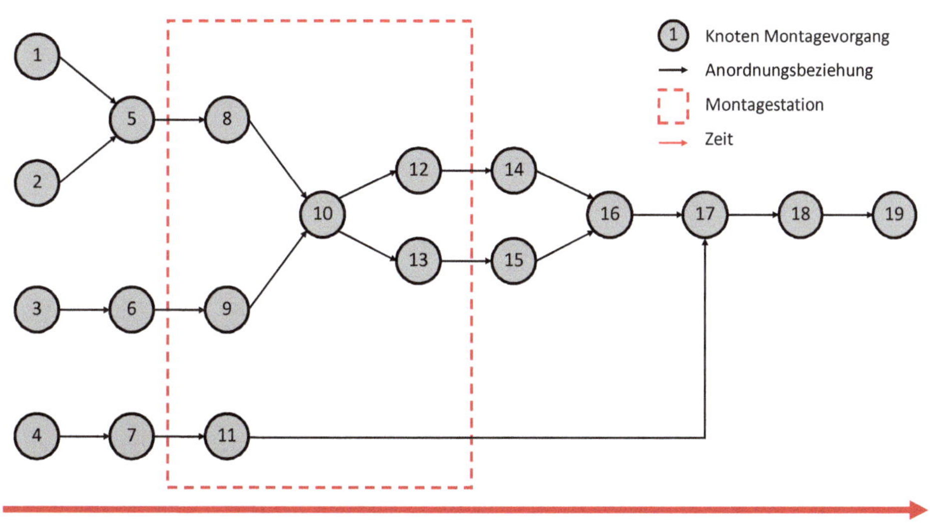

Abb. 3.2 Beispiel eines Montagevorranggraphen (nach Zülch und Müller 2001)

erstere als stark vorhersehbar und letztere als weniger vorhersehbar und damit unsicherheitsbelastet charakterisiert werden (Frizelle und Woodcock 1995).

Einen konkreten Ansatz zur Analyse und Beschreibung von Montageprozessen liefert der sog. Vorranggraph, wie er ausführlich von Zülch und Müller (2001) dargestellt wird. Ein solcher Graph bringt alle Montageverrichtungen in eine sequenzielle Anordnung. Der Vorranggraph beschreibt dadurch netzplanartig alle zur Montage eines Produkts erforderlichen Verrichtungen in zeitlicher Reihenfolge und verdeutlicht dabei Möglichkeiten und Restriktionen für die Planung der Abfolge dieser Verrichtungen. Abb. 3.2 zeigt einen solchen Montagevorranggraphen. Jeder mit einer Identifikationsnummer versehene Knoten bildet eine Montageverrichtung (z. B. Einpressen sowie zusätzliche Hilfsfunktionen wie Einfetten oder Justieren) ab. Dabei geht aus dem Vorranggraphen nicht hervor, an welcher Montagestation einzelne Verrichtungen auszuführen sind. Diese Zuordnung zu einzelnen Montagestationen erfolgt in der Regel mit dem Ziel, einzelne Montagestationen einer Fließmontage (s. Abschn. 1.5) gleichmäßig auszulasten, indem Wartezeiten, sogenannte Taktausgleichszeiten, minimiert werden. Je einfacher der Montageprozess ist, desto weniger Verzweigungen bestehen und desto weniger Ablaufvarianten lassen sich erzeugen.

In der variantenreichen Montage reicht ein Vorranggraph nicht aus, vielmehr wird mitunter für jede Variante ein eigener Vorranggraph erstellt. Eine solche Kombination von Vorranggraphen wird auch „Komplexgraph" genannt (Zülch und Müller 2001). Je nach realisiertem Vorranggraph sind dann an den einzelnen Arbeitsstationen unterschiedliche Verrichtungen zu tätigen. Der Montagewerker müsste dann pro zu montierender Variante prüfen, welche Abfolge von Verrichtungen z. B. an verschiedenen Einbauorten zu absolvieren ist. Generell gilt dabei: Je mehr solcher Vorranggraphen in einem Komplexgraphen enthalten sind, desto informationshaltiger ist das Montagesystem insgesamt und desto mehr Information muss dem Werker bereitgestellt werden. Hier stellt sich dann die herausfordernde Aufgabe, ein ergonomisch adäquates Informationsmanagement zu etablieren (vgl. Claeys et al. 2015; Hollnagel 1997).

Die Informationshaltigkeit eines einfachen oder komplexen Montagesystems lässt sich in einem objektiven Sinne dahingehend definieren, dass verschiedene Varianten unterschiedliche Montagetätigkeiten auslösen (so wie jede Eröffnungsvariante beim Schachspiel unterschiedliche Reaktionen des Gegners auslöst). Jede Abfolge der unterschiedlichen Varianten in der Montagelinie führt dazu, dass seitens des Werkers von Variante zu Variante zu entscheiden ist, welche Teile mit welchen Werkzeugen an welchem Einbauort zu befestigen sind. Variantenvielfalt impliziert damit per se hohe Informationshaltigkeit des Objekts für den Werker, was sich für den Montagebeschäftigten in einem hohen Maß an Unvorhersehbarkeit und Unsicherheit darüber niederschlägt, welche Variante mit welchen Besonderheiten in der Abfolge als nächste kommt und welche konkreten Konstellationen von Montagehandlungen auszuführen sind. Für den Beschäftigten bedeutet dies, jeweils neu erkennen zu müssen, welche Variante zu montieren und welche Konstellation von z. B. Teilen und Werkzeugen zu realisieren ist. Im Falle der einfachen Montage werden dabei folglich relativ wenig, im Falle der komplexen Montage viel kognitive Ressourcen benötigt (s. Abschn. 4.4).

Bereits diese kurze Beschreibung gibt zu erkennen, dass die Informationshaltigkeit einer Produktvariante letztlich über die mehr oder weniger aufwändigen kognitiven Aktivitäten des Montagewerkers und daraus resultierende Verhaltensdifferenzierungen bestimmt wird. Wenn zu Prozessbeginn am individuellen Arbeitsplatz immer das gleiche Objekt auftaucht, wird nach kurzer Lernzeit, in der das Montagehandeln ausgebildet wird, gleichförmige Routine auftreten. Man lernt, das Produkt nach immer wieder gleichen Regeln mit gleichen Verhaltensweisen herzustellen. Das Montageobjekt verliert rasch seinen anfänglich höheren Informationsgehalt. Was am Anfang schwer erscheint, wird mit Übung zunehmend leichter ausführbar. Der gelernte und geübte Montagebeschäftigte kann am Ende sprichwörtlich „blind", „im Schlaf" oder „aus dem Eff Eff" das Montagehandeln ausführen. Der Beschäftigte zieht aus dem ankommenden Montageobjekt keinerlei neue Information mehr, die sein Verhalten situationsspezifisch verändern könnte (es sei denn, es weist eine erkennbare Abweichung oder einen leicht erkennbaren Mangel auf).

Komplexität

Alle reden von Komplexität. Aber es ist nicht ganz einfach, Komplexität genauer zu bestimmen, zumal wenn sie auf ganz unterschiedliche Objektbereiche bezogen wird. Komplexität gilt in statischer Perspektive als Merkmal eines konkreten Systems, welches aus Teilen gebildet wird, die in wechselseitiger Relation zueinander stehen und je nach Konstellation verschiedene Systemzustände hervorrufen. Je mehr Teile und Relationen das System umfasst, desto höher fällt die Zahl der möglichen Konstellationen und damit das Ausmaß an Komplexität aus. Eine solche Komplexität wird als strukturelle oder statische Komplexität gekennzeichnet.

Die dynamische Komplexität eines Systems beschreibt die Häufigkeit und Geschwindigkeit der Veränderung von Systemzuständen. Das System verändert sich fortlaufend, teilweise im Sekundenbereich. Zustände variieren und erfordern immer wieder Neuanpassungen. So wird die Mensch-Maschine-Interaktion dann als komplex beschrieben, wenn gleichzeitig viele Kombinationen von Signalen oder unterschiedliche Symbolmuster auf einem Bildschirm zu differenzierten Reaktionen des Bedienpersonals veranlassen.

Komplexität kann auch über die Regularität von Abläufen definiert werden. Je mehr Regelmäßigkeit oder Gleichförmigkeit im Spiel ist, desto weniger Komplexität liegt vor und desto einfacher ist jede Vorhersage des nächsten Ereignisses. Umgekehrt gilt, je mehr Abwechslung oder Variation gegeben ist, desto höher ist die Komplexität und desto schwerer die Vorhersage des nächsten Ereignisses.

Zu unterscheiden ist zudem zwischen objektiver und subjektiver Komplexität, wobei im ersten Fall das Systemmerkmal allein aufgrund der Messung mittels geeigneter Instrumente bestimmt und im zweiten Fall der subjektive Eindruck erfasst wird. Dieser wird z. B. durch Intelligenz und Erfahrung mitgeprägt. Anzunehmen ist, dass z. B. ein

Maschinenführer aufgrund von Qualifizierung oder Erfahrung eine Maschine korrekt bedient und beherrscht. Je mehr Maschinen einer Art ein Bediener korrekt überwachen kann, desto einfacher oder weniger komplex ist die Maschine. Analog gilt, je mehr Zeit vergeht, ehe ein Bediener ein Systemproblem bewältigt, je mehr Schritte er tätigen muss, ehe der Finalzustand erreicht ist oder je weiter in der Vergangenheit aufgetretene Ereignisfolgen berücksichtigt werden müssen, um zukünftige Ereignisse vorherzusagen, desto größer ist die Komplexität des Geschehens (Schlick und Winkelholz 2008). Generell gilt: Je komplexer ein System, desto mehr Aufwand (z. B. hinsichtlich Entdeckung, Aufmerksamkeit, Anstrengung) muss seitens eines Werkers unter der Annahme gleicher Kompetenz und Motivation betrieben werden, um das System sicher zu beherrschen und keine Fehler zu machen. Hier wird aus Verhaltensparametern auf die Komplexität im Sinne eines erforderlichen kognitiven Aufwands bei der Informationsverarbeitung geschlossen.

Die Komplexität z. B. eines Mensch-Maschine-Systems oder eines Montagesystems stellt bei genauerer Betrachtung jedoch keine allein objektive Eigenschaft des konkreten Systems dar, weil ein gelernter, geübter oder trainierter Beschäftigter bessere Leistungen z. B. bei der Signalentdeckung in einer Leitzentrale zeigt als eine ungelernte und unerfahrene Kraft. Information beschreibt in diesem Sinne immer eine Relation von sendendem Objekt und empfangendem Subjekt. In die Bestimmung der Komplexität fließen folglich auch immer Merkmale des Beschäftigten ein: Wer erfahren ist, liest die von der Maschine ausgegebene Information schneller und genauer, erkennt frühzeitiger Signalmuster, kann aus Anzeichen schneller auf nachfolgende Ereignisse schließen und ist weniger Überraschungen durch das System ausgesetzt. Dem erfahrenen Beschäftigten geht selbst in einem komplexen Montagesystem mit vielen Teilen und Prozessschritten die Arbeit leichter von der Hand. In diesem Sinne lässt sich auch jeder Lern- und Übungsprozess als ein Aufbau von Verständnis für die konkrete Arbeitssituation bzw. als Abbau von Komplexität begreifen, der sich graphisch sehr anschaulich in unterschiedlich schnell abfallenden Lernkurven zeigt. Auch das Schachspiel ist für einen Großmeister weniger komplex als für jeden Anfänger, eine Partitur für einen erfahrenen Dirigenten leichter zu lesen als für einen erstsemestrigen Musikstudenten und jede Konstruktionszeichnung für einen erfahrenen Ingenieur schneller aufzunehmen als für einen angelernten Werker. Komplexität wird durch mehr passend zugeschnittene Qualifizierung reduziert.

Beide Aspekte der Komplexität werden auch in einer umfassenden Klassifikation von Komplexitätstreibern von Schuh et al. (2015) berücksichtigt, die sich nicht direkt auf reale Montageprozesse von Werkern sondern auf die Planung und den Anlauf von kompletten Montagesystemen (das sog. ramp-up) durch Experten beziehen. Dabei werden bereits bei der Planung Faktoren herausgearbeitet, die zu Qualitäts-, Mengen- und schließlich Effizienzverlusten führen und als identifizierte Treiber bereits frühzeitig durch eine verbesserte Gestaltung beeinflusst werden können. Als Komplexitätstreiber gelten dabei Faktoren, die die Instabilität und dadurch den Informationsgehalt eines Systems erhöhen und in der Folge auch den kognitiven Aufwand bei der finalen menschlichen Montagetätigkeit steigern. Diese Aufwendungen führen zu höherer Beanspruchung und mindern schließlich die Effizienz. Dabei werden auf einer ersten Stufe generell fünf Treiberfaktoren unterschieden:

Produkt, Prozess, Netzwerk der Zulieferer und Produzenten, Organisation (diese vier vor allem hinsichtlich der Qualitäts- und Mengenverluste) sowie der Werker, der letztlich mit seinen Handlungspotenzialen die Effizienz entscheidend beeinflussen und z. B. Prozessmängel durch gesteigerte Anstrengung kompensieren kann. In einer umfassenden Tabelle ordnen Schuh et al. diesen fünf Auslösefaktoren Untermerkmale sowie mögliche Operationalisierungen in Form zu messender Parameter zu. So werden etwa dem Faktor „Produkt" die Untermerkmale Produktdiversität und Produktoriginalität mit den Parametern Anzahl der Varianten, der einzusetzenden Technologien und der Teile bzw. Neuartigkeit des Materials, der Komponenten und der Produktstruktur zugeordnet. Viele Produktvarianten und eine geringe Standardisierung der Prozesse dienen auch hier wieder als Indikatoren hoher Komplexität. Diese Komplexität kann durch Einbeziehung subjektiver Faktoren modifiziert werden, wenn z. B. die Planer nicht mit dem bestehenden Montagesystem vertraut und nicht adäquat qualifiziert sind, oder die Werker nur über wenig professionelle Erfahrung verfügen oder auch wenig gewillt sind, sich auf ihren Job und damit einhergehende hohe Flexibilitätsanforderungen einzulassen.

3.3 Zunahme der Informationsverarbeitung und der kognitiven Beanspruchung

Um die Komplexität an einem Montagearbeitsplatz objektiv zu erfassen, muss man sich folglich anschauen, welche und wieviel Teile und Schritte in Sequenz zu bearbeiten und wieviel Unterscheidungsmöglichkeiten Schritt für Schritt zu beachten sind, um ein in Auftrag gegebenes Produkt in einem definierten Zustand abzugeben. Im einfachen Fall werden nacheinander Teile aus z. B. nebeneinander angeordneten Behältern immer wieder auf eine bestimmte Art und Weise mit einem spezifischen Werkzeug zusammengefügt. Hier ist keine Variation gegeben und folglich kein Differenzieren erforderlich. Oft erfolgen auch nur einfache Differenzierungen nach Farben: Bei Variante 1 werden alle blauen Teile mittels blauer Werkzeuge, bei Variante 2 alle grünen Teile mittels grüner Werkzeuge verbaut. Hier muss nur entschieden werden, ob im blauen oder grünen Bereich der Station gearbeitet wird. In aufsteigend komplexeren Fällen (mit zunehmender Anzahl an Varianten) sind immer mehr Auswahlentscheidungen hinsichtlich z. B. drei verschiedener Materialien, fünf Trägerlängen, sechs Schraubentypen, vier Formen von Unterlegscheiben (Auswahl von Teilen), drei verschiedenen Schraubendrehern mit unterschiedlichen Drehmomenten (Auswahl von Werkzeugen) und fünf verschiedenen Einbauorten (Auswahl von Fixierungspunkten) vorzunehmen. In diesem Sinne sprechen Zhu et al. (2008) von einer sog. „operator choice complexity". Jede zusätzliche Variante, jede damit verbundene Abhängigkeit und Besonderheit hinsichtlich z. B. Stücklisten, Teilen, Werkzeugen und Fügetechniken oder auch jede Veränderung der Sequenz der Arbeitsabläufe erzwingt veränderte Entscheidungs- und Auswahlprozesse und geht mit einem Mehr an kognitivem Aufwand, an Umstellungen, an Unsicherheit und an Verwechslungsgefahren einher (wobei letztere mit steigender Ähnlichkeit z. B. der Teile noch zunimmt, Samy und ElMaraghi 2010).

Komplexität der Montage als Auswahlkomplexität (Operator choice complexity)
Am einzelnen Montagearbeitsplatz hat der Werker im Falle einer hohen Variantenzahl sequenziell unterschiedliche Montagetätigkeiten vorzunehmen. In jedem Schritt trifft er mindestens eine, meist deutlich mehr Auswahlentscheidungen zwischen Alternativen. Je mehr Auswahl er hat und Entscheidungen zu treffen sind, desto höher ist die zu bearbeitende Komplexität für den Werker. Die Gesamtkomplexität an einem konkreten Montagearbeitsplatz ergibt sich dann aus der Summe der zu treffenden Auswahlen z. B. hinsichtlich Teilen, Werkzeugen, Einbauorten, Fügetechniken oder erforderlichen Hilfsfunktionen in den einzelnen sequenziellen Schritten über die Varianten hinweg.

Jede einzelne Wahl basiert auf Informationsverarbeitung. Je mehr Information im Montagesystem bereitsteht, desto stärker steigt die kognitive Leistung an, um die mit jeder Auswahlentscheidung verbundene Unsicherheit seitens des Werkers zu bewältigen. Sie wird über das Entropiemaß zum Ausdruck gebracht. In diesem Sinne wird die „operator choice complexity" definiert als die mittlere Unsicherheit (seitens des Werkers) oder Zufälligkeit (seitens des Produkts) in einer Serie von verschiedenen Varianten eines Produkts, die über eine bestimmte Zeitperiode hinweg immer wieder veränderte Auswahlprozesse und Verhaltensweisen erforderlich machen („average uncertainty or randomness in a choice process", Zhu et al. 2008).

Dabei zeigen sich interessante Parallelen zu sog. Reaktionszeituntersuchungen (Fitts und Posner 1967). Empirisch wurde seinerzeit festgestellt, dass die Reaktionszeiten korrekter Antworten auf einen Reiz hin mit zunehmender Zahl an zu berücksichtigenden Reaktionsalternativen (z. B. zwei oder zehn verschiedene Tasten, von denen eine zu drücken ist) kurvilinear immer weiter anwachsen. Das heißt, je mehr Auswahlen erforderlich sind und je mehr Alternativen berücksichtigt werden müssen, desto stärker wächst die Informationshaltigkeit der Montage an und desto größer werden die kognitive Beanspruchung sowie der erforderliche Zeitaufwand für die korrekte Bewältigung der Aufgabe. Praktisch wäre daraus abzuleiten, die Anzahl der verfügbaren Varianten oder Alternativen möglichst gering zu halten (indem man z. B. die Zahl der Varianten durch Modularisierung möglichst einschränkt oder nur maximal fünf Alternativen vorgibt), die Montagezeiten entsprechend der Anzahl der Auswahlalternativen kürzer oder länger zu gestalten oder aber die korrekte Auswahl z. B. eines Teils durch ein Lichtsignal mittels Assistenzsystem anzeigen zu lassen. Das heißt, komplexe dynamische Systeme können nicht allein durch Routine ohne besondere Wachsamkeit bearbeitet werden. Im Gegenteil: Sie erfordern erhebliche kognitive Leistungen und Anstrengungen, die Ressourcen und Zeit verbrauchen und ermüdend sind.

Es wäre dabei aus Sicht der kognitiven Psychologie sicherlich kontraintuitiv, die hier skizzierte komplexe Industriemontage im Sinne der Klassifikation von Laurig (1990) als ein kombinatives oder gar kreatives Handeln zu begreifen (s. Abschn. 5.1). Das ist nicht der Fall. Montagearbeit auch mit vielen Auswahlentscheidungen bleibt letztlich ein auf einen spezifischen Reiz hin rasch ausgelöstes mechanisches und motorisches Handeln, welches zwar zunehmend willentliche Denkprozesse erforderlich macht, jedoch angesichts begrenzter Takt- oder Vorgabezeiten keinen Raum für weitergehende Reflexionen lässt. In der komplexen Montage geht es nicht um Kreativität, sondern um Wachsamkeit und Aufmerksamkeit sowie eine rasche Unterscheidung und Auswahl zwischen Alternativen. Von daher erscheint auch eine Kennzeichnung dieser Art der Montage als wissensbasiert (knowledge-based, Rasmussen 1983) oder intellektuell reguliert (Hacker und Sachse 2014) irreführend. Angemessener könnte eine Differenzierung von eher einfacher, schneller Informationsübertragung und eher aufwändigerem, zeitintensiverem Entscheiden sein, wie sie das Modell von Kahneman (2012) (s. Abschn. 5.3) nahelegt.

Intuitives Denken oder argumentatives Denken

Kahneman unterscheidet im ersten Teil seines Buches „Schnelles Denken, langsames Denken“ zwei Denksysteme:

Das Denksystem 1 arbeitet automatisch und schnell, weitgehend mühelos und ohne willentliche Steuerung. Beispiele: Ein Objekt erkennen, ein farbiges Werkzeug greifen, einfache Anweisungen verstehen, ein Warnsignal befolgen. Diese Informationsverarbeitung erfordert keinen nennenswerten kognitiven Aufwand. Es reicht, wenn man die Augen offen hält. Die Umsetzung erfolgt quasi automatisch, d. h. was einem Werker am Arbeitsplatz über zahlreiche Lernprozesse vertraut geworden ist, wird zwar sensorisch beachtet, liefert aber keine Information, die das Arbeitsgedächtnis belastet und zu spezifischen, gar neuartigen, kontrollierten Verhaltensreaktionen führt. Im Gegenteil, das System 1 verleitet oftmals zu Unaufmerksamkeit und damit zu einem Übersehen von möglicher Information.

Das Denksystem 2 richtet sich auf ressourcenverbrauchende mentale Aktivitäten, ohne die ein situationsspezifischer Handlungserfolg in einem informationsreichen System nicht möglich ist, z. B. bei einer kurzen Analyse von mehrseitigen Montageinstruktionen oder einem Blick auf Konstruktionszeichnungen. Dieses Denken geht oftmals mit dem Erleben von Wachsamkeit, Konzentration, Entscheidungsfreiheit und Selbststeuerung einher. Dies setzt immer Wissen um Regeln und Ausführungsbedingungen voraus, ehe eine Entscheidung getroffen wird. Beispiele: Sich auf das nächste Montageobjekt einstellen, ein Display mit Montagehinweisen erfassen, eine Auswahl zwischen Alternativen treffen.

Beide Systeme sind nicht exakt gegeneinander abzugrenzen, beide sind auch nicht ohne ein gewisses Ausmaß an Aufmerksamkeit denkbar. Gerade unvorhersehbare, unerwartete Ereignisse in komplexen Systemen wie der variantenreichen Montage lösen jedoch regelmäßig Aktivitäten des zweiten Denksystems aus, die z. B. als Fokussierung oder Konzentration beschrieben und erlebt werden (und im Widerstreit mit kognitiven Gewohnheiten oder Stereotypien stehen können). Das erste System braucht wenig Zeit vom Auslöser zur Reaktion, um die korrekte Antwort zu geben, das zweite System erfordert mehr Zeit und Aufmerksamkeit, um zu einer korrekten Reaktion zu kommen. Im ersten Fall dominiert damit vornehmlich eine Geschwindigkeits- oder Speed-Komponente, im zweiten Fall gewinnt die Genauigkeits- oder Accuracy-Komponente an Bedeutung. Entscheidend ist, Geschwindigkeit und Genauigkeit adäquat zu kombinieren und mit möglichst hoher Geschwindigkeit bei gleichzeitig hoher Genauigkeit zu korrekten Antworten zu kommen, also wenig Zeit zu benötigen und dabei wenig Fehler zu machen (Kahneman 2012).

3.4 Komplexität führt zur Steigerung der Fehleranzahl

Auswahlprozesse erfordern nicht nur kognitive Ressourcen, sondern auch Zeit und Kosten. Von daher gilt, dass bereits auch unter Produktivitätsaspekten unnötig viele Teile oder erforderliche Auswahlen zwischen Teilen oder Fügetechniken vermieden werden sollten. Vergleichbar können sich solche unnötigen Komplikationen in Denksystemen der zweiten Kategorie auch auf die Gesundheit der Werker negativ auswirken. Von daher kommt es darauf an, die Komplexität von Montageprozessen zu reduzieren. Einfache Produkte mit wenig Teilen, die zudem leicht zu handhaben sind, werden komplexen Produkten mit vielen Teilen und schwieriger Handhabbarkeit vorgezogen. Von daher resultiert bei steigender Komplexität eine erhöhte Anzahl von Ereignissen, die „out of control", also nicht beherrschbar sind (Frizelle und Woodcock 1995).

Einen Ansatz zur Reduktion von Komplexität durch eine Verringerung der Teile liefert das in der Planung eingesetzte Design for Assembly (DFA), das in seinen Grundzügen in einem Anwendungsbeispiel von Lockett et al. (2014) aufgezeigt wird. Es geht darum, bereits das Produktdesign so zu gestalten, dass Montageprozesse erleichtert werden (Boothroyd et al. 2011). Je weniger Teile, desto körperlich und mental einfacher, schneller und fehlerfreier können sowohl Montage- als auch mögliche spätere Instandhaltungsprozesse durchgeführt werden. Von daher wird z. B. für eine Baugruppe nach Möglichkeiten gesucht, die Zahl der zu montierenden Teile so weit wie möglich zu reduzieren und dabei gleichzeitig aber auch erwartbare Schwierigkeiten bei der Montage zu beachten (z. B. schlechter Zugriff auf Teile, schlechte Sicht, ungünstige Bewegungsbahnen von Armen und Händen). Diese Schwierigkeiten werden vorab ordinal skaliert und schließlich mit der Anzahl der Teile (part count) in Verbindung gebracht, um die optimale Montagelösung zu bestimmen.

Samy und ElMaraghy (2010) bauen auf diesen Überlegungen auf und unterscheiden in ihrem Ansatz zur sog. Product Assembly Complexity (PAC) eine Manufacturing-Complexity (sie betrifft insbesondere die Komplexität der geometrischen Formen einzelner einzubauender Teile und Komponenten) sowie eine Process Complexity, die sich auf das direkte Handhaben (operationalisiert über Handling-Attribute wie etwa die Symmetrie, die Größe oder die Manipulierbarkeit eines Teils in der Hand) der einzelnen Teile als auch den Einbau der Teile bezieht (sog. Insertion-Attribute, z. B. der Widerstand beim Einschrauben oder die mangelnde visuelle Kontrolle beim Einbau eines Teils). Diesen Attributen werden vorgegebene Schwierigkeitsgewichtungen zugeordnet. Zudem berücksichtigen die Autoren verschiedene Informationsparameter, die die Menge, die Unterschiedlichkeit und den Inhalt der Information betreffen, wobei unter Inhalt letztlich ein Maß für die aufzubringende körperliche und mentale Anstrengung oder Schwierigkeit zur Erreichung des geforderten Ziels verstanden wird.

Schwierigkeit wird dabei als eine Art feinmotorischer und mentaler Aufwand im Sinne von Konzentration oder Wachheit begriffen, der nicht über eine Grenze verfügbarer Ressourcenkapazitäten hinausgehen sollte (Stork und Schübo 2010; Wickens 2008, s. Abschn. 4.4). Sodann werden auch die informatorischen Komponenten des Montagehandelns durch den Einbezug der zu treffenden Auswahlprozesse zwischen z. B. verschiedenen Teilen, Werkzeugen und Befestigungsarten berücksichtigt. Komplexität setzt sich folglich aus Auswahl zwischen Alternativen und Konzentration auf die Schwierigkeiten der motorischen Handhabung bei der Montage zusammen. Beide entscheiden letztlich darüber, wie anstrengend und ermüdend Montage ausfällt.

Wenn eine höhere Menge an Information zu bearbeiten ist, wenn diese Information ständig wechselt, wenn stets neue Auswahlen zwischen Alternativen vorgenommen werden müssen oder einzelne Arbeitsschritte ein unterschiedliches Maß an Konzentration erfordern, so führt dies aber nicht allein zu mehr Zeitaufwand, sondern gerade im motorischen Bereich der Handlungsausführung auch zu mehr Fehlern. Fehler treten dann dadurch auf, dass eine von vielen bereitgehaltenen Handlungsalternativen nicht hinreichend gebahnt wird und/oder eine Alternative nicht hinreichend gehemmt wird. Dort wo viele Produkt- und Prozessvarianten möglich sind, können zudem auch viele Fehler durch Verwechslungen auftreten.

Positive Korrelation zwischen Komplexität und Montagefehlern

In diesem Sinne verweisen Fast-Berglund et al. (2013) auf eine positive Korrelation zwischen Komplexität und Montagefehlern, die sie durch eine geringe kognitive Automation vermittelt sehen. Dabei beziehen sich die Autoren auf eine Definition der kognitiven Automation von Thurman et al. (1997): „Cognitive automation is software intended to automate cognitive activities, such as situation assessment, monitoring, and fault management, that are currently performed by human operators". Der in der Definition verwendete technische Term „Software" steht hier in Analogie zur Computermetapher für geistige oder mentale Denkprozesse, die mehr oder weniger spontan vs. bewusst kontrolliert ablaufen, wie dies auch von Kahneman (2012) bei seiner Unterscheidung der beiden Denkmodelle angenommen wird. Ist ein automatisches Wiedererkennen nicht möglich (und der Werker sich immer wieder neu orientieren muss, ehe er ein stabiles oder neu konstelliertes Handlungsprogramm abrufen kann), so treten nicht nur Verzögerungen, sondern auch immer wieder Fehler etwa bei der Auswahl von Teilen oder Werkzeugen auf.

Schwierigkeiten und Fehler kennzeichnen auch die Definition von Komplexität von Montagesystemen durch Zeltzer et al. (2012): „Complexity is the sum of all aspects and elements that make a task or a set of tasks mentally difficult, error-prone, requiring thinking and vigilance, and inducing stress". Betont wird auch hier wieder die erforderliche mentale Anstrengung, die fehlerfreies Arbeiten erschwert. Als Aspekte und Elemente, die die mentale Arbeitsbeanspruchung erhöhen, beschreiben sie eine Reihe von Komplexitätstreibern, die sie in einem Kausalmodell als Ursachen für die sog. objektive Komplexität von Arbeitsplätzen benennen. Diese nehmen Einfluss auf z. B. Fehlerhäufigkeiten oder Produktionskosten (s. Kap. 6). Als konkrete Treiber werden dabei vor allem solche Aspekte benannt, die entweder mit viel Informationsverarbeitung assoziiert sind (z. B. Varianten, viele unterschiedliche Teile, Arbeitsmethoden oder Verpackungstypen) oder aber auch mit konkreten motorischen Schwierigkeiten bei der Montage verbunden sind und zusätzliche Anstrengungen oder stetige Korrekturen des eigenen Handelns erfordern (z. B. die Einnahme unterschiedlicher Arbeitshaltungen während einer Montage, die Entnahme von kleineren Teilen aus größeren Behältern, weite Distanzen zu Behältern). Allerdings verzichten Zeltzer et al. (2012) auf aufwändige objektive Detailanalysen, wie sie etwa Samy und ElMaraghy (2010) vorschlagen. Stattdessen begnügen sie sich damit, Einschätzurteile zu den Treibern zu erheben und diese in Relation zur vorab erfolgten Klassifikation von Stationen nach Komplexität zu setzen. Die Urteile der Werker weichen dabei allerdings teilweise erheblich von den Klassifikationsurteilen der Experten ab.

3.5 Messen von Komplexität als objektive oder subjektive Größe

Es ist fast eine Selbstverständlichkeit anzunehmen, dass im Zeitalter der Digitalisierung viele Montageprozesse in Branchen wie dem Maschinen- oder Fahrzeugbau eine hohe Komplexität aufweisen. Bei einem einfachen Handlungssystem mit standardisierten Prozessen gibt es im Idealfall keine oder kaum Variation, alles läuft – abgesehen von zufälligen Abweichungen wie etwa Maschinenausfällen – kontrolliert und immer gleich nach festen Routinen ab. Bei einem komplexen Prozess erfolgt jeder Ablauf nach einem variablen und nicht vorhersehbaren Programm. Es gibt hier nicht nur ein, sondern viele Muster oder Zustände, die jeweils eine ausgewählte Reaktion aus zahlreichen bereitzuhaltenden Reaktionsalternativen erfordern. Auswahl und differenzierte Antwort seitens der Werker prägen nun das Bild: Der qualifizierte Werker ist auf jede Variante vorbereitet und weiß mit einer flexiblen Antwort zu reagieren. Je komplexer die Ausgangslage, desto mehr Flexibilität bei der Auswahl einer angepassten Reaktion ist erforderlich, desto mehr kognitive Ressourcen werden benötigt und desto weniger kognitive Automatismen können greifen. Zusätzlicher Zeitdruck erhöht die mentale Beanspruchung, weil bei gleicher Ressourcenausstattung mehr Information in kürzerer Zeit im Arbeitsgedächtnis zu speichern und abzugleichen ist (Young et al. 2014).

Vorab entscheiden, welche Art von Komplexität gemessen werden soll
Komplexität stellt eine Eigenschaft eines Systems dar, das sich wie etwa ein Handlungssystem oder ein Montagesystem aus zusammenhängenden Teilen wie Menschen und Maschinen oder Zulieferern, Stationen und Montageobjekten zusammensetzt. Vor jeder Analyse ist somit festzulegen, welches System untersucht werden soll, also z. B. das Gesamtsystem oder nur ein Teilsystem wie etwa eine Station. Entsprechend kann Komplexität holistisch oder partiell bestimmt werden. Ferner ist festzulegen, ob nur der zeitüberdauernde statische Aufbau des untersuchten Systems (Teile und Verhältnisse zueinander) oder die zeitabhängigen dynamischen Abläufe im System (Prozesse über Teile hinweg) analysiert werden sollen. Schließlich ist es auch möglich, Kombinationen von dynamischen und statischen Aspekten der Komplexität zu untersuchen, also etwa nur den Prozess an einer einzelnen Station als dynamische Abfolge von Handlungsschritten im statischen Umfeld des Arbeitsplatzes. Das systemisch gedachte, konkrete Objekt kann also sehr vielfältig ausfallen und man sollte sich im Vorhinein im Klaren sein, welches System auf welchen Aspekt hin analysiert werden soll. In der praxisorientierten Literatur werden überwiegend einzelne Stationen mit vielfältigen Montagehandlungen oder Auswahlentscheidungen auf Komplexität hin analysiert (z. B Mattsson et al. 2014; Falck et al. 2017), in der theorieorientierten Operation Research Literatur vermehrt übergeordnete Systeme untersucht (z. B. Zhu et al. 2008; Frizelle und Suhov 2008). Ziel solcher Analysen ist es zumeist, präventiv bereits im Planungsprozess erkennbare oder reaktiv in laufenden Montageprozessen erkannte Zeitverluste, Fehler und Überbeanspruchungen der Werker, z. B. durch veränderte Produktionsabläufe bzw. den Einsatz von Assistenzsystemen wie kollaborierenden Robotern oder AR-Brillen, zu vermeiden.

Wenn man sich in der Praxis fragt, ob die gegebene Komplexität eines Montageprozesses den Einsatz von informatorischen Assistenzsystemen erforderlich macht, so impliziert dies die Vorstellung, das Ausmaß der Komplexität eines Montageprozesses genau bestimmen und vielleicht sogar eine quantitative Grenze festlegen zu können, jenseits derer informatorische Unterstützung dringend erforderlich ist. Diese Vorstellung erscheint aktuell reichlich optimistisch, zumal es noch keine allgemein akzeptierten Definitionen, Verfahren und Messmethoden gibt und auch die Messung der mentalen Beanspruchung sowie die Festlegung von Grenzen der Beanspruchung infolge hoher Komplexität bislang nicht hinreichend gesichert sind (s. Kap. 4).

Bei der konkreten Messung von Komplexität tritt sodann eine weitere Differenzierung in Erscheinung: Soll (und kann) die Komplexität eines Montagesystems objektiv oder subjektiv erfasst und gemessen werden? Eine objektive Erfassung liegt dann vor, wenn eine Messung mit entsprechenden personunabhängigen Hilfsmitteln erfolgt (etwa wenn ein Arzt ein EKG durchführt und die Zeiträume zwischen R-Zacken mittels eines Algorithmus auf die Millisekunde genau bestimmt). In diesem Sinne könnte die Objektivität dadurch gesichert sein, dass ein Unternehmen Produktionsdaten über Abläufe, Anzahl und Häufigkeit von Varianten, Zeiten und Fehler bereitstellt, die dann rechnerisch zu einem Komplexitätswert verarbeitet werden. Eine subjektive Erfassung liegt hingegen vor, wenn z. B. betroffene Werker aufgrund ihrer Sicht auf den zu analysierenden Montageprozess per Fragebogen oder Interview ein Urteil über ihr Empfinden von z. B. hoher, mittlerer oder geringer Komplexität oder Unsicherheit abgeben. In diesem Fall findet kein kardinalskaliertes Messen, sondern eher ein Abwägen oder ein vergleichendes Prüfen statt, welches sich dann in einem Einschätzurteil (allenfalls einem ordinalskalierten „Messwert") niederschlägt (Bornewasser und Wegge 2018). Zwischen diesen beiden Verfahren liegen Ansätze, in denen Experten aufgrund eines theoretischen Vorverständnisses und mehr oder weniger breiter Praxiserfahrung – oftmals auf der Basis von Interviews oder Gesprächen mit Projektleitern – Urteile über einen Montageprozess abgeben.

In der Literatur werden diese drei abgestuften methodischen Wege der Bestimmung von Komplexität praktiziert, die im Kern einmal auf mehr oder weniger ausgefeilten Prozessanalysen und sodann auf den Prozessen zugeordneten Kennzahlen unterschiedlicher Güte zum Auftreten von Fehlerhäufigkeiten, Qualitätseinbußen und Zusatzkosten basieren. So liefert etwa der Komplexitätsindex CXI (Mattsson et al. 2014) nach einer festgelegten Berechnungsformel einen Komplexitätswert, der auf subjektiven Einschätzungen von Werkern zur Anzahl von Varianten, zur Vielzahl zusätzlicher Arbeitsinhalte, zum Layout der Arbeitsumgebung, zu Werkzeugen sowie zu Arbeitsinstruktionen beruht. Die Ergebnisse werden abschließend in einem ampelfarbigen Teppich visualisiert (im Sinne der DIN EN 614-1 (2009), s. Kap. 5) und als Grundlage für Verbesserungsmaßnahmen genutzt. Ein vergleichbares Vorgehen der Berechnung liegt dem sog. Komplexitätskalkulator (Zeltzer et al. 2012) zugrunde. Allerdings werden hier nur bereits vorliegende Betriebsdaten zu spezifischen Auswahlentscheidungen an einzelnen Stationen z. B. hinsichtlich pro Montageobjekt auszuwählender Verpackungstypen, Teile, Werkzeuge und Montagetechniken in die Analyse einbezogen.

Generell lassen sich drei Typen von Mess- und Auswertungsverfahren benennen, die sich hinsichtlich der Dimension objektiv/subjektiv mehr oder weniger unterscheiden:

- Ein erster objektiver Verfahrenstyp basiert allein auf Prozessanalysen und betrifft die Ermittlung der Entropie einer Serie von Montageereignissen, wobei diese sich auf den gesamten Prozess oder nur auf Teilprozesse bezieht (z. B. die Teile-, Werkzeug- und Fixations-Komplexität bei Zhu et al. 2008). Dem Detaillierungsgrad des zugrunde liegenden Handlungssystems sind dabei keine expliziten Grenzen gesetzt. Es geht letztlich darum, für jeden einzelnen Prozessabschnitt die durchschnittliche Zufälligkeit oder Unvorhersehbarkeit zu bestimmen, so dass angesichts vielfältiger Auswahlmöglichkeiten über mehrere Stationen oder Schritte hinweg ein hoher Grad an Unsicherheit hinsichtlich des nächsten Ereignisses auftritt. Dieser Grad an Unordnung einer Ereignisfolge wird mittels des Entropiemaßes ermittelt und in einem einzigen Wert (Maßeinheit Bit) ausgedrückt. Dabei fällt auf, dass nicht der Werker im Zentrum der Analyse steht, zumal Begriffe wie Unvorhersehbarkeit und Unsicherheit eine Brücke zur kogni-

tiven und emotionalen Verarbeitung andeuten. Mit dem Entropiewert eng assoziiert ist die theoretische Annahme, dass diese Unsicherheit – im Gegensatz zu einer vorhersehbaren Abfolge – den Einsatz von zusätzlichen kognitiven Ressourcen in Form von z. B. mehr Aufmerksamkeit, Konzentration aktivem Denken erforderlich macht, um die Aufgabe zu bewältigen (s. Kap. 4). Können diese zusätzlichen Ressourcen auch bei größerer Anstrengung nicht erbracht werden, so kommt es zu Verzögerungen und falschen Entscheidungen zwischen Alternativen, die dann Qualitäts- und Produktivitätseinbußen verschiedenster Art erzeugen. In der Konsequenz sollten Maßnahmen ergriffen werden, das bestehende Ausmaß an Entropie zu verringern bzw. die Komplexität zu reduzieren, indem z. B. weniger Auswahlentscheidungen vorgesehen, Ablenkungen vermieden oder Instruktionen besser aufbereitet werden (Mattsson et al. 2014).
- Eine Mittelposition nehmen Verfahren ein, bei denen objektive Prozessanalysen mangels fehlender oder nicht bereitgestellter Betriebsdaten durch Expertenurteile ersetzt werden. Als Experten gelten dabei z. B. Ingenieure oder Berater, die mit der Planung von Montagesystemen betraut sind, oder aber auch Teamleiter und Vorgesetzte, die mit konkreten Montageprozessen konfrontiert sind. In solchen Verfahren wird seltener auf Auswahlprozesse und häufiger auf festgestellte Schwierigkeiten rekurriert, wie sie z. B. in zuvor ermittelten Schwierigkeitsindizes festgehalten sind. Solche Indizes beschreiben und gewichten das potenzielle Scheitern einzelner Montagetätigkeiten wie etwa das Anbringen eines Teils mittels einer Verschraubung in vorgegebenen Zeiträumen oder das Identifizieren voneinander ähnelnden Einzelteilen, die aus Einzelbehältern zu entnehmen sind (und nicht z. B. in einem Kit bereitstehen, was die Montagearbeit erheblich erleichtert, Brolin et al. 2016). Zentrale Faktoren eines potenziellen Scheiterns sind dabei die Schwierigkeit des Handlings von einzelnen zu montierenden Teilen (weil sie z. B. kleinflächig, nicht gut unterscheidbar oder schwer greifbar sind) und des Anbringens (Insertion) der Teile am Montageobjekt (z. B. weil die Sicht eingeschränkt ist, weil erforderliches Werkzeug schwer zu handhaben ist, weil ungünstige Haltung beim Montieren auf engem Raum eingenommen werden muss). Für jedes einzelne Attribut des Handling- und Insertion-Prozesses wird dann vorab ein durchschnittlicher Schwierigkeitswert bestimmt, der mit der relativen Anzahl der zu verbauenden Teile pro Variante additiv in Verbindung gebracht wird. Basierend auf dieser Idee zeigen Samy und ElMaraghy (2010) die Berechnung der dynamisch konzipierten Product Assembly Complexity auf. Eine hohe Komplexität liegt letztlich dann vor, wenn die Teile nicht nur zahlreich und schwierig zu montieren sind (und die Montage dadurch viel Konzentration erfordert), sondern auch der Anteil einzigartiger Teile an dem kritischen Produkt hoch ist (wodurch viel Aufmerksamkeit gebunden wird und wenig Routine eingebracht werden kann).
- Ein dritter Typus von Verfahren basiert auf der Erfassung von subjektiven Eindrücken von der Komplexität mittels abgestufter Likert-Skalen. Solche subjektiven Einschätzungen führen in der Regel zur Bildung von heuristischen Indizes. Als solche Heuristiken gelten vereinfachende (Daumen-)Regeln, die eine leichte Beurteilung eines schwierigen Sachverhaltes über subjektive Eindrücke ermöglichen (Kahneman 2012). Geht es etwa um die Beurteilung von Komplexität, so wird seitens der urteilenden Pro-

banden z. B. nach der Schwierigkeit der Montagetätigkeit geschaut, die wiederum über Verzögerungen, Fehler und Qualitätseinbußen zu bestimmen versucht wird, wobei diese dann schließlich an der Häufigkeit von Klagen der Werker oder der Vorgesetzten festgemacht wird. Das schwierige Komplexitätsurteil wird somit letztlich über die leichter zu bestimmende Häufigkeit von Klagen gegenüber den Vorgesetzten ermittelt. Die schwere Frage danach, wie komplex ein Prozess ist, wird durch die viel leichtere Frage, wie viel Klagen es zu diesem Vorgang in der jüngsten Vergangenheit gegeben hat, ersetzt und entsprechend beantwortet. Dieses Vorgehen unterscheidet sich von Person zu Person und führt zu hoher Urteilsvarianz, wobei nie ganz klar wird, auf welche unterschiedlichen Heuristiken über die Dauer einer Befragung Bezug genommen wird. In der Praxis werden in der Regel verschiedene Kriterien auf der Basis oftmals nicht näher spezifizierter Theorien vorgegeben, wodurch der Spielraum der heuristischen Annahmen auch von betrieblichen Experten eingeengt und Beurteilungen vergleichbar werden. Typische Beurteilungskriterien sind etwa die informatorische Unterstützung, das Layout von Werkzeugen, die Anzahl von zu bedienenden Werkzeugen, die Zugänglichkeit zu Behältern, die Handhabbarkeit von Betriebsmitteln (Falck et al. 2017) oder auch die sog. Auffindbarkeit relevanter Information in der Instruktion (Stork und Schübo 2010). Ermittelt werden so (künstlich) quantifizierbare und vergleichbare Schwierigkeitseinschätzungen für verschiedene Montagearbeitsplätze aus Sicht von Experten oder von Werkern (wobei sich diese auch drastisch unterscheiden können, Voskuijl und Van Sliedregt (2002)), aus denen dann – zumeist vermittelt über eine geeignete Ampelvisualisierung – spezifische ergonomische Gestaltungsmaßnahmen oder auch ein Bedarf an informatorischen Assistenzsystemen für den jeweiligen Prozess abgeleitet werden. Tab. 3.1 stellt noch einmal Stärken und Schwächen der drei aufgezeigten Ansätze zusammen.

Alle drei Komplexitätsmaße treffen spezifische Aspekte, lassen sich aber kaum miteinander vergleichen. Im Ergebnis wird im objektiven Ansatz letztlich ein Entropiewert angestrebt, dessen Ermittlung jedoch die Bewältigung hoher Hürden voraussetzt. Das Verfahren setzt mathematisch versiertes Personal, eine genaue Kenntnis der Montageprozesse und Zugang zu relevanten Betriebsdaten voraus. Zudem ist der abschließende Entropiewert nur schwer zu interpretieren, es gibt keine objektiven Grenzwerte, er ist für Werker kaum nachvollziehbar zu visualisieren und weitgehend offen für spezifische Maßnahmen zu weiterer Komplexitätsreduktion oder -beherrschung z. B. durch informatorische Assistenzsysteme.

Hingegen kommen die nur oberflächlich am Entropiekonzept orientierten subjektiven Verfahren in der Praxis meist schon aus Kostengründen gut an, stehen jedoch vor dem Problem, dass in diesen Ansätzen der Komplexitätsbegriff weitgehend beliebig operationalisiert werden kann und nur ein eingeschränkt interpretierbares, quantitatives Maß zur Ausprägung von Komplexität geliefert wird. Statt einer quantitativen Angabe über die Ausprägung wird nur eine über Personen und verschiedene (zusätzlich gewichtete) Treiber gemittelte Schwach-Stark-Differenzierung hinsichtlich z. B. verschiedener Stationen

Tab. 3.1 Stärken und Schwächen der Ansätze zur Bestimmung von Komplexität

	Verfahren 1 Objektive Entropie	Verfahren 2 Expertenurteile zu Qualitätskriterien	Verfahren 3 Subjektive Eindrücke
Stärken	Eindeutige informationstheoretische Basis, Beschreibung des Prozesses	Ausrichtung an Verarbeitung durch Werker, z. B. Zeiten oder Schwierigkeiten; Orientierung bietet Design for Assembly-Methode	Rasche Bearbeitung durch verschiedene Stakeholdergruppen
	Nach Formel zu berechnende, quantitative Kennzahl	Objektive Kriterien und vorgegebene Erhebungs- und Berechnungsprozedur	Einfache Berechnungsprozedur, problematische Gütekriterien
	Ein finaler Entropiewert, oft aus verschiedenen Komponenten zusammengesetzt	Indizes in Komponenten und gesonderte Maßnahmen zu zergliedern	Gut nachvollziehbare Veranschaulichung der Befunde
Schwächen	Hoher analytischer und mathematischer Aufwand erforderlich	Zusätzlicher Aufwand zur Festlegung der Schwierigkeitsindizes für unterschiedliche Montageattribute	Einschätzungen von Schwierigkeiten variieren mit Merkmalen der Person
	Erforderliche Betriebsdaten oft nicht verfügbar	Erheblicher Berechnungs- und Interpretationsaufwand	Gütekriterien von Likert-Skalen fragwürdig, geringe Übereinstimmungen zwischen Personengruppen Mangelndes Interesse an Befragungen
	Gesamtwert liefert keinen konkreten Ansatzpunkt für Gestaltungsmaßnahmen	Schwierige graphische Veranschaulichung	Erforderlich sind Abgleiche mit betriebsinternen Angaben z. B. zu Fehlerhäufigkeiten oder Kosten der Montage

angeboten. Man weiß dann zwar, dass die Station A im Vergleich als komplexer wahrgenommen wird als die Station B, allerdings bleibt offen, wie komplex die Prozesse an den einzelnen Stationen tatsächlich sind und z. B. in welchen Komponenten differierende Komplexitätsurteile genau begründet sind. Zudem gibt es in der Regel keine Angaben zu den Gütekriterien der eingesetzten Instrumente. Von daher bleibt auch stets die Frage offen, ob weitere Komplexitätstreiber hätten einbezogen werden müssen, um ein valideres Bild zu erzeugen (Asadi et al. 2016). Bei einer überblicksartigen Sichtung stellt sich der Eindruck ein, dass Komplexität insbesondere mit dem Merkmal der Variantenvielfalt assoziiert wird, dass darüber hinaus aber immer wieder auch technische und logistische

Schwierigkeiten thematisiert werden, die auch völlig unabhängig von der Variantenvielfalt zu Defiziten in Montageprozessen führen.

3.6 Hinweise für die betriebliche Praxis: Auszüge aus Workshops

Variantenvielfalt und zunehmende Komplexität von Montageprozessen stellen ein zentrales Thema in vielen Produktionsbetrieben dar, ohne dass dies bereits überall zum Einsatz informatorischer Assistenzsysteme geführt hätte. Diesbezügliche Zurückhaltung hat oftmals drei Ursachen: Gerade im Management ist man sich nicht immer der Tragweite des Problems zunehmender Unsicherheit bewusst, sieht hohe Kosten für Anschaffungen und Pflege voraus oder zeigt sich nicht davon überzeugt, dass informatorische Assistenzsysteme Abhilfe schaffen. Diese Skepsis wird mit drei Auszügen aus Interviews mit Repräsentanten aus dem Management zweier Industrieunternehmen zum Ausdruck gebracht.

„Wir reden nicht viel von Komplexität, aber wir erkennen sie und müssen darauf reagieren. Praktiker können der Aussage, die variantenreiche Montage sei komplexer als die herkömmliche durchaus zustimmen, denn wir erkennen als Vorgesetzte, dass Montagewerker in diesem System häufiger ein Fragezeichen im Gesicht haben, mehr Zeit brauchen und mehr Fehler machen. Wir können bei genauerem Hinsehen sogar erkennen, wo Zeit verloren wird und wo Fehler gemacht werden. Dies reicht schon als externer Hinweis aus, um mir als Vorgesetztem selbst zu sagen, dass ein Mitarbeiter vermutlich unsicher ist und dass wir ihn unterstützen müssen. Wenn wir nicht aufpassen, nehmen wir ihm mit der variantenreichen Montage ein Stück weit seine Handlungssicherheit. Das ist bedrohlich, macht Angst und erzeugt Stress. Dadurch geht dann noch mehr Zeit verloren, schlimmer noch, dadurch steigt auch die Anzahl der Fehler. Dann müssen wir überlegen, was wir als Betrieb tun können“ (Produktionsleiter).

„Wir müssen Unsicherheit verringern, aber dürfen dabei nicht noch weitere Belastungen erzeugen. Wir haben im Betrieb auch schon länger über moderne Assistenzsysteme nachgedacht, konnten uns aber bislang nicht so richtig zu einem System durchringen, mal abgesehen davon, dass das in einem großen Konzern mit Investitionsplänen auch nicht so einfach machbar ist. Was man dabei dringend bedenken muss: Wir müssen Komplexität abbauen, ok, aber wir geben mit einem zusätzlichen Assistenzsystem noch mehr Information in die Gesamtsituation. Dieses Mehr muss dann aber auch dazu führen, dass die Unsicherheit hinsichtlich der Varianten verringert wird. Wenn das nicht gelingt, lohnt sich der Aufwand nicht. Und selbst wenn das gelingt, dann stellt sich die Frage, wie die Information genau gegeben werden muss, damit das Ziel erreicht wird. Zeigt man besser ein Bild oder gibt man eher ein Signal, welches auf eine mögliche Verwechslung verweist? Zudem: Wo platziert man besten solche hilfreiche Information am Montagearbeitsplatz und wie kann man sicherstellen, dass natürliche Arbeitsabläufe dadurch nicht fortlaufend unterbrochen werden. Dann hat man am Ende vielleicht an Sicherheit gewonnen, aber das Assistenzsystem nervt. Da muss schon eine Menge zusammenpassen“ (Werkleiter).

„Wir müssen sensibler werden für die hohen kognitiven Anforderungen in der modernen Montage. Wenn wir im Betrieb von Sicherheit sprechen, denken wir an den Sicherheitsbeauftragten oder an den sicheren Stand auf einer Leiter. Das sind wichtige Aspekte unserer Arbeit in Produktionsbetrieben. Unser Nachdenken über Komplexität hat aber auch unseren Blick für die Unsicherheit unserer Beschäftigten im ganz konkreten Montageprozess mit vielen Varianten geschärft. Sie sind sich oft nicht ganz sicher, welches Teil sie nun greifen sollen. Wenn man immer wieder das gleiche macht, dann bedeutet das oft zwar viel Sicherheit, aber letztlich auch Monotonie. Das wollen wir eigentlich auch nicht. Wir wollen schon ein bisschen mehr Komplexität, mehr Abwechslung und mehr Engagement für die Prozesse. Aber auch hier stellt sich dann wieder ganz schnell die Frage, wie viel Spannung braucht der Beschäftigte in der Montage und ab welcher Komplexitätsstufe wird Spannung zur Quelle von Unsicherheit, die wir auch nicht wollen. Eine einfache Antwort darauf gibt es wohl nicht. Wir Praktiker liegen vermutlich ganz richtig, wenn wir genau hinschauen und wie bereits angedeutet sensibler für die Zusammenhänge von viel Zeitdruck, viel Information, vielen Alternativen und viel Unsicherheit werden“ (Betriebsratsmitglied).

Literatur

Asadi N, Jackson M, Fundin A (2016) Drivers of complexity in a flexible assembly system – a case study. Procedia CIRP 41:189–194. https://doi.org/10.1016/j.procir.2015.12.082

Boothroyd G, Dewhurst P, Knight WA (2011) Product design for manufacture and assembly. CRC Press, New York

Bornewasser M, Wegge J (2018) Moderne Stressdiagnostik am Arbeitsplatz – theoretische und methodische Fortschritte. Wirtschaftspsychologie 20(1):3–11

Brinzer B, Banerjee A (2017) Komplexitätsbewertung im Kontext cyber-physischer Systeme. Z W F 112:341–345. https://doi.org/10.3139/104.111709

Brolin A, Case K, Thorwald P (2016) Cognitive aspects affecting human performance in manual assembly. In: Goh YM, Case K (Hrsg) Advances in manufacturing technology XXX. IOS Press Loughborough, S 231–236. https://doi.org/10.3233/978-1-61499-668-2-231

Claeys A, Hoedt S, Soete N, Van Landeghem H, Cottyn J (2015) Framework for evaluating cognitive support in mixed model assembly systems. IFAC Papers OnLine 48(3):924–929. https://doi.org/10.1016/j.ifacol.2015.06.201

Falck AC, Örtengren R, Rosenqvist M, Söderberg R (2017) Basic complexity criteria and their impact on manual assembly quality in actual production. Int J Ind Ergon 58:117–128. https://doi.org/10.1016/j.ergon.2016.12.001

Fast-Berglund A, Fässberg T, Hellman F, Davisson A, Stahre J (2013) Relations between complexity, quality and cognitive automation in mixed-model assembly. J Manuf Syst 32(3):449–455. https://doi.org/10.1016/j.jmsy.2013.04.011

Fitts PM, Posner MI (1967) Human performance. Brooks/Cole, Belmont

Frizelle G, Suhov Y (2008) The measurement of complexity in production and other commercial systems. Proc R Soc A 464:2649–2668. https://doi.org/10.1098/rspa.2007.0275

Frizelle G, Woodcock E (1995) Measuring complexity as an aid to developing operational strategy. Int J Oper Prod Manag 15(5):26–39. https://doi.org/10.1108/01443579510083640

Gell-Mann M (1995) What is complexity? Complexity 1(1):16–19

Hacker W, Sachse P (2014) Allgemeine Arbeitspsychologie. Psychische Regulation von Tätigkeiten, 3. Aufl. Hogrefe, Göttingen

Hollnagel E (1997) Cognitive ergonomics: it's all in the mind. Ergonomics 40(10):1170–1182. https://doi.org/10.1080/001401397187685

Kahneman D (2012) Schnelles Denken, langsames Denken. Siedler, München

Laurig W (1990) Grundzüge der Ergonomie: Erkenntnisse und Prinzipien. Beuth, Berlin

Lockett H, Fletcher S, Luquet N (2014) Applying design for assembly principles in computer aided design systems installations. SAE Int J Aerosp 7(2):284–291. https://doi.org/10.4271/2014-01-2266

Luhmann N (1964) Funktionen und Folgen formaler Organisation. Duncker & Humblot, Berlin

Mattsson S, Karlsson M, Gullander P, Van Landeghem H, Zeltzer L, Limère V, Aghezzaf EH, Fasth A, Stahre J (2014) Comparing quantifiable methods to measure complexity in assembly. Int J Manuf Res 9(1):112–130. https://doi.org/10.1504/IJMR.2014.059602

Rasmussen J (1983) Skills, rules, knowledge, signals, signs, and symbols and other distinctions. Human performance models. IEEE Trans Syst Man Cybern 13(3):257–266. https://doi.org/10.1109/TSMC.1983.6313160

Rasmussen J, Pejtersen AM, Goodstein L (1994) Cognitive systems engineering. Wiley, New York

Samy SN, ElMaraghy H (2010) A model for measuring products assembly complexity. Int J Comput Integr Manuf 23(11):1015–1027. https://doi.org/10.1080/0951192X.2010.511652

Schlick CM, Winkelholz C (2008) Komplexität und Mensch-Maschine-Interaktion. In: Schmidt L, Schlick CM, Grosche J (Hrsg) Ergonomie und Mensch-Maschine-Systeme. Springer, S 353–370. https://doi.org/10.1007/978-3-540-78331-2_20

Schuh G, Gartzen T, Wagner J (2015) Complexity-oriented ramp-up of assembly systems. CIRP J Manuf Sci Technol 10:1–15. https://doi.org/10.1016/j.cirpj.2015.05.007

Stork S, Schubö A (2010) Human cognition in manual assembly: theories and applications. Adv Eng Inform 24(3):320–328. https://doi.org/10.1016/j.aei.2010.05.010

Thurman AD, Brann MD, Mitchell MC (1997) An architecture to support incremental automation of complex system. In: Proceedings of the 1997 IEEE international conference on systems, man, and cybernetics. IEEE, Orlando, S 1174–1179. https://doi.org/10.1109/ICSMC.1997.638109

Voskuijl OF, Van Sliedregt T (2002) Determinants of interrater reliability of job-analysis. Eur J Psychol Assess 18:52–62. https://doi.org/10.1027//1015-5759.18.1.52

Wickens CD (2008) Multiple resources and mental workload. Hum Factors 50(3):449–455. https://doi.org/10.1518/001872008X288394

Young MS, Brookhuis KA, Wickens CD, Hancock PA (2014) State of science: mental workload in ergonomics. Ergonomics 58(1):1–17. https://doi.org/10.1080/00140139.2014.956151

Zeltzer L, Limiere V, El-Houssaine A, Van Landeghem H (2012) Measuring the objective complexity of assembly workstations. In: Proceedings of the 7th international multi-conference on computing in the global information technology (ICCGI 2012). IARIA, S 341–346

Zhu X, Hu JS, Koren Y, Marin SP (2008) Modeling of manufacturing complexity and mixed-model assembly lines. J Manuf Sci Eng 130(5):74–86. https://doi.org/10.1115/1.2953076

Zülch G, Müller R (2001) Entwicklung von Organisationsstrukturen für die Montage. In: Landau K, Luczak H (Hrsg) Ergonomie und Organisation in der Montage. Hanser, München, S 338–349

Normen und Richtlinien

DIN EN 614-1 (2009) Sicherheit von Maschinen: Ergonomische Gestaltungsgrundsätze – Begriffe und allgemeine Leitsätze. Beuth

Mentale Beanspruchung in der Montage

4

Dominic Bläsing

Inhaltsverzeichnis

Zusammenfassung

Mit steigender Komplexität und Zunahme des Informationsflusses in der manuellen Montage verändert sich auch die mentale Beanspruchung der Beschäftigten. Wo vorher physische Prozesse wie Lastenhandhabung und Körperhaltung im Fokus standen, rücken nun informatorische und mentale Prozesse in den Mittelpunkt der Beanspruchungsforschung. Grundlage hierfür bilden psychische Vorgänge der Informationsaufnahme, der kognitiven Verarbeitung, der Entscheidungsfindung und Tätigkeitsplanung welche mit zunehmender Komplexität der Montage an Bedeutung gewinnen. Verstärkt wird aktuell auf die Messung von Beanspruchung mittels objektiver, physiologischer Verfahren hingearbeitet, die infolge weitreichender Miniaturisierung mobil am Arbeitsplatz eingesetzt werden können. Aus den Messungen ergeben sich Konsequenzen für

D. Bläsing (✉)
Institut für Psychologie, Universität Greifswald, Greifswald, Deutschland
E-Mail: dominic.blaesing@uni-greifswald.de

M. Bornewasser, S. Hinrichsen (Hrsg.), *Informatorische Assistenzsysteme in der variantenreichen Montage*, https://doi.org/10.1007/978-3-662-61374-0_4

eine kognitive Ergonomie. Dies setzt einerseits die Festlegung und Überprüfung von Beanspruchungsgrenzen voraus, andererseits die Erprobung von technischen Lösungen zur Reduktion von Überbeanspruchung z. B. durch informatorische Assistenzsysteme.

4.1 Belastungs-Beanspruchungs-Konzept der Arbeitswissenschaft

Arbeit als wertschöpfender Prozess erfolgt nicht ohne den Verbrauch von Ressourcen. Dabei werden nicht nur materielle, sondern auch menschliche Ressourcen für die Erzeugung von Gütern und Dienstleistungen benötigt. Die der Erzeugung zugrunde liegende Arbeit lässt sich grundlegend in physische, mentale und emotionale oder psychosoziale Bestandteile untergliedern. Unabhängig von der Art der Tätigkeit ist jedes Individuum an seinem jeweiligen Arbeitsplatz während des Prozesses der Leistungserbringung mit einer Vielzahl von Reizen konfrontiert, die es zu verarbeiten gilt. Aus dieser Konfrontation entsteht auf Grundlage verschiedener kognitiv-informatorischer sowie mechanisch-handhabender Verarbeitungsschritte nicht nur ein objektiv bewertbarer Output (s. Kap. 6), sondern auch eine physiologisch bestimmbare Zustandsveränderung des arbeitenden Organismus.

Jede Art von Leistungserbringung stellt sich dabei als etwas höchst Individuelles dar. In Abhängigkeit jeweiliger Dispositionen wie Erfahrungen, Kompetenzen und physischer Leistungsfähigkeit werden aus der gleichen Reizausgangslage unterschiedliche Ergebnisse folgen. Die mit der Verrichtung von Arbeit einhergehende Zustandsänderung ist dabei nicht zwingend negativ zu bewerten, sondern Hacker (2009) zufolge sogar zwingend notwendiger Bestandteil von Arbeit, da ohne ein gewisses Aktivierungslevel keine Leistungserbringung möglich ist. Arbeit und Kognition bilden keine exakt voneinander trennbaren Konzepte. Ohne die Aufnahme und Verarbeitung von Reizen und Information, die Interpretation dieser sensorischen Einflüsse und die Aktivierung von Wissen ist Arbeit nicht denk-, geschweige denn ausführbar.

Um das Ausmaß an erforderlicher Aktivierung und Kognition für bestimmte Arbeitsprozesse beschreiben zu können, bedarf es spezifischer Konzepte. Je nach Schwerpunktlegung existieren diverse Ansätze, die in der Regel dem Schema von Input-Verarbeitung-Output folgen. Bestehende Ansätze zur Erklärung des Zusammenhangs zwischen Arbeit und Krankheit bzw. Gesundheit lassen sich in vier Kategorien unterteilen: Arbeitsgestaltungs-, individuums-, komplexitäts- und managementorientierte Konzepte (Böckelmann und Seibt 2011). All diese Konzepte verbindet die Annahme, dass Individuen am Arbeitsplatz mit Reizen konfrontiert werden, die es zu bewältigen gilt. Allerdings endet hiermit auch schon die Gemeinsamkeit, denn jedes der aufgelisteten Konzepte ist mit erheblichen Limitierungen verknüpft, die prognostische Feststellungen etwa zu den Auswirkungen von Beanspruchung einschränkt (Böckelmann und Seibt 2011).

Das individuumsorientierte Belastungs-Beanspruchungs-Konzept geht davon aus, dass alle Reize, mit denen das Individuum während der Leistungserbringung in Kontakt kommt, als Belastung interpretiert werden können (Rohmert und Rutenfranz 1983). Der Begriff der Belastung wird dabei in einem neutralen, nicht wertenden Sinne genutzt. Belastungsreize stammen aus der direkten Umwelt des Individuums und können sowohl physischer (z. B. Raumtemperatur, zu bewegende Massen), psychischer (z. B. Informationen im Kontext von Anforderungen und Instruktionen) oder psychosozialer Natur sein (z. B. Mitarbeiter, Führungskräfte) und tragen in ihrer Gesamtheit zur Beanspruchung und zur Einschätzung bei, die belastende Situation bewältigen zu können. Laut DIN EN ISO 6385 Teil 3 (2016) werden Belastung und Beanspruchung dahingehend unterschieden, dass es sich bei Belastungen um äußere Bedingungen und Anforderungen handelt, die sich auf eine Person auswirken. Beanspruchungen hingegen stellen „die innere Reaktion des Arbeitenden auf die Arbeitsbelastung“ dar. Dabei hängt die Ausprägung der Beanspruchung immer von den individuellen Merkmalen der Person ab.

Für psychische und psychosoziale Belastungen kann das grundlegende Reiz-Reaktions-Prinzip des Belastungs-Beanspruchungs-Modells zum Teil nur schwer aufrechterhalten werden, da eine Quantifizierung psychischer Belastungen ohne Einbeziehung des Individuums nur schwer vorstellbar ist (vgl. Semmer et al. 1999). In der neueren DIN EN ISO 10075 – Teil 1 (2017) wird daher explizit auf „überdauernde und augenblickliche Voraussetzungen, einschließlich der individuellen Bewältigungsstrategien“ verwiesen. Diese Erweiterung des Belastungs-Beanspruchungs-Konzepts um den Punkt der Bewältigung erscheint ratsam, da durch eine allein passive Konfrontation mit dem Reiz noch keine eindeutige Beanspruchungsreaktion erfolgt, sondern erst durch die aktive Bearbeitung des Reizes (Scheuch und Schröder 1990). So kann aus ergonomischer Sicht bei einer bestimmten Körpergröße das Erreichen eines Behälters mit Ersatzteilen zwar belastend gestaltet sein, werden diese Teile aber während der Leistungserbringung nicht benötigt, so tritt keine Beanspruchungsreaktion auf.

Der Mensch strebt nach innerer physiologischer Ausgeglichenheit. Durch die Konfrontation mit sich verändernden Umweltbedingungen wird diese gestört und muss durch verschiedene physiologische Regulationsmechanismen aufrechterhalten werden (Ramsay und Woods 2014). Eine jede Beanspruchungsreaktion ist dadurch auch Teil des menschlichen Stresserlebens. Das Problem der wechselseitigen Dynamik und Beeinflussung von Person und Umwelt bei der Stressentstehung wird im sog. transaktionalen Stressmodell noch detaillierter erörtert (Lazarus 1981). Hierbei wird verstärkt auf psychische Bewertungs- und Bewältigungsprozesse eingegangen und den individuellen Ressourcen und Erfahrungen mehr Beachtung geschenkt als im Belastungs-Beanspruchungs-Modell. Stress entsteht in diesem Modell erst dann, wenn das Individuum nach einem zweistufigen Bewertungsverfahren und einem Abgleich mit den ihm zur Verfügung stehenden Ressourcen zu dem Schluss kommt, dass der aktuelle Stressor (Reiz) mit den verfügbaren Ressourcen und Bewältigungsstrategien nicht oder nur unzureichend bewältigt werden kann. Wenn ein Individuum über viel Erfahrung im Umgang mit Belastungen und Bewältigungsansätzen verfügt, fällt sein Stresserleben (bzw. seine mentale Beanspruchung) entsprechend

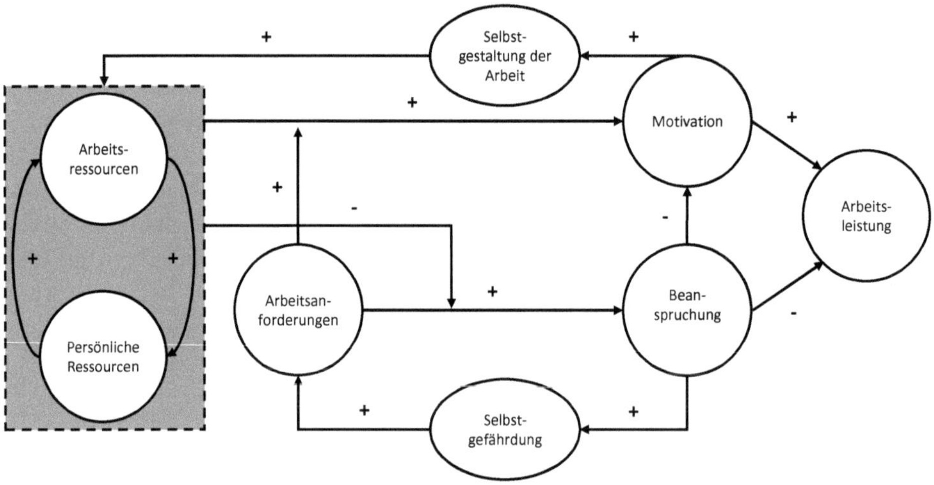

Abb. 4.1 Das Job Demands Resources Modell (modifiziert nach Bakker und Demerouti 2017)

geringer aus. In diesem Sinne beschreibt Stress einen aus subjektiver Perspektive erlebten und bearbeiteten Zustand, der aus der Befürchtung resultiert, eigenen oder fremden Anforderungen und Erwartungen nicht gerecht zu werden (DIN SPEC 33418 2014).

Auch im aktuell meist genutzten Job Demands-Resources-Modell von Bakker und Demerouti (2017) wird Stress als das Resultat eines Ungleichgewichts zwischen persönlichen Ressourcen und Anforderungen aus der Arbeitsaufgabe begriffen (Abb. 4.1). Dieses Modell fügt den bisherigen Überlegungen allerdings zwei zusätzliche Rückkopplungspfade hinzu, die sowohl zur Steigerung der Arbeitsmotivation, als auch zum bedrohlichen Abbau von Abwehrkräften und somit zur Steigerung der Beanspruchung beitragen können. Diese beiden Mechanismen werden als Selbstgestaltung der Arbeit und Selbstgefährdung beschrieben. Gemeint ist damit einmal die positive Einflussnahme auf Leistung durch die Gestaltung des eigenen Arbeitsplatzes, zum anderen aber auch die negative Spirale, die aus steigenden Arbeitsanforderungen und damit steigenden Beanspruchungen entsteht und sich über die Zeit selbst verstärken kann. Hier kommt es erneut zu einer Abkehr der reinen Reiz-Reaktions-Beziehung zwischen Belastung und Beanspruchung und zu einer Hinwendung zu einer komplexeren Konzeption des Verhältnisses, welche auch eine Steigerung der Leistung durch steigende Anforderungen der Arbeit bis zu einem gewissen Grad mit berücksichtigt (Bornewasser und Wegge 2018).

4.2 Mentale Beanspruchung durch Information

Physische Belastungen am Arbeitsplatz stellen i. d. R. messbare und leicht zu erfassende Größen wie Gewicht, Lautstärke oder Beleuchtungsintensität dar. Für psychische Belastungen ist eine rein objektive Erfassung nur bedingt möglich. Sie stellen relationale

Größen dar, die „aus Differenzen zwischen situativen Gegebenheiten am Arbeitsplatz und den Möglichkeiten und/oder Bedürfnissen der Person" resultieren (Bamberg 2000). Psychische Belastungen bilden gemäß DIN EN ISO 10075-1 (2017) die „Gesamtheit aller erfassbaren Einflüsse, die von außen auf den Menschen zukommen und psychisch auf ihn einwirken" (DIN EN ISO 10075-1 2017) und können ihre Ursache in allen Aspekten des Arbeitssystems (s. Abschn. 1.4), also etwa der Arbeitsaufgabe, der Umgebung am Arbeitsplatz, der Arbeitsorganisation oder der Arbeitsmittel haben. Ein zentrales Merkmal psychischer oder mentaler Beanspruchung stellt dabei die kontrollierte Aufnahme und Verarbeitung von Information unterschiedlicher Art und Quelle durch gezielte Lenkung der Aufmerksamkeit dar.

Digitalisierung und eine größere Variantenvielfalt bis hin zur Losgröße Eins sorgen auch im Bereich der manuellen Montage für eine zunehmende Informationsflut, mit der sich der Beschäftigte konfrontiert sieht. Die Leistungserbringung am Arbeitsplatz stellt einen Prozess dar, der fortlaufend verschiedene Bestandteile kognitiver Verarbeitung wie Wahrnehmung, Aufmerksamkeit, Gedächtnis und Denken miteinander verbindet. Generell ist mentale Beanspruchung nicht allein Resultat der Aufnahme von Information, sondern ergibt sich aus dem Zusammenspiel dieser Information mit individuellen Vorerfahrungen und bestehenden Wissensstrukturen, die auch Antizipationen von auftretenden Belastungen und Vorbereitungen von Abwehrreaktionen ermöglichen. Eine Vielzahl von Theorien und Modellen soll dazu dienen, diesen Vorgang nicht nur besser zu verstehen, sondern daraus auch arbeitsplatzgestalterische Maßnahmen ableiten zu können.

Der Prozess der Informationsaufnahme und der anschließenden Entscheidung zu einer spezifischen Handlung wird grob in die Bereiche Wahrnehmung, kognitive Verarbeitung und Aktionsausführung unterteilt. So nehmen Wickens und Hollands (1999) eine Unterteilung in die Phasen oder Bereiche sensorischer Kurzzeitspeicher, Perzeption, Kognition,

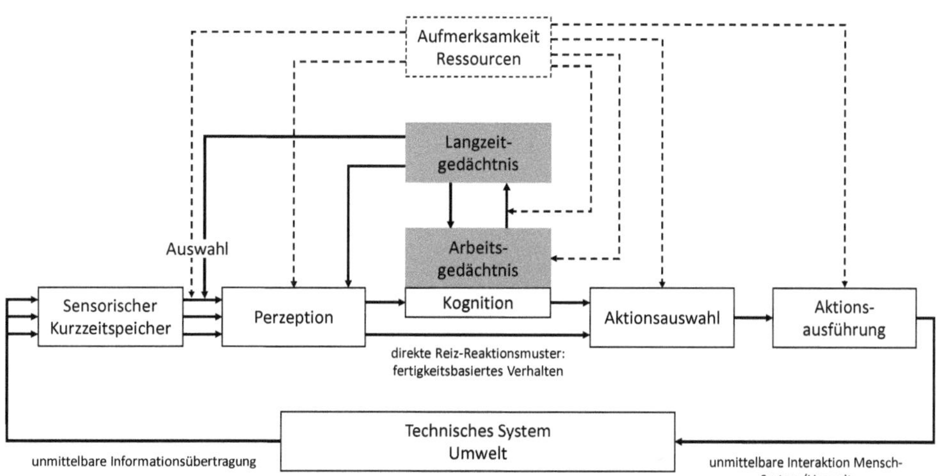

Abb. 4.2 Modell der Informationsverarbeitung (modifiziert nach Wickens und Hollands 1999)

Aktionsauswahl und Aktionsausführung vor (Abb. 4.2). Die Informationsaufnahme erfolgt zunächst diffus und parallel über mehrere Kanäle (z. B. optisch, akustisch oder taktil), bevor es durch gezielte Lenkung von Aufmerksamkeit zu einer Auswahl der für die aktuelle Situation relevanten Merkmale kommt, welche dann bewusst wahrgenommen werden. Dabei kann niemals jeder einzelne gegebene Reiz oder auch jedes einzelne Reizmuster umfänglich bearbeitet werden. In vielen Fällen erfolgt eine fast automatische Reiz-Reaktionsabfolge. Diese Form der Verarbeitung ist weniger ressourcenlastig und kann schneller erfolgen als solche die erst eine Integration von Arbeits- und Langzeitgedächtnis erforderlich machen. Die Aufnahme und Verarbeitung der Reize benötigt dabei je nach Prozessschritt ein unterschiedliches Maß an kapazitativ begrenzter Aufmerksamkeit.

Vertraute Ausgangssituationen und Routinehandeln am Arbeitsplatz benötigen weniger Aufmerksamkeit und Ressourcen als unbekannte Reizkonstellationen, sie gehen gleichzeitig aber auch mit einem Verlust an Wachsamkeit einher, woraus Fehler resultieren können. Wenig vertraute Ausgangssituationen wie sie etwa vorliegen, wenn immer wieder andere Produktvarianten zu montieren sind, erfordern mehr Aufmerksamkeit und kognitive Ressourcen (s. Abschn. 5.3). Kahneman (2012) unterscheidet für diese Fälle zwei unterschiedliche kognitive Systeme. System 1 generiert schnelle, automatische Antworten basierend i. d. R. auf Vorerfahrung oder verschiedenen Heuristiken, die nicht zwingend die richtige Reaktion erzeugen. System 2 hingegen ist langsam, logisch und rational ausgerichtet und kommt immer dann zum Einsatz, wenn System 1 an seine Grenzen gerät. System 1 kommt in der Großserienmontage zum Einsatz. Moderne Mixed-Model-Montagesystemen mit geringen Losgrößen und häufigen Wechseln, also einer hohen Aufgabenkomplexität, erfordern hingegen den verstärkten Einsatz von System 2, was aufgrund des höheren Ressourcenverbrauchs zu einer höheren Beanspruchung und einer schnelleren mentalen Erschöpfung führt. Auch dies kann sich negativ auf die Fehleranzahl auswirken. Im Prozess der Aufnahme und Verarbeitung von relevanter Information gleicht das Arbeitsgedächtnis einem Flaschenhals, der es möglicherweise verhindert, sämtliche für die fehlerfreie Bearbeitung der Aufgabe benötigte Informationen aufzunehmen und zur Weiterverarbeitung freizustellen (Baddeley 2003). Die verfügbaren Verarbeitungsressourcen sind begrenzt. Hohe Anforderungen an das Arbeitsgedächtnis führen folglich zu einer steigenden mentalen Beanspruchung (Chen et al. 2016), die umgangen werden kann, indem z. B. der Umfang von aufzunehmender Information reduziert wird.

Fallstudie: Zu verarbeitende Informationsmenge beim Teilepicking

Anhand eines kurzen Experimentes im Bereich der Materiallogistik konnte gezeigt werden, dass die Menge der zu verarbeitenden Informationen sich nicht nur auf das subjektive Beanspruchungserleben und die wahrgenommene Komplexität negativ auswirken, sondern auch auf Leistungsparameter wie etwa die Picking-Zeiten. Getestet wurden dabei Systeme zur Identifikation von Lagerorten mit mehr oder minder hoher Anzahl von zu verarbeitenden Informationseinheiten. Unterschieden wurden ein 10-stelliger Zahlencode, ein 3-stelliger Zahlencode mit einer zusätzlichen

Farbdifferenzierung der Regalsysteme, ein einstelliger Zahlencode mit zusätzlicher Farb- und Richtungscodierung und ein Pick-by-Picture-System, bei dem die kritische Behälterposition in einem Bild mit allen Regalen und Behältern gezeigt wurde. Wie zu erwarten, wurde der 10-stellige Code als am komplexesten empfunden und verursachte die höchste subjektive mentale Beanspruchung. Die entsprechenden Scores – zum Einsatz kam der NASA Task Load Index – lagen bei durchschnittlich 48 (von 100 Punkten) während sie für die restlichen Verfahren zwischen 25 (3-stellig) und 15 (Pick-by-Picture) lagen. Die durchschnittlichen Picking-Zeiten lieferten eine ähnliche Reihenfolge: 22,1 Sekunden für die 10-stellige Codierung und nur 4,45 Sekunden für Pick-by-Picture. Zwischen der 3-stelligen und der einstelligen Variante konnten keine signifikanten Differenzen festgestellt werden (5,45 vs. 4,9 Sekunden).

Die Informationstheorie geht von der Annahme aus, dass der Neuigkeitsgrad von Informationen eine entscheidende Voraussetzung dafür darstellt, wie hoch die Beanspruchung ausfällt. Basierend auf Prozessen der Wahrscheinlichkeitsrechnung (in Anlehnung an kognitive Bewertungsprozesse des Arbeiters) verfügen wahrscheinlichere und erwartbare Ereignisse über einen geringeren Informationsgehalt im Vergleich zu unwahrscheinlichen und neuen Ereignissen (Schlick et al. 2018). Je seltener, neuartiger und komplexer ein solches Ereignis (z. B. eine zu montierende Baugruppe im Montageprozess) ist, desto höher fällt der damit verbundene Zwang zur willentlichen Informationsaufnahme und die daraus resultierende Beanspruchung aus.

Bei der Analyse eines Informationsverarbeitungsprozesses muss zwischen Informationen differenziert werden,

- die notwendigerweise selbst zur routinierten Durchführung aufgenommen werden müssen,
- die bei neuen Prozessen oder Baugruppen unbedingt zusätzlich benötigt werden,
- die vorliegen, aber nicht benötigt werden.

Dabei geht es nicht nur um die Menge der Informationen, sondern auch um deren Aufarbeitung und Verknüpfung. Durch ein gezieltes Design der Informationsbereitstellung kann der Arbeitsfluss unterstützt werden und können alle relevanten Informationen z. B. hinsichtlich einer Baugruppe sofort aufgenommen und verarbeitet werden (Mattsson und Fast-Berglund 2016). Ein solches Design vermeidet nicht nur Unsicherheiten, sondern auch Fehler, die durch zu viele Auswahlentscheidungen hinsichtlich z. B. Teilen oder Werkzeugen entstehen. Neben Mängeln bei der Bereitstellung von Information (zu viele

Einzelheiten müssen im Arbeitsgedächtnis behalten werden) können gerade auch Mängel hinsichtlich der Entscheidungsfindung (zu viele Alternativen, Unsicherheit, hohe Komplexität der Aufgabe) dazu beitragen, dass Personen am Arbeitsplatz gesteigerte mentale Beanspruchung erleben. Beide Aspekte sollten daher bei jeglicher kognitiver Ergonomie Beachtung finden, etwa indem Routinen soweit es geht ermöglicht werden oder immer gleiche Muster an Information dargeboten werden. Die Verknüpfung von Informationen zu Mustern (sogenannten Chunks) hilft dabei, bei gleicher Beanspruchung mehr Information im Arbeitsgedächtnis zu halten.

Aufnahme und Verarbeitung von Information erfordert Ressourcen, die nicht zentral, sondern in mehreren Pools gesammelt vorliegen. In der Theorie der multiplen Ressourcen erläutert Wickens (2008) diese Annahme und zieht Rückschlüsse auf die daraus resultierenden Beanspruchungen für Beschäftigte. Im sog. 4D-Modell der multiplen Ressourcen unterscheidet Wickens Stufen der Verarbeitung (Wahrnehmung, Verarbeitung und Performanz), sowie Modalitäten der Reizaufnahme (visuell, auditiv, taktil), der Decodierung (räumlich, verbal) und der finalen Umsetzung der Handlung (manuell-räumlich, vokal-verbal). Für die visuelle Verarbeitung wird zudem noch zwischen fokussierter und ambienter Wahrnehmung unterschieden.

Ergonomische Empfehlungen aus Sicht des 4D-Modells

Das 4D-Modell ist darauf ausgelegt, Leistungseinbußen bei mehreren Aufgaben mit zeitlicher Überschneidung vorauszusagen bzw. Performanzverluste durch die Verwendung eines ungewohnten Kanals bei der Präsentation bestimmter Reize zu antizipieren. So können das zeitgleiche Ablesen von Informationen und die Kommunikation mit Kollegen einen Prozess genauso beeinträchtigen, wie die reine verbale Übersetzung einer technischen Zeichnung zur Informationsbeschaffung. Hinsichtlich einer kognitiven Ergonomie gilt es daher, Überschneidungen von Aufgaben, deren Erfüllung dieselben Dimensionen zugrunde liegen, zu vermeiden, sowie bei der Aufgabengestaltung bekannte Gestaltungsmethoden zu berücksichtigen (s. Abschn. 5.3). Somit kann es sinnvoll sein, Warn- oder Achtungshinweise bei vornehmlich visuellen Instruktionen akustisch oder taktil zu unterlegen, um die Aufmerksamkeit gezielt auf diesen Reiz zu lenken. Bei der Auswahl der Darstellungsform von Informationen kann auch gezielt eine andere als die bislang übliche gewählt werden, solange es sich dabei um eine Reizreduktion handelt. Wurden bislang technische Zeichnungen genutzt, um alle Informationen auf einmal zu zeigen, obwohl nur zehn Zahlen benötigt werden, kann durch die Veränderung der Darstellung – weg von der Zeichnung hin zum reinen Text – auch eine Reduktion von Beanspruchung (und Arbeitszeiten) erfolgen.

4.3 Erfassung mentaler Beanspruchung im Feld

Ob Prävention, Prozessoptimierung oder Evaluation von Veränderungen: Die Erfassung mentaler Beanspruchung im Feld kann von vielfältigem Nutzen sein. Dabei kommen verschiedene Verfahren zum Einsatz, die je nach Situation und Ort mehr oder minder geeignet sein können, um die erlebten Beanspruchungen abzubilden. Generell lassen sich diese Verfahren in verschiedene Kategorien einteilen: Subjektive, leistungsbezogene, beobachtende und physiologische Verfahren (Chen et al. 2016). Diese können in beliebiger Kombination eingesetzt und die Vor- und Nachteile der einzelnen oder kombinierter Verfahren genutzt werden. Auch Überschneidungen zwischen Verfahren sind vorhanden. So haben subjektive Verfahren eine Überschneidung mit leistungsbezogenen Maßen und können parallel zu einer Verhaltensbeobachtung erhoben werden. Je weniger Einfluss der Beobachter dabei auf die Erfassungssituation nimmt, desto objektiver sind die Daten und desto mehr Validität kann den Daten zugeschrieben werden. Physiologische Parameter stellen dabei aktuell die wohl objektivsten Indikatoren dar, wobei allerdings zu hinterfragen ist, ob ohne konkrete Beobachtungsdaten Interventionen daraus ableitbar sind.

4.3.1 Subjektive Verfahren

Mittels subjektiver Befragungen kann versucht werden, eine aktuelle Beschreibung der inneren Zustände eines Beschäftigten abzubilden. Verfahren wie der NASA-Task Load Index (Hart 2006) dienen der subjektiven Erfassung von Einschätzungen und der Übertragung auf Analogskalen zur besseren Vergleichbarkeit zwischen Probanden. Das Ausfüllen eines solchen Fragebogens setzt beim Individuum die Fähigkeit voraus, intern ablaufende Prozesse und Zustände zu analysieren und in einen numerischen Wert zu übersetzen. Diese Voraussetzungen sind oftmals nicht erfüllt, der Arbeitsfluss wird durch das Ausfüllen unterbrochen und zusätzliche mentale Beanspruchung kann generiert werden (Chen et al. 2012). Befragungen stellen dabei immer retrospektive Erhebungen dar und bilden nur einen einzelnen Zeitpunkt ab. Kontinuierliche Erfassungen des mentalen Beanspruchungserlebens werden somit unmöglich. Weitere verzerrende Effekte gehen von der subjektiven Berücksichtigung sozialer Erwartungen – man spricht von sozialer Erwünschtheit – aus (King und Bruner 2000). Andere Möglichkeiten der subjektiven Erfassung bieten Interviewverfahren, Methoden des lauten Denkens bei der Arbeit und andere ausgeklügelte Befragungstechniken. Sie alle zeichnet ein hoher interaktiver Charakter aus und damit einhergehend eine Verschiebung der Aufmerksamkeit vom eigentlichen Gegenstand auf die Befragungssituation oder die Interviewer.

4.3.2 Beobachtungsverfahren

Beobachtungsstudien durch Experten sind vor allem dazu geeignet, Aussagen über physische Beanspruchungen zu spezifischen Zeitpunkten zu treffen. So werden – auch in vielen formellen Überprüfungen vor Ort – Fehlhaltungen, hohe muskuläre Anstrengungen, schädigende Gelenkwinkel und andere äußerlich wahrnehmbare Merkmale erfasst und in bestehenden Kategorisierungssystemen verzeichnet (s. Abschn. 5.2). Somit wird eine objektiv vergleichbare und kontinuierliche Erfassung über den gesamten Arbeitsprozess ermöglicht. Mittels spezifischer Sensor- oder Kamerasysteme können auf der Basis digitaler Mensch-Modelle digitale Abbildungen des physischen Beanspruchungserlebens erstellt werden (Peters et al. 2019). Dies erleichtert die Ableitung klassisch-ergonomischer Verbesserungspotenziale.

Für die Erfassung mentaler Beanspruchungen und internal ablaufender Prozesse der Informationsverarbeitung und Entscheidungsfindung sind solche Verfahren jedoch weniger geeignet. In Verfahren wie dem Methods-Time Measurement für die Einzel- und Kleinserienfertigung (MTM-MEK) werden zwar z. B. Auswahlentscheidungen in Montageprozessen über zusätzliche Zeitmaße berücksichtigt, über die zugrunde liegenden mentalen Vorgänge können jedoch nur Vermutungen angestellt werden (Bokranz und Landau 2012). In Kombination mit Techniken des lauten Denkens könnte es möglich sein, auch mittels einer erweiterten Beobachtungsstudie Rückschlüsse auf die mentale Beanspruchung zu ziehen. Dies setzt allerdings voraus, dass solche Beschreibungen minimale Validitätskriterien erfüllen, wobei zusätzlich zu beachten ist, dass solche beschreibenden Tätigkeiten seitens des Werkers als eine Art Nebentätigkeit (dual-task) selbst wiederum beanspruchend sind. Aus solchen Beobachtungsstudien lassen sich auch objektive Indizes der Leistungserbringung ableiten, so z. B. Bauzeiten, Fehleranzahlen oder Fehlgriffe, aus denen dann erneut auf mentale Beanspruchungen geschlossen wird. Ein solcher Schluss erfordert bei hoher intra- und interindividueller Varianz jedoch wiederholte Messungen an einer hinreichend großen Stichprobe. Ohne solche wiederholten Messungen lassen sich die Annahmen nicht endgültig bestätigen.

4.3.3 Physiologische Messungen

Eine Möglichkeit zur objektiven Erfassung mentaler Beanspruchung des Beschäftigten besteht in der Ableitung physiologischer Maße, um daraus Rückschlüsse auf interne Prozesse ziehen zu können. Durch miniaturisierte Sensortechnik und auch die wachsenden Möglichkeiten, diese in die Arbeitskleidung zu integrieren (sog. Wearables), bieten sich etablierte Verfahren wie die Elektrokardiografie, Elektroenzephalografie, Eye Tracking und weitere Verfahren dazu an, in Echtzeit physiologische Korrelate mentaler Beanspruchung zu erfassen und auszuwerten. Grundlage für die Möglichkeit zur objektiven Erfassung sind je nach Beanspruchungslage z. B. schwankende elektrophysiologische Aktivierungen in bestimmten Arealen des zentralen Nervensystems oder des sympathischen und parasympathischen Anteils des autonomen Nervensystems. Mit steigender mentaler Beanspruchung erfolgen im letzten Fall stärkere sympathische und schwächere parasympathische Aktivierungen, was in Kombination zu einer erhöhten Energiebereitstellung beiträgt und verschiedene interne Veränderungen bewirkt. Diese können erfasst und gemessen werden. Parallel dazu führen Situationen mit geringer mentaler Anforderung für ein Absinken sympathischer und einen Anstieg parasympathischer Anteile.

4.3.3.1 Elektrokardiografie

Der Einsatz eines Elektrokardiogramms (EKG) gibt Einblick in die elektrische Erregungsausbreitung der Herzmuskelzellen und damit in die Funktionsweise des Herzens. Die eingesetzten Technologien reichen über alle Arten von Wearables, die über Pulsoxymetrie die Pulsfrequenz oder mittels integrierter Elektroden die Herzschlagfrequenz erfassen, bis hin zu klinisch-zertifizierten Messgeräten wie Holter-EKG-Systemen. Zwar gilt für den Einsatz im Feld der Grundsatz: Je weniger invasiv, desto besser und desto höher die Akzeptanz seitens des Mitarbeiters, allerdings muss hier zum Teil zwischen erforderlicher Datenqualität und Praktikabilität abgewogen werden. Pulsoxymetrie am Handgelenk oder im Ohr erzielt bei steigender Bewegungsintensität nicht immer die gewünschte Präzision (Georgiou et al. 2018). Von zentraler Relevanz für die mentale Beanspruchungsmessung ist nur der prominenteste Ausschlag eines kardiologischen Zyklus, die sog. R-Zacke, die den eigentlichen Herzschlag repräsentiert. Die R-Zacke markiert dabei den Zeitpunkt der gemeinsamen maximalen Kontraktion einer großen Menge von Herzmuskelzellen. Diese Kontraktion wird zur Bestimmung von Herzfrequenz (HR) und Herzfrequenzvariabilität (HRV) benötigt. Während die Herzfrequenz die Anzahl der R-Zacken über einen definierten Zeitraum erfasst, handelt es sich bei der HRV um einen Sammelbegriff für verschiedene Indikatoren, die durch mathematische Verrechnungen Auskunft über die Beziehung der Abstände zwischen aufeinanderfolgenden R-Zacken beschreiben. Durch diese Verrechnungen können im zeit- und frequenzbasierten Raum unterschiedliche Indikatoren gebildet werden, die Unterschiede in der mentalen Beanspruchung quantifizierbar machen (Sammito et al. 2015).

Quantified Self und Beanspruchungsmessung im Feld

Mit dem vermehrten Aufkommen von Fitness-Trackern, Smart-Watches und ähnlichen Geräten zur Vermessung des eignen Körpers steigt bei vielen Personen auch das Interesse an genau solchen Daten. Täglich absolvierte Schritte, Puls in Ruhe oder verbrannte Kalorien im Arbeitstag werden gesammelt und über die eigene Analyse dieser Daten Rückschlüsse auf die Gesundheit gezogen. Für Beanspruchungsmessungen im Feld werden aktuell bereits mit steigender Tendenz Instrumente aus dem Endverbraucher-Markt eingesetzt (Guzik und Malik 2016; Kauper und Merkel 2018). Die verbreitete Nutzung solcher Geräte führt zu einer hohen Akzeptanz des Mitarbeiters. Die Entscheidung über den Einsatz eines solchen Instruments etwa bei der Gefährdungsanalyse sollte jedoch immer auch vor dem Hintergrund eventueller Einbußen hinsichtlich der Datenqualität und des Zugriffs auf die Rohdaten getroffen werden.

4.3.3.2 Eye Tracking

Während eine Veränderung der Beanspruchungssituation am Herzen mit einer Verzögerung oder Latenz von mehreren Sekunden erfassbar wird, reagiert das menschliche Auge wesentlich schneller. Kahneman (2012) bezeichnet die Pupille als das Fenster zur Seele, es ist aber davor zunächst einmal ein Fenster, das einen Einblick in die mentale Anstrengung einer Person ermöglicht. Die Ausdehnung der Pupille ist dabei nicht nur von der Beleuchtung der Umgebung oder der Entfernung zu fixierender Objekte abhängig, sondern auch vom aktuellen kognitiven und emotionalen Erleben der Person (Mathôt 2018). Mit steigendem Erregungsniveau dehnt sich die Pupille aus. Die neurophysiologische Grundlage für diese Dilatation wird in Aktivitäten des Locus Coeruleus vermutet (Laeng et al. 2012). Diese Neuronengruppe ist Teil des noradrenergen Systems und steht in direktem Zusammenhang mit gesteigerter Wachheit, Wachsamkeit und neuronaler Erregung. Bei konstanten Lichtverhältnissen können Veränderungen der Pupillenausdehung in weniger als einer Sekunde die Beanspruchungsveränderungen erfassbar machen (Marquart und de Winter 2015).

Neben der Dilatation der Pupille können noch weitere blickbezogene Daten bei der Erfassung mentaler Beanspruchung von Bedeutung sein. Die visuelle Informationsaufnahme des Menschen setzt sich aus einer Abfolge von Fixationen und sprunghaften Bewegungen des Auges, den sog. Sakkaden, zusammen. Unterbrochen werden diese Abfolgen durch in unregelmäßigen Abständen auftretendes Blinzeln. Blinzeldauer und -frequenz

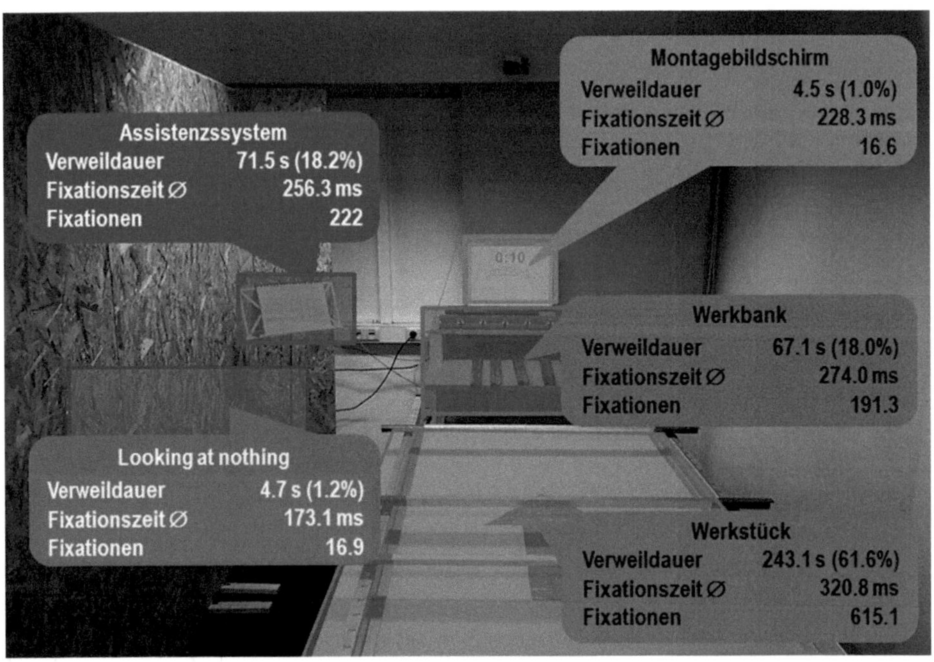

Abb. 4.3 Area of Interest-Analyse zur Nutzung eines Assistenzsystems bei der Montage

stehen dabei nicht nur im Zusammenhang mit Ermüdung (Marandi et al. 2018), sondern können auch ein Zeichen für gesteigerte Konzentration bei der Informationsaufnahme und damit die mentale Beanspruchung sein. Fixationsdauern nehmen dabei in der Regel ebenfalls zu, können jedoch in Abhängigkeit von Stress auslösenden Reizen situations- und objektspezifisch auch verkürzt werden. Stressinduzierende Objekte werden dabei in stressigeren Situationen kürzer und nicht länger fixiert (Herten et al. 2017). Für die Analyse von Blickbewegungsdaten in komplexen Situationen wie der manuellen Montage gilt es dies zu berücksichtigen. Für Sakkaden existieren unterschiedliche Parameter, für die ein direkter Zusammenhang zu mentaler Beanspruchung angenommen wird, z. B. die räumliche Erstreckung (May et al. 1990), die sog. Saccadic Peak Velocity, die zeitliche Zusammenhänge aufdeckt (Di Stasi et al. 2010) oder sakkadische Intrusionen, die unwillkürliche Unterbrechungen von Fixationen bezeichnen (Tokuda et al. 2011). Die Integration von Eye Tracking Hardware in mobile Brillenlösungen ermöglicht die Erfassung all dieser Parameter auch im Feld (Di Nocera et al. 2016).

Über Analysen der Bewegungen des Auges hinaus besteht auch die Möglichkeit zur Analyse der fixierten Objekte. Mit solchen Areas of Interest-Analysen können neben Verteilungen und Verweilzeiten auch objektspezifische Aussagen getroffen werden. Auf diese Weise können Arbeitsprozesse besser analysiert und das Blickverhalten visualisiert werden. Abb. 4.3 zeigt die Verteilung von Blickzeiten in einem Laborexperiment zum Einsatz von Assistenzsystemen in der manuellen Montage. Das Assistenzsystem selbst wurde dabei im Schnitt 71,5 Sekunden genutzt, was einem Anteil von 18 % entspricht. Der Hauptfokus lag auf dem eigentlichen Werkstück (62 %) sowie auf den für die Montage benötigten Komponenten (18 %).

4.3.3.3 Elektroenzephalografie

Die Messung von Hirnströmen mittels Elektroenzephalografie (EEG) zählt zu den meistgenutzten Verfahren der kognitiven Neurowissenschaften und wird in der Regel mit 19 bis 256 Elektroden durchgeführt (Jäncke 2017). Aufgezeichnet werden damit elektrische Potenzialänderungen, die durch die Aktivität von Nervenzellen im Gehirn entstehen. Durch das gezielte Platzieren von Elektroden können Aktivitäten unterschiedlicher Hirnregionen erfasst werden. Infolge der hohen zeitlichen Auflösung lassen sich auch sog. ereigniskorrelierte Potenziale (EKP) aufzeichnen, welche Rückschlüsse auf die Auswirkung der Konfrontation mit einzelnen Ereignisreizen, also z. B. dem Suchen eines Bauteiles, ermöglichen. Zur Analyse solcher ereigniskorrelierten Potenziale wird jedoch eine hohe Anzahl von Reizwiederholungen benötigt, da mit steigender Anzahl von Wiederholungen der Einfluss des Rauschens (nichtaufgabenbezogene (Grund-)Erregung des Gehirns) auf das Gesamtergebnis abnimmt. In komplexeren realen Situationen wie der manuellen Montage kann dieses Verfahren meist jedoch nicht angewandt werden. Als alternative Verfahren werden stattdessen amplituden- und vor allem frequenzbasierte Analysen genutzt, in denen das erfasste Signal in seine Frequenz-Bestandteile zerlegt wird. Diese lassen sich grob in ein Delta- (0.5–4 Hz), Theta- (4–8 Hz), Alpha- (8–13 Hz) und Beta-Frequenzband (13–30 Hz) unterteilen. Für diese Frequenzbereiche wurden unterschiedliche, z. T. regionsspezifische Zusammenhänge mit verschiedenen kognitiven Funktionen ermittelt (Parasuraman und Rizzo 2008). Für die Erfassung mentaler Beanspruchung interessante Hirnbereiche liegen sowohl in frontalen, temporalen, parietalen als auch okzipitalen Partien oder Lappen. Somit muss die Elektrodenanzahl und -platzierung je nach Fragestellung gezielt ausgewählt werden (Kumar und Kumar 2016). Verstärkte Aufmerksamkeit äußert sich in gesteigerter Aktivität im Delta-Band, wohingegen Aktivität im Theta-Band Schwankungen der Aufgabenschwierigkeit und zunehmende Beanspruchung des Arbeitsgedächtnisses zum Ausdruck bringt. Aktivitäten im Theta- und Alpha-Band scheinen bei der Verarbeitung neuer Information abzunehmen (Schlick et al. 2018).

fNIRS und mobile MEG – die Liveübertragung des arbeitenden Gehirns?
„The brain at work" wird gerne als plakativer Ausspruch der Neuroergonomie genutzt (Parasuraman 2003) und dennoch ist über die eigentliche Arbeitsweise des Hirns bei realen Tätigkeiten wenig bekannt. Moderne bildgebende Verfahren wie die funktionelle Nahinfrarotspektroskopie (fNIRS) (Li et al. 2019) oder mobile Magnetenzephalografie (MEG) Scanner (Boto et al. 2018) könnten vielleicht schon bald einen tatsächlichen Einblick in Prozesse der Informationsverarbeitung und Reaktionsentstehung bei arbeitenden Personen verschaffen. Beide Verfahren ermöglichen es, Unterschiede in der Versorgung mit sauerstoffreichem Blut über verschiedene Areale des Gehirns aufzuzeigen. Sie haben gegenüber dem EEG den großen Vorteil einer hohen räumlichen Auflösung, was die gezieltere Identifikation spezifischer beteiligter Hirnareale ermöglicht, allerdings lässt die zeitliche Auflösung noch zu wünschen übrig. Aktuell ist die Praktikabilität der Messinstrumente noch eingeschränkt, jedoch wird durch ihren Einsatz generell die Hoffnung genährt, Genaueres über die Konnektivität verschiedener Hirnbereiche bei der Lösung konkreter arbeitsbezogener Aufgaben zu erfahren.

4.3.3.4 Grenzen der physiologischen Messung

Objektive physiologische Methoden haben ihre unverkennbaren Vorteile, aber auch ihre Grenzen. Eine zentrale Beschränkung liegt in der unzureichenden Differenzierung von körperlicher und mentaler Aktivität, insbesondere dann, wenn beide Aktivitäten z. B. an einem Montagearbeitsplatz gleichzeitig erfolgen (Mehta und Parasuraman 2013). Die Extraktion der durch mentale oder körperliche Aktivität verursachten Anteile physiologischer Erregung gestaltet sich als enorm schwierig. Betrachtet man beispielsweise die HR und HRV, so erfolgt sowohl bei körperlicher als auch bei mentaler Beanspruchung eine verstärkte ergotrope, energiebereitstellende Aktivierung des Sympathikus, der die HR steigen und die meisten HRV Indikatoren sinken lässt. Die Bestimmung der separierten mentalen und muskulären Erregungsvorgänge und Energieverbräuche gelingt kaum, noch weniger gelingt es, einzelnen Erregungsvorgängen spezifische Ressourcenverbräuche zuzuordnen. Das Gegenteil ist meist der Fall, wenn sich eindeutige Maskierungseffekte der körperlichen Beanspruchung über die mentale Beanspruchung zeigen (Fredericks et al. 2005).

Die einzelnen vorgestellten Maße sind mit Erfassungs- und Interpretationsschwierigkeiten behaftet. In der Kombination verschiedener physiologischer Maße zu einem umfassenden Maß für mentale Beanspruchung könnte eine Möglichkeit zu höherer Genauigkeit liegen (Chen et al. 2016). Das gezielte Verbinden unterschiedlicher Ansätze wie EKG, EEG, Eye Tracking und EDA (Elektrodermale Aktivität als Maß der Hautleitfähigkeit) kann dann unter Umständen dazu beitragen, einen sensitiveren Parameter zu erhalten, der die Schwächen einzelner Indikatoren überspielt. Ferner könnte die Gestaltung eines solchen Parameters darauf hinauslaufen, die einzelnen Maße zu gewichten und in einem Gesamtwert der mentalen Beanspruchung zusammenzuführen, was bedeuten könnte, z. B. in Phasen hoher körperlicher Aktivität den HR- und HRV-Indikatoren einen geringeren Einfluss zuzuschreiben und darüber die Validität der mentalen Beanspruchungsmessung zu steigern (Bläsing und Bornewasser 2019). Bei der Bestimmung eines solchen globalen Beanspruchungsparameters ist die Berücksichtigung der Latenzzeit der zu verrechnenden Parameter entscheidend. So reagiert die Pupille im Millisekunden-Bereich, während die Herzfrequenz eine Verzögerung im zweistelligen Sekundenbereich aufweist

Weitere Forschungsarbeit ist somit notwendig, um die exakte Berechnung eines solchen Parameters unter Beachtung des Alignments und der Gewichtung der unterschiedlichen Indikatoren durchzuführen. Weiterhin gilt es zu klären, inwieweit es möglich ist, einen solchen Indikator mentaler Beanspruchung auf der Basis von Echtzeitmessungen unter Einsatz maschinellen Lernens zu nutzen, um automatisch Empfehlungen im Sinne von mitarbeiterspezifischen Hinweisen, Warnmeldungen oder Instruktionen ableiten und erteilen zu können. Auf diese Weise könnte langfristig auch eine beanspruchungsorientierte Prozessoptimierung vorgenommen werden. Vorauszusetzen ist dabei allerding, dass die mentale Beanspruchung exakt bestimmbar ist und z. B. angesichts von natürlichen Schwankungen die Dauer einer Überschreitung von definierten Grenzen festgelegt ist. Kurzfristige, isolierte Überschreitungen können keinen Anlass zu Veränderungen der Prozessabläufe geben, wiederholte Überschreitungen oder gar dauerhafte Plateaus jenseits der definierten Grenze sehr wohl (Hoover et al. 2012).

4.4 Definition objektiver Beanspruchungsgrenzen und deren Erfassung

Die benötigten Anforderungen, wie das Lesen und Erfassen von Informationen sowie deren motorische Umsetzung mögen zwar objektiv dieselben sein, die Zeit der Umsetzung, Reihenfolge der Umsetzung und Vorerfahrung variiert jedoch stark von Individuum zu Individuum und sorgen für unterschiedliche messbare Reaktionen. Durch die Möglichkeit der Erfassung objektiver physiologischer Daten in Echtzeit besteht die Chance, Beanspruchung nicht als etwas punktuell Vorhandenes zu interpretieren, sondern einen zeitlichen Verlauf aufzuzeigen. Nicht jeder einzelne Teilprozess beansprucht den Beschäftigten in

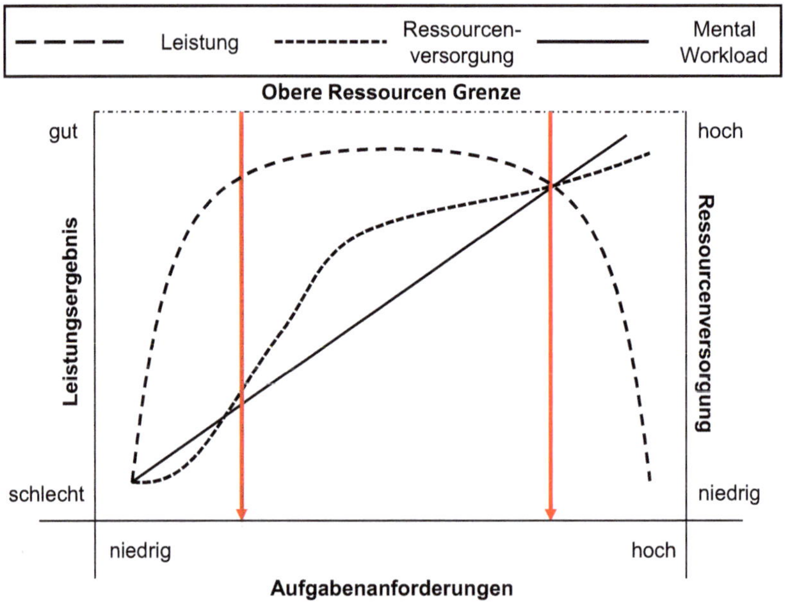

Abb. 4.4 Red-Lines-Modell nach Young et al. (2015)

gleicher Art und Weise. Routineabläufe und informatorisch anspruchsvollere Abschnitte wechseln sich in nicht vorhersehbarer Weise ab und erzeugen dadurch kontinuierliche Schwankungen der mentalen Beanspruchung.

Zwischen Beanspruchung und Leistung wird dabei ein umgekehrt proportionaler Zusammenhang angenommen. Sowohl Bereiche in denen subjektiv zu wenig Beanspruchung (Unterforderung) als auch zu viel Beanspruchung (Überforderung) vorliegen, wirken sich negativ auf die zu erbringende Leistung aus. Eine mittlere Beanspruchung über einen breiteren Korridor hinweg erweist sich als förderlich für die Erbringung guter Leistung. Gleichgültig ob für rein mentale Beanspruchung (Johannsen 1993) oder Kombinationen von mentaler und physischer Beanspruchung (Hancock und Warm 1989), gehen die meisten Modelle davon aus, dass zwischen Unter- und Überforderung ein breiter komfortabler Variations- und Anpassungsbereich gegeben ist, in dem die Leistungserbringung positiv ausfällt, weil Anforderungen und Angebot an Ressourcen in einem weithin günstigen Verhältnis stehen. Im sog. Red-Lines-Modell nach Young et al. (2015) wird ein symmetrischer Verlauf der Leistung postuliert, mit einer Schwerpunktlegung auf den Anstieg der Ressourcenversorgung bis zu dem Zeitpunkt, an dem die Anforderungen das Angebot an Versorgung übersteigt (Abb. 4.4). Dieser Schnittpunkt wird als Überbeanspruchung definiert. Denkbar wäre es auch, den mittleren Bereich noch weiter zu differenzieren, etwa in eine mittlere Komfort- und zwei angrenzende Anpassungszonen, die dann durch die Red-Lines begrenzt werden (Hancock und Warm 1989). Unter- und Überforderung müssen sich dabei nicht gleichermaßen negativ auf die gezeigte Leistung auswirken. Im Modell nach Johannsen ist im Bereich der Unterforderung ein linearer Anstieg der Leistung zu

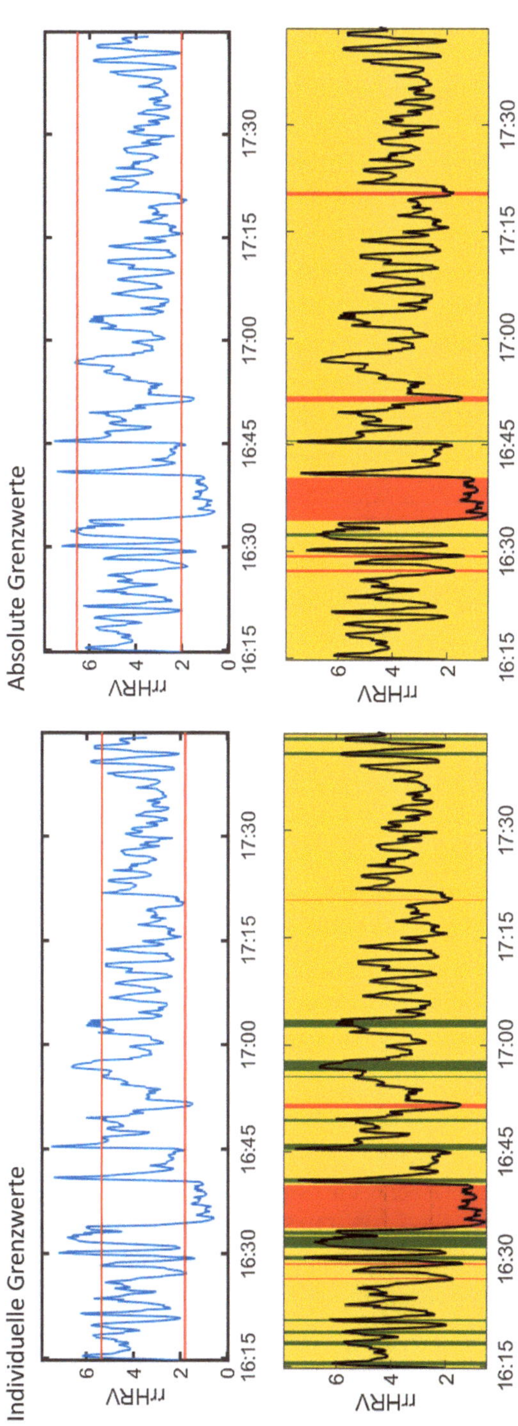

Abb. 4.5 Alternativverfahren zur Bestimmung von Beanspruchungsgrenzen

verzeichnen (in Richtung der Zone der optimalen Leistungserbringung), wohingegen im Bereich der Überforderung das Leistungsniveau noch kurzfristig aufrechterhalten werden kann und es dann zu einem schlagartigen, starken Absinken der Leistung kommt (Johannsen 1993).

Messbare Überschreitungen solcher Grenzen können zum Anlass genommen werden, um in bestehende Prozesse einzugreifen und humanorientierte Änderungen des Ablaufs zu initiieren. Entscheidend für die Ableitung von geeigneten Maßnahmen könnten folglich Überschreitungshäufigkeiten, zeitliche Abstände von kurzfristigen Peaks oder lang anhaltenden Plateaus sowie Profilverläufe sein. Neben der hohen intra- und interindividuellen Variabilität der Erfahrung, Kompetenzen, des Engagements aber auch der zur Verfügung stehenden Ressourcen, sowie fehlender Möglichkeiten zur kompletten Objektivierung der vorliegenden mentalen Belastungen gestaltet sich eine solche Grenzziehung in der Praxis jedoch schwierig bis unmöglich. Neben der Festlegung starrer Ober- und Untergrenzen, was die objektive Erfassung der tatsächlich benötigen Aufmerksamkeitsressourcen voraussetzen würde (Brookhuis und de Waard 2010), besteht die Möglichkeit der Bestimmung der individuellen maximalen Leistungsfähigkeit und die Ableitung von z. B. prozentuellen Grenzwerten. Beide Verfahren haben ihre Vor- und Nachteile und würden sich unterschiedlich auf die abzuleitenden ergonomischen Maßnahmen auswirken. Abb. 4.5 zeigt den Einfluss von unterschiedlich gewählten Grenzwerten am Beispiel des HRV Indikators rrHRV (Vollmer 2015). Werden die Grenzwerte anhand individueller Schwankungen bestimmt, so werden über den gezeigten Zeitraum neben einer Phase der Überforderung auch Phasen der Unterforderung aufgezeigt. Nimmt man absolute Grenzwerte zur Grundlage, fallen diese Werte aus der Analyse heraus und der Mitarbeiter wäre immer entweder im Normalbereich (gelb) oder in Phasen der Überforderung unterwegs.

Eine direkte Übertragung solcher Modelle auf die Praxis erweist sich angesichts der aufgezeigten Schwierigkeiten als fragwürdig. Die Bestimmung oder Festlegung von absoluten Grenzwerten, dürfte kaum möglich sein. Vergleichbar kritisch dürfte es sein, für jedes Individuum eine Schwelle zur Überforderung zu bestimmen. Auch die über Zeit- oder Fehlerindikatoren gemessene Leistungserbringung stellt dafür keinen validen Indikator dar, da sie neben der aufgabenbedingten Beanspruchung auch durch Faktoren wie Motivation, Engagement oder auch Commitment beeinflusst sein kann (Schlick et al. 2018). Physiologische Messungen bieten hier nur die Chance, auf der Basis z. B. einer hohen Herzfrequenz gesundheitspräventive Maßnahmen zu empfehlen oder auch einzuleiten. So existieren beispielsweise in der Arbeitsmedizin normativ festgesetzte Indikatoren für körperliche Arbeiten, etwa die Dauerleistungsgrenze für die Herzfrequenz bei dynamischer körperlicher Belastung (zwischen 105–110 S/min für die Dauer einer kompletten Arbeitsschicht von acht Stunden, alternativ 30–35 Schläge über dem Ruhepuls, Scheuch 2014). Ein vergleichbarer Standard könnte für mentale Beanspruchungen entwickelt werden.

Reduktion von mentaler Beanspruchung durch den Einsatz von Assistenzsystemen?
Neben Ablaufveränderungen bietet auch der Einsatz informatorischer Assistenzsysteme Potenzial zur Reduktion mentaler Beanspruchung. Der Einsatz solcher Systeme sollte dabei immer zielgerichtet und zweckgebunden erfolgen, um keine zusätzliche Quelle für Beanspruchungen darzustellen. Eine Reduktion mentaler Beanspruchung kann durch eine Neuportionierung der Information, die Erleichterung von Entscheidungsvorgängen oder ein direktes Qualitäts-Feedback zur Arbeit erreicht werden. Durch die Integration physiologischer Messungen in ein Assistenzsystem und die Berücksichtigung von Grenzwerten könnte eine bedarfsgerechte Steuerung der Informationsdarstellung gewährleistet werden. Noch bevor es zu einem Fehler kommt, könnten verschiedene Indikatoren für mentale Beanspruchung anschlagen und ein intelligenter Algorithmus dem Assistenzsystem übermitteln, die Informationen im Folgenden kleinschrittiger darzustellen oder bestimmte Prozessschritte zusätzlich bestätigen zu lassen (Bläsing und Bornewasser 2019).

4.5 Hinweise für die betriebliche Praxis

Körperliche Beanspruchungen gelten auch in der Praxis als relativ einfach zu erfassen, wohingegen sich mentale Beanspruchungen solchen Betrachtungsmöglichkeiten meist entziehen. Für die Erfassung der körperlichen Beanspruchung gibt es bereits viele gute Instrumente, die neuerdings sogar über Videoaufnahmen von Bewegungsabläufen in Verbindung mit digitalen Menschmodellen Auskünfte über die körperlichen Beanspruchungen geben können, grenzüberschreitende Gefährdungen ausweisen und dabei helfen, schützende Maßnahmen einzuleiten. Im Bereich der mentalen Beanspruchungen zeigt sich aktuell noch ein gänzlich anderes Bild. Trotz deutlich verbesserter Messtechnik bestehen Zweifel, ob kognitive Beanspruchungen und vor allem schädigende Überschreitungen von Grenzen sicher zu erfassen sind. Die Hoffnung, die Lage durch Kombinationen von Messverfahren deutlich zu verbessern, ist trügerisch, zumal dies eine deutliche Steigerung des ökonomischen Aufwands bedeuten würde. Dieses Ansinnen dürfte in der Praxis auf wenig Gegenliebe stoßen.

Mentale Beanspruchungen prägen jegliche Form der Arbeit, umso wünschenswerter wäre es, auch hier Grenzen der Beanspruchbarkeit zu bestimmen und entsprechende Normen zu formulieren, die maximale oder minimale Beanspruchungen am Arbeitsplatz festlegen. Diese Bestrebungen gilt es zu verstärken. Vorerst wird man sich damit begnügen müssen, objektiv durch die Bestimmung des Schwierigkeitsgrades einer Aufgabe oder die Feststellung des Grads der Komplexität etwa bei der variantenreichen Montage auf mentale Beanspruchungen zu schließen. Ein bestimmtes Ausmaß an Entropie (s. Kap. 3) könnte dann als eine objektiv bestimmbare Belastungsgrenze festgesetzt werden, die nicht überschritten werden sollte. Dazu passende ergonomische Maßnahmen könnten darin liegen, die Vielfalt zu begrenzen, Instruktionen zu verbessern oder optimal in Arbeitsprozesse integrierte Assistenzsysteme einzusetzen.

Vergleichende Untersuchungen unter Einsatz physiologischer Verfahren führen zwar noch nicht dazu, exakt den Grad der mentalen oder der Kombination von mentaler und körperlicher Beanspruchung zu ermitteln, geben aber zu erkennen, welche Maßnahmen zu mehr oder weniger Akzeptanz, Fehlern, Zeitverlusten und gesundheitlichen Beeinträchtigungen führen. Auch hieraus lassen sich hilfreiche ergonomische Maßnahmen ableiten. Neben einsatztechnischen Hindernissen wie der Verfügbarkeit geeigneter Messinstrumente und Algorithmen zur Auswertung der anfallenden Daten sind dabei auch die Themen Transparenz und Datenschutz bei der Messung von Bedeutung. Insbesondere Ängste und Befürchtungen der Mitarbeiter sollten hinreichend beachtet werden.

Literatur

Baddeley A (2003) Working memory: looking back and looking forward. Nat Rev Neurosci 4(10):829–839. https://doi.org/10.1038/nrn1201

Bakker AB, Demerouti E (2017) Job demands–resources theory: taking stock and looking forward. J Occup Health Psychol 22(3):273–285. https://doi.org/10.1037/ocp0000056

Bamberg E (2000) Psychische Belastungen: Begriffe und Konzepte. In: Badura B, Litsch M, Vetter C (Hrsg) Fehlzeiten-Report 1999, Springer, Berlin, Heidelberg, S 45–57. https://doi.org/10.1007/978-3-642-57161-9_3

Bläsing D, Bornewasser M (2019) A strain based model for adaptive regulation of cognitive assistance systems – theoretical framework and practical limitations. In: Karwowski W, Ahram T (Hrsg) Intelligent human systems integration 2019, Bd 903. Springer International Publishing, Cham, S 10–16. https://doi.org/10.1007/978-3-030-11051-2_2

Böckelmann I, Seibt R (2011) Methoden zur Indikation vorwiegend psychischer Berufsbelastung und Beanspruchung – Möglichkeiten für die betriebliche Praxis. Zeitschrift für Arbeitswissenschaft 65(3):205–222. https://doi.org/10.1007/BF03373839

Bokranz R, Landau K (2012) Handbuch Industrial Engineering: Produktivitätsmanagement mit MTM. Band 1: Konzept, 2., überarb. und erw. Aufl. Schäffer-Poeschel, Stuttgart

Bornewasser M, Wegge J (2018) Moderne Stressdiagnostik am Arbeitsplatz – theoretische und methodische Fortschritte. Wirtschaftspsychologie 20(1):3–11

Boto E, Holmes N, Leggett J, Roberts G, Shah V, Meyer SS, Muñoz LD, Mullinger KJ, Tierney TM, Bestmann S, Barnes GR, Bowtell R, Brookes MJ (2018) Moving magnetoencephalography towards real-world applications with a wearable system. Nature 555(7698):657–661. https://doi.org/10.1038/nature26147

Brookhuis KA, de Waard D (2010) Monitoring drivers' mental workload in driving simulators using physiological measures. Accid Anal Prev 42(3):898–903. https://doi.org/10.1016/j.aap.2009.06.001

Chen F, Ruiz N, Choi E, Epps J, Khawaja MA, Taib R, Yin B, Wang Y (2012) Multimodal behavior and interaction as indicators of cognitive load. ACM Trans Interact Intell Syst 2(4):1–36. https://doi.org/10.1145/2395123.2395127

Chen F, Zhou J, Wang Y, Yu K, Arshad SZ, Khawaji A, Conway D (2016) Robust multimodal cognitive load measurement. Springer International Publishing, Cham. https://doi.org/10.1007/978-3-319-31700-7

Di Nocera F, Mastrangelo S, Colonna SP, Steinhage A, Baldauf M, Kataria A (2016) Mental workload assessment using eye-tracking glasses in a simulated maritime scenario. In: de Waard D, Brookhuis KA, Toffetti A, Stuiver A, Weikert C, Coelho D, Manzey D, Ünal AB, Röttger S, Merat N (Hrsg) Proceedings of the human factors and ergonomics society Europe chapter 2015 annual conference. ISSN 2333-4959 (online). Available from http://hfeseurope.org

Di Stasi LL, Renner R, Staehr P, Helmert JR, Velichkovsky BM, Cañas JJ, Catena A, Pannasch S (2010) Saccadic peak velocity sensitivity to variations in mental workload. Aviat Space Environ Med 81(4):413–417. https://doi.org/10.3357/ASEM.2579.2010

Fredericks TK, Choi SD, Hart J, Butt SE, Mital A (2005) An investigation of myocardial aerobic capacity as a measure of both physical and cognitive workloads. Int J Ind Ergon 35(12):1097–1107. https://doi.org/10.1016/j.ergon.2005.06.002

Georgiou K, Larentzakis AV, Khamis NN, Alsuhaibani GI, Alaska YA, Giallafos EJ (2018) Can wearable devices accurately measure heart rate variability? A systematic review. Folia Medica 60(1). https://doi.org/10.2478/folmed-2018-0012

Guzik P, Malik M (2016) ECG by mobile technologies. J Electrocardiol 49(6):894–901. https://doi.org/10.1016/j.jelectrocard.2016.07.030

Hacker W (2009) Arbeitsgegenstand Mensch: Psychologie dialogisch-interaktiver Erwerbsarbeit: ein Lehrbuch. Pabst Science Publishers, Lengerich

Hancock PA, Warm JS (1989) A dynamic model of stress and sustained attention. J Human Perform Extreme Environ 7(1). https://doi.org/10.7771/2327-2937.1024

Hart SG (2006) Nasa-Task load index (NASA-TLX); 20 years later. Proc Hum Factors Ergon Soc Annu Meet 50(9):904–908. https://doi.org/10.1177/154193120605000909

Herten N, Otto T, Wolf OT (2017) The role of eye fixation in memory enhancement under stress – an eye tracking study. Neurobiol Learn Mem 140:134–144. https://doi.org/10.1016/j.nlm.2017.02.016

Hoover A, Singh A, Fishel-Brown S, Muth E (2012) Real-time detection of workload changes using heart rate variability. Biomed Signal Process Control 7(4):333–341. https://doi.org/10.1016/j.bspc.2011.07.004

Jäncke L (2017) Lehrbuch kognitive Neurowissenschaften, 2., überarbeitete Aufl. Hogrefe, Bern

Johannsen G (1993) Mensch-Maschine-Systeme. Springer, Berlin, Heidelberg

Kahneman D (2012) Thinking, fast and slow. Penguin Books, London

Kauper J, Merkel T (2018) Stärken und Schwächen neuerer objektiver Messverfahren und -technik für die Arbeitssystembewertung und Gefährdungsbeurteilung. Wirtschaftspsychologie 20(1):58–67

King MF, Bruner GC (2000) Social desirability bias: a neglected aspect of validity testing. Psychol Market 17(2):79–103. https://doi.org/10.1002/(SICI)1520-6793(200002)17:2<79::AID-MAR2>3.0.CO;2-0

Kumar N, Kumar J (2016) Measurement of cognitive load in HCI systems using EEG power spectrum: an experimental study. Procedia Comput Sci 84:70–78. https://doi.org/10.1016/j.procs.2016.04.068

Laeng B, Sirois S, Gredebäck G (2012) Pupillometry: a window to the preconscious? Perspect Psychol Sci 7(1):18–27. https://doi.org/10.1177/1745691611427305

Lazarus RS (1981) The stress and coping paradigm. In: Eisdorfer C, Cohen D, Kleinman A, Maxim P (Hrsg) Models for clinical psychopathology. Spectrum, S 177–214

Li L, Liu Z, Zhu H, Zhu L, Huang Y (2019) Functional near-infrared spectroscopy in the evaluation of urban rail transit drivers' mental workload under simulated driving conditions. Ergonomics 62(3):406–419. https://doi.org/10.1080/00140139.2018.1535093

Marandi RZ, Madeleine P, Omland Ø, Vuillerme N, Samani A (2018) Eye movement characteristics reflected fatigue development in both young and elderly individuals. Sci Rep 8(1). https://doi.org/10.1038/s41598-018-31577-1

Marquart G, de Winter J (2015) Workload assessment for mental arithmetic tasks using the task-evoked pupillary response. Peer J Comput Sci 1:e16. https://doi.org/10.7717/peerj-cs.16

Mathôt S (2018) Pupillometry: psychology, physiology, and function. J Cogn 1(1). https://doi.org/10.5334/joc.18

Mattsson S, Fast-Berglund Å (2016) How to support intuition in complex assembly? Procedia CIRP 50:624–628. https://doi.org/10.1016/j.procir.2016.05.014

May JG, Kennedy RS, Williams MC, Dunlap WP, Brannan JR (1990) Eye movement indices of mental workload. Acta Psychologica 75(1):75–89. https://doi.org/10.1016/0001-6918(90)90067-P

Mehta RK, Parasuraman R (2013) Neuroergonomics: a review of applications to physical and cognitive work. Front Hum Neurosci 7. https://doi.org/10.3389/fnhum.2013.00889

Parasuraman R (2003) Neuroergonomics: research and practice. Theor Issues Ergon Sci 4(1–2):5–20. https://doi.org/10.1080/14639220210199753

Parasuraman R, Rizzo M (2008) Neuroergonomics the brain at work. Oxford University Press, New York

Peters M, Quadrat E, Nolte A, Wolf A, Miehling J, Wartzack S, Leidholdt W, Bauer S, Fritzsche L, Wischniewski S (2019) Biomechanical digital human models: chances and challenges to expand ergonomic evaluation. In: Ahram T, Karwowski W, Taiar R (Hrsg) Human systems engineering and design, Bd 876. Springer International Publishing, Cham, S 885–890. https://doi.org/10.1007/978-3-030-02053-8_134

Ramsay DS, Woods SC (2014) Clarifying the roles of homeostasis and allostasis in physiological regulation. Psychol Rev 121(2):225–247. https://doi.org/10.1037/a0035942

Rohmert W, Rutenfranz J (1983) Praktische Arbeitsphysiologie, 3. Aufl. Georg Thieme, Stuttgart, New York

Sammito S, Thielmann B, Seibt R, Klussmann A, Weippert M, Böckelmann I (2015) Guideline for the application of heart rate and heart rate variability in occupational medicine and occupational science. ASU International 2015(06). https://doi.org/10.17147/ASUI.2015-06-09-03

Scheuch K (2014) Arbeitsphysiologie. In: Triebig G, Kentner M, Schiele R (Hrsg) Arbeitsmedizin-Handbuch für Theorie und Praxis. Gentner, Stuttgart, S 459–504

Scheuch K, Schröder H (1990) Mensch unter Belastung: Stress als ein humanwissenschaftliches Integrationskonzept. Deutscher Verlag der Wissenschaften, Berlin

Schlick C, Bruder R, Luczak H (2018) Arbeitswissenschaft, 4. Aufl. Springer Vieweg, Berlin. https://doi.org/10.1007/978-3-662-56037-2

Semmer N, Zapf D, Dunckel H (1999) Instrument zur Stressbezogenen Tätigkeitsanalyse (ISTA). In: Dunckel H (Hrsg) Handbuch psychologischer Arbeitsanalyseverfahren. vdf Hochschulverlag, Zürich, S 179–204

Tokuda S, Obinata G, Palmer E, Chaparro A (2011) Estimation of mental workload using saccadic eye movements in a free-viewing task. 2011 Annual International Conference of the IEEE Engineering in Medicine and Biology Society, 4523–4529. https://doi.org/10.1109/IEMBS.2011.6091121

Vollmer M (2015) A robust, simple and reliable measure of heart rate variability using relative RR intervals. Comput Cardiol 42:609–612. https://doi.org/10.1109/CIC.2015.7410984

Wickens CD (2008) Multiple resources and mental workload. Hum Factors J Hum Factors Ergon Soc 50(3):449–455. https://doi.org/10.1518/001872008X288394

Wickens CD, Hollands JG (1999) Engineering psychology and human performance, 3. Aufl. Prentice Hall, Upper Saddle River, New Jersey

Young MS, Brookhuis KA, Wickens CD, Hancock PA (2015) State of science: mental workload in ergonomics. Ergonomics 58(1):1–17. https://doi.org/10.1080/00140139.2014.956151

Normen und Richtlinien

DIN SPEC 33418 (2014) Ergonomische Grundlagen bezüglich psychischer Arbeitsbelastung – Ergänzende Begriffe und Erläuterungen zu DIN EN ISO 10075-1:2000-11. Beuth, Berlin

DIN-EN ISO 10075-1 (2017) Ergonomische Grundlagen bezüglich psychischer Arbeitsbelastung – Teil 1: Allgemeine Aspekte und Konzepte und Begriffe. Beuth, Berlin

DIN-EN ISO 6385 (2016) Grundsätze der Ergonomie für die Gestaltung von Arbeitssystemen. Beuth, Berlin

Montage als Gegenstand kognitiver Ergonomie

5

Manfred Bornewasser

Inhaltsverzeichnis

Zusammenfassung

Die Ergonomie unterliegt einem Wandel. Dominierte bislang eine biomechanische oder energetische Sicht auf die Gestaltung von Arbeitsplätzen und damit verbundenen Arbeitstätigkeiten, so gewinnt im Zuge der Digitalisierung eine stärker informatorische Sicht an Bedeutung. Im Kern geht es bei dieser Ausrichtung um die informatorische Optimierung der Bedingungen am Arbeitsplatz, so dass Information besser und schneller aufgenommen, kognitiv verarbeitet und zu fehlerfreier Performanz geführt wird. Eine unter vielen Möglichkeiten der Optimierung liegt in der Einführung digitaler, informatorischer Assistenzsysteme, die bei dynamischer und an die Wissens- und Erfahrungsstrukturen der Beschäftigten angepasster Gestaltung hohe Akzeptanz finden und zu einer Minderung der mentalen Beanspruchung führen.

M. Bornewasser (✉)
Institut für Psychologie, Universität Greifswald, Greifswald, Deutschland
E-Mail: bornewas@uni-greifswald.de

M. Bornewasser, S. Hinrichsen (Hrsg.), *Informatorische Assistenzsysteme in der variantenreichen Montage*, https://doi.org/10.1007/978-3-662-61374-0_5

5.1 Ergonomie als Wissenschaft von der Arbeit

Ergonomie – das griechische Wort für die Lehre von der Arbeit – bildet eine traditionelle wissenschaftliche Disziplin mit eigenen Theorien, Begriffen und Methoden. Sie befasst sich mit den Wechselwirkungen zwischen menschlichen, technischen und sozialen Elementen in Arbeitssystemen (DIN EN ISO 6385 2016). Diese Wechselwirkungen fügen sich zu einem spezifischen Bild von der Arbeit, das im Kern durch zwei zentrale Ausrichtungen geprägt ist: 1) Arbeit ist Leistung, die von Menschen mit begrenzten Ressourcen zu erbringen ist und 2) Menschen müssen davor geschützt werden, durch Arbeit hinsichtlich ihrer Ressourcen überfordert zu werden. Damit geht es in der Ergonomie gleichzeitig um die Optimierung von Leistung und Schutz. Beide Ausrichtungen lassen sich durch jeweils drei Überlegungen kennzeichnen:

- Arbeit wird in der Mehrzahl der Fälle als abhängige Beschäftigung begriffen, die – weiter einschränkend – überwiegend an industriellen Arbeitsplätzen in der Produktion, hier vor allem in der traditionellen Montage ausgeübt wird. Gerade in diesem Bereich erscheint Arbeit fast prototypisch als das sich stetig wiederholende und einfach regulierte Tun, das sich aus zahlreichen körperlichen und wenigen mentalen, oftmals nicht einmal bewusst und willentlich kontrollierten Komponenten zusammensetzt.
- Arbeit gilt als eine menschliche Leistung, die in sozialen Handlungssystemen erbracht und organisiert wird (Luczak 1987). Diese Handlungssysteme zeichnen sich theoretisch durch Prozesse, Mittel und Objekte als zentral aufeinander bezogene, interne Elemente in einer invarianten Ordnung aus (s. Kap. 3). Den Input liefern mehr oder weniger konstant bleibende Aufgaben und daran gebundene Anforderungen, die in eine Abfolge von manuellen oder maschinengestützten Arbeitstätigkeiten umgesetzt werden. Den Output bildet das erwartete und angestrebte Resultat der Arbeitstätigkeit, das korrekt oder fehlerhaft ausfallen kann.
- Arbeit stellt die aufgabenbezogene und damit zielgerichtete Erbringung von Anstrengung dar. Als körperliche Anstrengung werden vornehmlich muskuläre, statische und dynamische Kraftaufbringung und Bewegungsausführung verstanden. Sie bilden die äußerlich erfassbare Komponente der Arbeit. Im Gegensatz dazu steht die mentale Anstrengung, die als innere Komponente der Arbeit angesehen wird. Äußerlich sichtbare und innerlich unsichtbare Komponenten ergänzen sich. Beide werden aufgrund ihrer gemeinsamen physiologischen Basierung immer als eine Aktivierung kapazitativ beschränkter körperlicher und mentaler Kräfte verstanden (DIN 33411-1 1982).

Arbeitswissenschaftler und Ergonomen sprechen zusammenfassend von einer energetischen Komponente der Arbeit, die sie einer informatorischen Komponente gegenüberstellen (Schlick et al. 2018). Dabei variiert die idealtypische Verteilung beider Komponenten von der mechanischen Tätigkeit mit überwiegend energetischen Anteilen bis hin zur kreativen oder innovierenden Tätigkeit mit vornehmlich informatorischen Anteilen beträchtlich (Abb. 5.1).

Typ der Arbeit	Energetische Arbeit / Informatorische Arbeit				
Art der Arbeit	Mechanisch	Motorisch	Reaktiv	Kombinativ	Kreativ

Abb. 5.1 Klassifikation energetischer und informatorischer Arbeitsformen (nach Laurig 1990)

In der Abbildung sind einmal die Gegenüberstellung von energetischen und informatorischen Arbeitstypen sowie die Verteilung beider Typen auf einzelne Arbeitsarten zu erkennen. Dies unterstützt die Annahme, dass die mechanischen und motorischen Tätigkeiten sehr viel mehr körperliche, die kombinatorischen und kreativen Tätigkeiten hingegen sehr viel mehr mentale (geistige oder kognitive) Anteile haben. Selbst ein einfaches Bedienen eines Stellhebels oder Tragen einer Bohrmaschine erfordert zumindest eine grundlegende Ausrichtung und Orientierung, umgekehrt bedarf die kreative Produktentwicklung energetischer Tätigkeiten, etwa bei der Zeichnung eines Plans oder der praktischen Gestaltung eines Prototyps. In diesem Sinne umfasst Arbeit immer eine Mischung aus kognitiver Informationsverarbeitung und energetischer Verausgabung von Muskel- und Haltekräfte, wobei aktuell in der Montage ein Trend zu mehr informatorischer Arbeit und höherer mentaler Beanspruchung festzustellen ist.

Die zweite Ausrichtung betrifft den Schutz der körperlichen und mentalen Kräfte oder Ressourcen von Menschen. Die im Beschäftigten angelegten Dispositionen etwa der Aufmerksamkeit oder der Wachsamkeit dürfen zwar per Arbeitsvertrag befristet genutzt werden, allerdings nur in dem Umfang, dass der abhängig Beschäftigte dabei keinen bleibenden Schaden nimmt, der über den natürlichen Verschleiß z. B. durch Alterungsprozesse hinausgeht. Dafür sorgen vor allem Pausen- und Arbeitszeitregelungen. Die zentralen Vorgaben liefert das Arbeitsschutzgesetz, das einerseits durch arbeitswissenschaftliche Erkenntnisse geprägt ist, andererseits als Legitimationsrahmen für ergonomische Ansätze und Maßnahmen gilt. Drei immer wiederkehrende Überlegungen prägen die Schutzkomponente der Ergonomie:

- Arbeit ist anstrengend und erfordert Ressourcen. Deshalb muss sichergestellt sein, dass Arbeit in einer spezifisch organisierten Arbeitsumwelt erträglich und schädigungsfrei zu leisten ist (Rohmert 1984). Erschwernisse gehen von den psychosozialen und physikalischen Bedingungen der Arbeit aus, von der Gestaltung der Arbeitsprozesse und der Arbeitsverrichtungen, von den Auswirkungen der Betriebsmittel oder auch von gefährdenden Eigenschaften der hergestellten Objekte. Daraus resultiert die Forderung, Umgebungsbedingungen so zu gestalten, dass sie zu keinen dauerhaften Überbeanspruchungen, Schädigungen oder auch Dekompensationen bei hoher Beanspruchung führen. Das Arbeitsschutzgesetz gibt allen ergonomischen Gestaltungsmaßnahmen Orientierung, in der Praxis unterstützen zahlreiche Richtlinien, Verordnungen und DIN-Normen das Ansinnen.

- Arbeit ist besonders dann anstrengend, wenn man nicht durch Qualifikation oder Kompetenz auf sie vorbereitet ist. Von daher ist darauf zu achten, dass externe Anforderungen und interne Qualifikationen und Kompetenzen in einem Passungsverhältnis stehen. Andernfalls werden Arbeitsbedingungen zu erheblichen Belastungen, die ein hohes Maß an innerer, vor allem mentaler Beanspruchung hervorrufen. Die Analyse des Verhältnisses von Belastungen und Beanspruchungen steht im Mittelpunkt der Ergonomie (s. Kap. 4).
- Man arbeitet gern und motiviert, wenn man sich selbst Ziele setzt und sein Arbeitsverhalten kontrolliert, weniger gern, wenn man Ziele vorgegeben bekommt und in seinem Arbeitshandeln weitgehend eingeschränkt ist. Von daher gehen zahlreiche ergonomische Bestrebungen dahin, die Motivation zur Arbeit oder auch zur Anstrengung durch die Gestaltung von Arbeitsbedingungen (viel Autonomie) oder auch von Führungsverhältnissen (viel Partizipation) zu fördern.

Arbeit als Leistung
Arbeit ist Leistung, die über eine Aufgabe und die willentliche Anstrengung mittels physischer und psychischer Kräfte erbracht wird. Dazu werden Ressourcen mobilisiert und verbraucht, die jedem Arbeitenden nur in begrenztem Umfang zur Verfügung stehen. Von daher ist es ein erstes Ziel jeglicher Ergonomie, Bedingungen aufzuzeigen, die zur Entwicklung der menschlichen Leistungsfähigkeit bei Schonung begrenzter Ressourcen beitragen. Ein zweites Ziel liegt darin aufzuzeigen, durch welche Gestaltungen von Arbeitsbedingungen Gefährdungen der Leistungsfähigkeit entstehen und Wege zu weisen, wie damit verbundene Risiken zu vermeiden, zu kompensieren oder gar förderlich zu nutzen sind.

Ergonomie vermittelt somit nicht nur, wie Leistung entsteht und Leistungsfähigkeit optimiert wird, sondern auch durch welche zeitlichen und räumlich-geometrischen Arbeitsbedingungen die Leistungsfähigkeit gefördert und gefährdet sowie präventiv geschützt werden kann. Ergonomie ist dadurch in weiten Bereichen Belastungs- und Präventionsforschung für den Arbeitsplatz. Sicherheits-, Risiko-, Belastungs- und Gefährdungsbeurteilung nehmen herausragenden Rang in der Ergonomie ein und vermitteln eine stark normative Ausrichtung. Hier sind insbesondere deutsche und europäische Industrienormen relevant, z. B. die DIN EN 1005-4 (2009) zur Bewertung von Körperhaltungen und Bewegungen bei der Arbeit an Maschinen oder die DIN EN ISO 10075-1 (2000) sowie die ergänzende DIN SPEC 33418 (2014), die Belastungen und Beanspruchungen genauer definieren und deren Verhältnis zueinander klären.

5.2 Energetische Ergonomie

Die Ergonomie hat sich in der Vergangenheit stärker auf die energetische Komponente der Leistungserbringung konzentriert und die informatorische Komponente dabei als eine mehr oder weniger vorauszusetzende Konstante vernachlässigt. Auf der Basis der Arbeitsinstruktion erfolgt demnach die reibungslose Wahrnehmung und Umsetzung der Arbeitsaufgabe als ein mechanisch und motorisch geprägter Prozess in einem spezifisch gestalteten Arbeitsumfeld, das es ermöglicht, Aufgaben fehlerfrei zu erledigen. Informatorische Anteile resultierten dabei etwa aus dem Ablesen von Anzeigen an einer Maschine (DIN EN 894-2 2009) oder dem Reagieren auf spezifische Signale in einer Leitzentrale (DIN EN ISO 11064-5 2008), die dann routinemäßig zu vorgegebenen Anschlusshandlungen führen. Diese Beschränkung auf die Körperlichkeit von Arbeit hat verschiedene Gründe:

- Produktions- und Montagearbeit haben beide eine geometrische Ausrichtung und die erforderliche menschliche Mechanik, Kinematik, Kinetik und selbst Sensorik können dadurch relativ leicht entsprechend physikalischer Kernannahmen konzipiert werden. Dies verleitet gelegentlich dazu, menschliche Leistung in Analogie zu maschineller Leistung zu begreifen. Schlick et al. (2018) führen dies darauf zurück, dass sich körperliche Arbeit adäquat allein im Kontext der Physik abbilden lässt, während es bislang nur unzureichende Ansätze gibt, „eine der Muskelarbeit ähnlich logisch-stringente Untergliederung“ idealtypischer kognitiver Vorgänge z. B. auf der Basis neurophysiologischer oder informationstheoretischer Gesetzmäßigkeiten zu beschreiben. Bedingt durch diesen Mangel können sich Ergonomen bislang auch nur auf einfache klassifikatorische Modelle etwa der Unterteilung von Informationsaufnahme, Erkennen, Entscheiden und Informationsabgabe (Hacker und Sachse 2014) oder auf abstrakte Ebenen- und Ressourcenmodelle beziehen (Sander, 1983; Wickens 2008).
- Arbeit gilt zwar als Wechselwirkung von externen Anforderungen und internen Dispositionen, jedoch kommt der Mensch vornehmlich als räumlich geometrisch zu vermessende Größe vor. Anstelle einer stärker mentalen oder kognitiven hat die Ergonomie eine mehr anthropometrische Perspektive präferiert. Ergonomie wird von daher vornehmlich unter Aspekten differenzieller physikalischer Merkmale der Arbeitsperson gesehen (z. B. Größe, Länge, Gewicht, geregelt in DIN EN 33402-1 2008), die dann Grundlage für z. B. Körperumrissschablonen für gesundheitserhaltende Sitzplätze bilden (geregelt in DIN 33408-1 2008). Gefordert ist damit vornehmlich die Anpassung der Arbeitsbedingungen an die Bedingungen der Körperlichkeit, um vor allem Haltungsschäden und Erkrankungen des Muskel-Skelett-Systems zu vermeiden.
- Statische und dynamische muskuläre Zustände und Veränderungen sowie deren Variation in Abhängigkeit von Arbeitsbedingungen sind als äußerliche Merkmale sehr viel einfacher zu beobachten, erfassen und interpretieren als kognitive und mentale Vorgänge. Man bleibt an der Oberfläche und analysiert analog per Beobachtung und

Tabelle oder digital per Tiefenkamera und Menschmodellen etwa Kompressionen im Bereich der Wirbelsäule oder Winkel zwischen Ober- und Unterschenkel und schließt auf überhöhte Beanspruchungen (wobei allerdings kein einfacher Zusammenhang zwischen kurzfristigen Überlastungen und dauerhafter Erkrankung anzunehmen ist, Triebig et al. 2014).

Körpermaße, Greifräume und Arbeitsplatzbemessungen wie etwa der Abstand eines kollaborierenden Robotersystems vom Werker (Weber und Stowasser 2018) stehen folglich im Zentrum zahlreicher Richtlinien und Normierungen von statischen und dynamischen Körperkräften, von statischen Arbeitshaltungen der Arme, des Rumpfes oder des Kopfes sowie der Gestaltung von Monitoren so, dass z. B. Anzeigen in günstigen Winkeln zur Sitzhöhe sichtbar gemacht werden (Kluth et al. 2001). Leitidee vieler dieser Gestaltungsrichtlinien ist immer wieder die Identifikation, Visualisierung und Beseitigung von Risiken für körperliche Beeinträchtigungen und Schädigungen sowie Überbeanspruchungen der sensorischen Rezeptoren (z. B. mittels Ampel gemäß DIN EN 614-1 2009).

Wie kommt es zu Normen?
Eine DIN-Norm ist ein unter Leitung des Deutschen Instituts für Normung (DIN) erarbeiteter freiwilliger Standard, in dem materielle und immaterielle Gegenstände vereinheitlicht sind, also z. B. die Gestaltung von Fahrersitzen in LKW und Straßenbahnen oder die Visualisierung von Beanspruchungen. Jedermann kann die Erstellung einer Norm beantragen, die Erarbeitung der Norm erfolgt nach festgelegten Verfahrens- und Gestaltungsregeln, der Beuth-Verlag vertreibt die Normen. An der Ausschussarbeit können alle an der Standardisierung interessierten Kreise und Expertengruppen beteiligt werden. Die Normen entstehen im Konsens unter Berücksichtigung aller Interessen und aller Pro- und Contraargumente. Das macht Normung zu einer anstrengenden Tätigkeit. DIN-Normen werden alle fünf Jahre auf Aktualität hin überprüft und weiterentwickelt oder zurückgezogen. Hier kann es zu Konflikten kommen, wenn sich etwa wissenschaftliche Methoden zur Bestimmung von Belastungen und Beanspruchungen verändern. Die DIN 820-1 (2009) legt die Grundlagen für die Normungsarbeit bei DIN fest.

Die Ausrichtung der Ergonomie einerseits auf die Körperlichkeit des Menschen und seiner Arbeitstätigkeit und andererseits auf anthropometrische Faktoren drückt sich natürlich auch in den eingesetzten, meist wiederum biomechanischen Methoden zum Screening und zur Erfassung von Defiziten, Gefährdungen und Risiken am Arbeitsplatz aus. In der ergonomischen Praxis dominieren dabei weitgehend Prüfverfahren auf der Basis von Beobachtungen und subjektiven Einschätzungen mittels personenorientierten Skalen vor Ort im Betrieb (mittlerweile liegen allerdings auch bereits am Rechner zu bearbeitende Versionen vor). Ein bekanntes Instrument im Bereich der Montage ist etwa das EAWS (European Assembly Worksheet) (Schaub und Ghezel-Ahmadi 2007), das neben kritischen Haltungen auch die Häufigkeit und Zeitdauer von körperlichen Beanspruchungen etwa beim Tragen und Halten erfasst. In Forschungszusammenhängen wird oftmals das von McAtamney und Nigel-Corlett (1993) entwickelte RULA-Verfahren (Rapid Upper Body Assessment) eingesetzt, mit dem über Arbeitsbögen und darin enthaltenen Piktogrammen die Beanspruchungen verschiedenster oberer Extremitäten (z. B. Arm und Handgelenk, aber auch Hals und Oberkörper) erfasst werden. Großer Verbreitung erfreut sich auch die von der BauA und LASI (2001) erarbeitete Leitmerkmalmethode, die insbesondere körperliche Beanspruchungen im Bereich des Transports von Lasten erfasst.

Eingesetzte Verfahren zur Ermittlung von körperlichen Belastungen und Beanspruchungen sind in aller Regel auf die einfache Durchführbarkeit im Betrieb hin angelegt, erfordern jedoch erheblichen Beurteilungsaufwand und haben zudem oft das Manko, dass sie von subjektiven Verzerrungen der Werker hinsichtlich der introspektiven Beobachtung eigener Beanspruchungszustände oder der Experten und Vorgesetzten etwa hinsichtlich von Häufigkeiten und Zeiträumen von Belastungen geprägt sind (Caffier et al. 1999; Rösler 2006). Abhilfe schaffen somatografische Verfahren, die auf digitale Menschmodelle (digital human model, DHM) in Verbindung mit einer Verhaltensregistrierung (Motion Capturing) und zeitlich abgestimmten physiologischen Erhebungen in Echtzeit setzen (Peters et al. 2019). Neuerdings gibt es zudem eine Vielzahl von Ansätzen, körperliche Beanspruchungen objektiv mittels mobiler Aufnahmetechniken zu erfassen. Zu erwähnen sind hier Bestrebungen, etwa das LMM-Verfahren mit Hilfe tiefenkamerabasierter kinematischer Analyse gerade hinsichtlich des Leitmerkmals Körperhaltung weiter zu verbessern (Wenzel und Witte 2018). Vergleichbar werden physische Arbeitsprozesse per Videoanalyse mit unterlegtem biomechanischem DHM aufgezeichnet und in Echtzeit unter ergonomischen Gesichtspunkten (z. B. Kopfneigung, Armelevationen) ausgewertet (z. B. www.scalefit.de). Schließlich werden im Bereich der virtuellen Ergonomie z. B. auf der Grundlage der Softwarelösung ema-Work-Designer (imk automotive GmbH 2020) Simulationen von ergonomisch zu bewertenden Fertigungsszenarien vorgenommen, die bereits in der Planungsphase zur Aufdeckung von laut EAWS normwidrigen Belastungen beitragen. Letzteres Verfahren lässt sich auch etwa mit dem MTM-HWD (Methods-Time Measurement, Human Work Design) kombinieren, wodurch es gelingt, einen durchgängigen sog. parametrisierten Datenstrom menschlicher Arbeit zu erfassen (Fritzsche et al. 2014). Durch eine solche Digitalisierung wird Ergonomie zwar auf hohem Niveau betrieben, prägend bleibt jedoch, dass die aus solchen Bewegungsanalysen abgeleiteten ergonomischen Gestaltungsmaßnahmen vornehmlich auf körperliche Unterstützung abzielen.

Beispiele für neuere körperbetonte, mechanische Ergonomie im Bereich Montage
Kollaborative Roboter (Weber und Stowasser 2018): Sie stellen energetische Assistenzsysteme dar, die sich dadurch auszeichnen, dass sie in direkte Interaktion mit dem Beschäftigten treten, d. h. ohne deutliche Trennung durch metallene Zäune, dafür versehen mit intelligenten Sensor- und Softwaresystemen, die eine unsicht-

bare Trennung von Mensch- und Robotersphäre bewirken und Schutz vor Verletzungen bieten. So legt etwa ein Roboter ein schweres Montageobjekt auf einem Montagetisch ab, bevor der Beschäftigte mit seinen Montagehandlungen beginnt. In diesem Sinne schont der kollaborative Roboter die körperlichen Kräfte des Montagearbeiters und schützt ihn gleichzeitig vor Kollisionen und Muskel-Skelett-Erkrankungen (Grenzwerte für Schmerz- und Verletzungsempfinden finden sich in DIN ISO/TS 15066 2016). Vorteile solcher Systeme liegen darin, dass schwergewichtige Teile exakt in definierten Bewegungsbahnen transportiert werden können, sie über eine hohe Präzision und Wiederholungsgenauigkeit verfügen und einen ausdauernden Einsatz ermöglichen.

Exoskelette (de Looze et al. 2016; Nördlinger 2018): Der Name ist Programm. Man schafft für die belasteten Muskel- und Skelettstrukturen von außen angesetzte Unterstützung, um so begrenzte körperliche Kapazitäten zu erhöhen. Solche Exoskelette werden für unterschiedliche Körperpartien bereitgehalten, etwa für die Schulter und die Oberarme bei Überkopfarbeit (z. B. PAEXCO Shoulder, Maurice et al. 2020). Zu unterscheiden sind aktive und passive Exoskelette, wobei erstere über extern erzeugte Kräfte z. B. durch akkubetriebene Motoren oder pneumatische Federn die intern angelegten Strukturen kräftigen, letztere hingegen basieren auf gespeicherten Energien in Materialen, die durch die Bewegungen des Beschäftigten selbst erzeugt wurden. Erstere haben den Vorteil, dass sie stärker und dauerhaft unterstützen können, letztere dass sie leichter zu tragen und weniger kostenintensiv sind.

Chairless Chair (Groos et al. 2019): Der Chairless Chair stellt ein am Körper getragenes, mechanisches Exoskelett dar, das keine Energiezufuhr benötigt und bei Bedarf eine Sitzunterstützung etwa bei Überkopfarbeiten, bei langwierigen Montagearbeiten oder selbst aufwändigen chirurgischen Operationen liefert. Dieses Exoskelett ist dauerhaft auf die Körpergröße einzelner Beschäftigter einstellbar und ermöglicht es, individuell entsprechend des eigenen Bedarfs zwischen Gehen, Stehen und Sitzen flexibel zu wechseln. Ergonomisch dient der Stuhl letztlich dazu, ein gesünderes Verhältnis von Gehen, Stehen und Sitzen am Arbeitsplatz zu ermöglichen. Faktisch trägt er dazu bei, das vermehrte physiologische Energieaufkommen beim Stehen zu reduzieren und auf diese Weise Muskelermüdungen vorzubeugen.

5.3 Kognitive Ergonomie

Ein weiterer Grund für die lange Zeit anhaltende Dominanz der energetischen Ausrichtung der Ergonomie liegt in der für die Industrie typischen, ausgefeilten Arbeitsteilung und der damit einhergehenden stetigen Wiederholung von Arbeitsvorgängen. Auf diese Weise wurden Ordnung, Redundanz und Stabilität von Arbeitsprozessen geschaffen, die sich in vielen Formen der eingeübten, gleichartigen mechanischen und motorischen Arbeit niederschlugen. Als Folge gerieten Beeinträchtigungen durch stärkere kognitive Anstrengung und gesteigerte Aufmerksamkeit aus dem Blick, zumal auch Verluste durch lange Latenz- oder Reaktionszeiten sowie kostenträchtige Fehler z. B. infolge von Fehlhandlungen oder Verwechslungen frühzeitig durch Fehleranalysen systematisch zurückgedrängt werden konnten. Die ergonomische Arbeitsorganisation zielte letztlich auf eine kognitive Automatisierung ab, die ohne nennenswerte Beanspruchung von kognitiven Ressourcen erfolgte. Von daher wurde die mentale Beanspruchung auch weitgehend vernachlässigt. Es dominiert auch aktuell noch weitgehend die manuelle Fertigkeit über jegliche kognitive Aktivität. Dazu passt dann auch der Befund, dass „operator skill" und „mental workload" in einem inversen Verhältnis zu sehen sind (je mehr Fertigkeit desto weniger mentale Beanspruchung, Young et al. (2014)). Im Kern lautete bislang die Devise der Arbeitsgestaltung: Erkennen (der Anforderung) und Bearbeiten (eines Arbeitsobjekts) ohne hohe Beanspruchung von kognitiven Ressourcen.

Diese recht einseitige Sachlage hat sich in den letzten Jahren deutlich verändert. Angesichts von Digitalisierung und wachsender Kundenorientierung sind nunmehr z. B. am identischen Montagearbeitsplatz unter Zeitdruck verschiedenste Varianten von Produkten oder Komponenten und damit geringerer Wiederholungsrate zu montieren. Die Mixed-Model-Assembly-Line prägt aktuell die Montagesituation (Zhu et al. 2008). Betriebswirtschaftlich zwingt dies dazu, den bis dahin bewährten Ansatz zur Komplexitätsreduktion zu überdenken und stattdessen auf einen Ansatz verstärkter Komplexitätsbeherrschung zu setzen (Wildemann 2014). Variantenreichtum und auch kürzere Produktlebenszyklen erfordern immer wieder Neues zu er- und bislang Bewährtes zu verlernen, sich permanent umzustellen, sich von sicher ausgeführter, auf Dauer gestellte Routine zu verabschieden und sich für neue Prozessvarianten zu öffnen. Dadurch werden mit Einführung der variantenreichen Montage zuvor erworbene Automatismen und Routinen plötzlich obsolet und gelegentlich sogar störend. Die zunehmende Entropie (s. Abschn. 3.5) einer solchen Montage schafft nicht nur Gefühle der Unsicherheit, sondern erfordert auch ein sehr viel höheres Maß an Anstrengung, Aufmerksamkeit und Informationsverarbeitung, verlangt vielfältige Entscheidungen und droht dadurch auch zu Überforderungen und Überbeanspruchungen zu führen. Fehler und gesundheitliche Beeinträchtigungen sind die Folge. Von daher erscheint es sinnvoll, Beschäftigten mehr kognitive Unterstützung im Arbeitsprozess sowohl bei der Informationsaufnahme als auch bei der -verarbeitung zukommen zu lassen (Kretschmer und Spee 2018). Die Kopfarbeit wird wichtiger als die Überkopf-Arbeit. Damit ist insbesondere das moderne Arbeitsfeld des sog. Cognitive Engineering angesprochen, insbesondere der Bereich der Gestaltung und Unterstützung von informatorischen und kognitiven Prozessen durch den supportiven Einsatz informatorischer Assistenzsysteme wie etwa AR-Brillen oder in das Montagesystem integrierte Projektionssysteme (s. Kap. 2).

Für jede Form der kognitiven Ergonomie steht damit das Wechselspiel von situativer Information in der externen Arbeitsumgebung und kognitiver Verarbeitung auf der Basis bestehender, interner Wissensstrukturen im Zentrum des Interesses (Stork und Schubö

2010). Es wird mit dem Konzept der Demand-Resources-Balance (Gleichgewicht von Anforderungen und Leistungsressourcen wie Muskelkraft und mentale Spannkraft) umschrieben (Hancock und Warm 1989). Dieses Wechselspiel vollzieht sich im sog. Arbeitsgedächtnis, welches – analog gedacht – als eine Art Begegnungsstätte von aktuell einfließenden, externen Informationen und im Langzeitgedächtnis gespeicherten, internen Informationen fungiert. In digitaler Sicht könnte von einfachem Datenabgleich gesprochen werden. Ergibt der Abgleich, dass zwischen aktuell und bereits zu früheren Zeitpunkten aufgenommenen Informationen Ähnlichkeiten bestehen, so wird eine erfahrungsbasierte, automatisch abgerufene und kontrollierte Antwort ausgelöst. Bestehen keine oder nur geringe Ähnlichkeiten, so kommt es zu einer bewusst herbeigeführten Entscheidung über ein willentlich auszuführendes und kontrolliertes Montagehandeln. Wiedererkennen gilt als der zentrale Mechanismus bei solchen Entscheidungsprozessen. Dabei wird angenommen, dass eine automatisch gesteuerte Reaktion wenig Beanspruchung auslöst und in kurzer Zeit erfolgt, hingegen eine bewusst gesteuerte Abfolge von Reaktionen ein höheres Maß an mentaler Beanspruchung, mehr Ressourceneinsatz, mehr Anstrengung und mehr Zeit erforderlich macht. Im letzteren Fall sind die Kosten höher. Ersteres Muster wird auch mit dem Begriff der Intuition (ohne Überlegen) in Verbindung gebracht, letzteres mit dem Konzept „Reasoning“ (mit Überlegen und Abwägen). Kahneman (2012) unterscheidet dabei ein schnelles, d. h. denkfaules System 1 und ein langsames, abwägendes System 2 und betont eine generelle Präferenz für rasches, automatisiertes Verarbeiten im System 1, um möglichst zu jedem Zeitpunkt über viel freie Denkkapazitäten zu verfügen.

Mit der Vorstellung einer variantenreicheren Montage geht die Überlegung einher, dass es vermehrt zu Irritationen zwischen aktuell ankommender sensorischer und bereits abgelegter Information kommt, die sodann unter Einsatz kognitiver Ressourcen an zentraler Stelle zu bearbeiten ist, ehe eine Handlungsentscheidung getroffen und eine Handlungsausführung gestartet werden kann. Der reibungslose Fluss der mentalen Abläufe wird dadurch gestört. Daraus resultieren nicht nur Zeitverluste und Fehler, sondern auch Ermüdungs- und Erschöpfungserscheinungen (Gaillot und Baumeister 2007), die auf die wiederholte Bereitstellung von zusätzlichen Ressourcen zurückzuführen sind. Kognitive Automatismen unterstützen die Ökonomie des sparsamen Ressourceneinsatzes.

Modelle zum Arbeitsgedächtnis

In der Theorie werden verschiedene Modelle des Arbeitsgedächtnisses erörtert, welche das sog. Working Memory eher als eigenständige Instanz neben dem sensorischen Speicher und dem Langzeitgedächtnis oder als eingebetteten Teil des Langzeitgedächtnisses begreifen (Chen et al. 2016). Unabhängig davon herrscht jedoch Einigkeit darüber, dass im Arbeitsgedächtnis nur eine begrenzte Anzahl von Informationseinheiten für eine kurze Dauer gespeichert werden kann, wobei diese Anzahl durch Konzentration, Aufmerksamkeit und Interesse moderiert wird. Wer Spaß an der Arbeit hat, ist aufnahmefähiger, wer in Wachsamkeit investiert, macht weniger Fehler. Angenommen wird zudem, dass die kognitive Anstrengung (effort) immer auf die informatorische Belastung angepasst wird, was der Ressourcenverschwendung vorbeugt. Ferner wird durchgängig davon ausgegangen, dass visuelle und auditive Information getrennt in unterschiedlichen Strukturen verarbeitet wird (Wickens 2008). Sind Bild und Ton kombiniert, ermöglicht dies demzufolge eine höhere Aufnahmekapazität. Dass der Arbeitsspeicher nur begrenzt Ressourcen bereithält, wird im Labor über sog. time-shared- oder dual-task-Aufgaben gezeigt (O'Donnell und Eggemeier 1986). Dabei erledigen Personen zwei unterschiedliche, quasi konkurrierende Aufgaben gleichzeitig, z. B. eine Rechenaufgabe (ausgehend von 2125 immer 6 hinzu addieren) und eine Differenzierungsaufgabe (unterschiedliche Tasten je nach aufleuchtendem Farblicht drücken). Beide Aufgaben binden Aufmerksamkeit, wobei die Leistung einer ersten Aufgabe auf Kosten der zweiten Aufgabe konstant gehalten wird. Was sich immer wieder zeigt: Kognitiv schwierige Aufgaben lassen sich nicht noch mit einer zusätzlichen anspruchsvollen Aufgabe kombiniert ausführen. Konzentration und Aufmerksamkeit sind nicht beliebig teilbar, dem sog. Multitasking damit enge Grenzen gesetzt.

Die Vielfalt bereitgestellter Modelle zur Informationsverarbeitung ist kaum mehr zu überschauen. Sie sind jedoch alle mit der Vorstellung einer physiologisch basierten Verarbeitung von Impulsen verbunden, die mehr oder weniger bewusstseinspflichtig ist, d. h. kognitiv kontrolliert abläuft und Zeit braucht (wobei Automatismen sofort wieder bewusst werden, sobald ein Fehler aufgetreten ist). Die Verarbeitung erstreckt sich nicht über einen singulären, horizontalen Pfad, sondern erfolgt vertikal vernetzt und eingebettet in allgemein aktivierende und hemmende Systeme über weite Teile des Gehirns hinweg, ehe eine äußerlich erkennbare Verhaltensreaktion erfolgt, die vom Akteur wie auch von einem Beobachter in Richtung auf eine richtig oder falsch ausgeführte zielgerichtete Handlung interpretiert wird. Sensorische Beurteilungen, einbettende physiologisch-energetische Aktivierungen und sequenzielle Verarbeitungsstufen bilden durchgängig Kernkomponenten kognitiver Modelle zur Informationsverarbeitung (Sanders 1983; Triebig et al. 2014).

Genauere Vorstellungen über das Zusammenwirken der zugrunde liegenden Strukturen und Prozesse bei der Verarbeitung und beim automatisch oder kontrolliert ausgelösten Einsatz von identischen oder unterscheidbaren Ressourcen über die einzelnen Phasen hinweg bestehen allerdings erst in rudimentären Formen. Das Gehirn bleibt in dieser Hinsicht weitgehend immer noch eine Blackbox, der die Forschung allein mit einfachen Kausalannahmen vermutlich kaum gerecht werden kann (Bainbridge 1974), zumal wenn sie dabei auch noch in den Fehler verfällt, etwa das Gedächtnis oder einen Ressourcenpool als eine im Gehirn auffindbare substanzielle Einheit zu begreifen.

Auch die Handlungsauslösung, Umsetzung oder Performanz erfolgen nach Abgleich über ein Netz von sog. Motoneuronen, die ein koordiniertes Muster von Muskelaktivitäten und Bewegungen erzeugen. Es kommt auch hier wieder darauf an, dieses Muster von z. B. Montagetätigkeiten möglichst automatisiert und damit weitgehend ressourcensparend und unkontrolliert ablaufen zu lassen (Göbel 2001). Hierzu tragen Wiederholung und Übung bei. Die eingeübte, enge Verknüpfung von Auslösereizen und automatisierten Assoziationen und Abläufen wird in der Psychologie als Priming bezeichnet (Kibele 2006). In diesem Sinne löst z. B. ein so spezifischer Begriff wie Fügen einmal eine Vielzahl von gedanklichen Assoziationen mit Werkzeugen, Teilen oder Betriebsmitteln aus, sodann werden aber auch verschiedene eingeübte Bewegungsmuster angebahnt, die mit der Fügetätigkeit verknüpft sind, also z. B. Schraub- oder Klebetätigkeiten. Der Montagewerker ist aufgrund von Erfahrung auf situationsspezifische Informations- und Verhaltensmuster vorbereitet. Im Regelfall vertrauter Information werden dann in kürzester Zeit Automatismen bedient, die eingeübtes Montieren eines Teils an einem spezifischen Ort des Montageobjekts auslösen. Es kommt also darauf an, gezielt ein Trainingsprogramm zu betreiben, um rasches automatisiertes Reagieren zu ermöglichen. Umgekehrt bedeutet dies natürlich auch, dass jede Änderung der Ausgangssituation zu Spannungen zwischen Beibehalten des Gewohnten und Neuanpassung führt.

Annahmen zum Bild des Werkers und zu Prozessen der Informationsverarbeitung

a) Menschen erlernen Erwartungen und erfolgreiches Handel, indem sie Situationen wiedererkennen und es so machen wie vorher. So wie es früher gesehen und gemacht wurde, wird es aktuell wieder gesehen und gemacht.
b) Werker sind in ihrem gewohnten Handlungssystem vorbereitet: Sie wissen, was in einer stabilen Situation auf sie zukommt und wie sie zu reagieren haben.
c) Vergleichbare Situationen sind informationsarm und werden durch Automatismen und Routinen bedient, abweichende Situationen sind informationsreich und führen zu einem abgewandelten, kontrollierten Vorgehen.
d) Kontrolliertes Vorgehen erfordert Aufmerksamkeit hinsichtlich gegebener Information und Wachsamkeit bei der Handlungskontrolle, indem verändertes Handeln gebahnt und bislang bewährtes Handeln gehemmt wird.
e) Wenn mehr Aufmerksamkeit und Anstrengung aufgebracht werden müssen, kommt es zu höherer Beanspruchung und zu mehr Ressourcenverbrauch, um das Handlungsziel in vorgegebener Zeit und fehlerfrei zu erreichen.
f) Werker haben nur begrenzte Kapazitäten, neue Situationen mit unvertrauter Information zu verarbeiten bzw. sich von Situation zu Situation auf neue Erwartungen umzustellen oder Kombinationen verschiedener Erwartungen gleichzeitig zu bedienen.
g) Wenn sich externe Bedingungen erstmalig ändern, müssen gleichzeitig Verlern- (ein sich Lösen von der bisherigen Sicht) und Lernprozesse erfolgen (neue Sicht erwerben). Gleichzeitig müssen automatisierte Handlungsmuster aufgegeben und neue Handlungsmuster erworben werden. Es müssen neue Vertrautheiten mit der Arbeitsumwelt entwickelt werden.
h) Wenn sich externe Bedingungen stetig verändern, bedarf es zusätzlicher Unterstützung, um Information zu verarbeiten und kontrolliertes Handeln in begrenzter Zeit zu ermöglichen.

Modelle basieren auf Annahmesystemen über Objektbereiche, die empirisch überprüfbar und auch auf z. B. einen strukturell vergleichbaren Bereich übertragbar sein müssen. Folglich müssen in unserem Fall die kognitiven Modellannahmen möglichst kompatibel mit neurophysiologischen Fakten sein und auch Ableitungen zur ergonomischen Gestaltung von humanen Arbeitsbedingungen ermöglichen. Viele Umstellungen, viele Handlungsunterbrechungen, viele Such- und Entscheidungsprozesse in kurzer Zeit, viel Aufmerksamkeit und Konzentration: All das erfordert zeitaufwändige physiologische Prozesse, Anstrengungen und damit auch kognitive Ressourcen. Hier liegt die Schnittstelle zur Neurophysiologie, die zudem insbesondere mobile Messinstrumente zur Messung von hirnelektrischer Aktivität bereitstellt. Die kognitive Ergonomie hat sich mit Konzentration auf zerebrale Prozesse entsprechend in eine sog. neurokognitive Ergonomie gewandelt. „Neuroergonomics" gilt nun als „study of the brain in relation to the performance at work and other everyday life settings" (Posner 2012). Dabei kommt es zum Einsatz von verschiedensten robusten Verfahren wie dem fMRT oder dem EEG (s. Abschn. 4.3), meist an Arbeitsplätzen insbesondere im Bereich des Steuerns von Fahrzeugen und des Navigierens von Flugzeugen. Parasuraman et al. (2012) verkünden das Programm der Neuroergonomie mit dem Titel „The brain in action and at work", womit einerseits darauf verwiesen wird, dass das Gehirn durch Messinstrumente erfassbar ist und dass andererseits immer häufiger auch ganz normale Prozesse im Alltag von Menschen, angefangen beim Heben eines Arms bis hin zur Kontrolle im Flugverkehr, erforscht werden können, um daraus dann Maßnahmen für bessere Arbeitsbedingungen abzuleiten. Wer das Gehirn und seine Prozesse versteht – so die Botschaft – kann Arbeitsbedingungen entsprechend gestalten, um hohe Leistungsfähigkeit abzurufen und Gefährdungen frühzeitig zu erkennen und zu vermeiden. Bis dahin ist es aber noch ein weiter Weg.

Die Neurowissenschaften setzen verschiedene Verfahren und Messinstrumente ein, die letztlich allesamt entweder zentrale oder periphere Messungen vor allem im Bereich des Nervensystems vornehmen. Zu unterscheiden sind dabei invasive und non-invasive Verfahren. Ein klassisches peripheres und non-invasives Verfahren stellt die Pupillometrie dar, die von Kahneman (2012) als Fenster zur Seele bezeichnet wird. Als wichtigstes, ebenfalls non-invasives zentrales Verfahren gilt die Elektroenzephalografie (EEG, s. Abschn. 4.3.3). Die funktionellen bildgebenden Verfahren zeigen zudem auf, in welchen Arealen im Gehirn sich in Reaktion z. B. auf externe Ereignisse metabolische Prozesse simultan oder sukzessiv abspielen. All diese Verfahren geben auf unterschiedliche Weise zu erkennen, wie der Organismus auf Situationen hoher Beanspruchung reagiert: Die Pupille weitet sich, um mehr Reflexionen des Lichts von informationell relevanten Objekten oder Objektmustern im Umfeld aufnehmen und bearbeiten zu können, im EEG zeigen sich systematische Verschiebungen auf spezifische Frequenzbereiche der hirnelektrischen Aktivität und bei der Herzratenvariabilität ergeben sich Intensivierungs- und Synchronisationseffekte der Herzmuskulatur, die darauf abzielen, durch Sauerstoffzufuhr sowohl zentrale als auch periphere Bereiche der Informationsverarbeitung und der Situationsbewältigung zu unterstützen. Alle drei Verfahren messen damit verschiedene aufeinander abgestimmte Aspekte der parallelen, aber nicht exakt simultanen Aktivierung von vernetzten Ressourcen, die der mentalen Beanspruchung in unterschiedlichen Phasen der Informationsverarbeitung zugrunde liegen (Wickens und Hollands 1999).

Die kognitive Ergonomie steht vor zwei gravierenden Herausforderungen. Einmal muss sie ein überzeugendes theoretisches Modell der kognitiven Verarbeitung bieten und aufzeigen, wie die Verarbeitungsprozesse ablaufen und unter welchen Bedingungen die Verarbeitung mehr oder weniger stark beeinträchtigt wird. Zum anderen muss sie einen methodischen Weg aufzeigen, die kognitive Verarbeitung und den Grad der mentalen Beanspruchung in der realen Arbeitssituation mittels elektrophysiologischer Messungen reliabel und valide zu erfassen. Die Neurowissenschaften versprechen für die nächsten Jahre gerade in diesem methodischen Bereich deutliche Fortschritte. Allerdings bleibt noch weitgehend offen, wie z. B. elektrophysiologische Befunde und z. B. Annahmen zur Informationsverarbeitung oder zum motivierten, Anstrengungen in Kauf nehmenden Ressourceneinsatz aufeinander zu beziehen sind.

5.4 Praxis einer kognitiven Ergonomie

Die Kernidee der kognitiven Ergonomie besteht darin, einerseits Beschäftigte vor anhaltend hoher mentaler Workload (s. Kap. 4), vor mentaler Überbeanspruchung und vor hohen, organismischen Kompensationsleistungen zu schützen, und andererseits präventiv ein verbessertes Informationsmanagement zu betreiben sowie verstärkt supportive Maßnahmen in die Arbeitsorganisation einzubauen, z. B. durch mehr informatorische Assistenzsysteme. Angestrebt wird, die Informationsaufnahme und -verarbeitung des einzelnen Beschäftigten zu erleichtern, indem entweder weniger Information in die Situation eingebracht oder die Bearbeitung der gegebenen Information unterstützt wird. So wie dem Beschäftigten zur Bewältigung körperlich schwerer Arbeit ein Exoskelett bereitgestellt wird, so kann dem mental höher beanspruchten Mitarbeiter ein externes Arbeitsgedächtnis oder ein externer Speicher an die Hand gegeben werden, der die Abarbeitung mentaler Vorgänge, angefangen bei der sensorischen Aufnahme bis hin zur Handlungskontrolle, erleichtert. Hollnagel (1997) beschreibt ein solches Programm als eine „amplification of cognition", also eine Stärkung der bei der Informationsverarbeitung erforderlichen kognitiven Kapazitäten.

Programmatik einer Kognitiven Ergonomie (nach Hollnagel)

Bereits im Jahr 1997 präsentierte Erik Hollnagel ein Plädoyer für eine kognitive Ergonomie, die sich nicht mehr wie traditionelle industrielle Ergonomie allein auf somatische, sondern vor allem auf mentale Faktoren der Leistungserbringung konzentriert. Sein Credo lautet: „Work is (…) never mindless. On the contrary, work is all in the mind" (Hollnagel 1997), wobei er unter Mind allgemein Prozesse des geistigen Verstehens von Situationen begreift und als Work vor allem das Produkt von Arbeitsprozessen fokussiert. Versteht man die Situation falsch, so kommt es zu unzuverlässiger Performanz, wodurch ein falsches, fehlerhaftes Produkt entsteht. Folglich muss seitens der Systemdesigner alles getan werden, dass Beschäftigte ihre Situation richtig verstehen können und dann auch zuverlässig das Richtige tun und fehlerfrei produzieren. Wenn Fehler gemacht werden, dann hat der Systemdesigner ein falsches Modell davon, wie Menschen die Situation verstehen (hier könnte frühzeitige Partizipation helfen). Von daher gilt es, „to amplify cogniton" und dadurch das Verständnis der Arbeitssituation zu verbessern. Dabei liegt der Fokus zentral darauf, „how to present the information. The adage has been that one should try to provide the right information, in the right form, and at the right time". Klingt einfach, stellt aber eine große Herausforderung dar. Ziel der kognitiven Ergonomie ist es, einen Beitrag dazu zu leisten, dass „the mind is as comfortable at work as the body".

Durch sein Programm der Amplifikation können demzufolge komplexe Situationen, die nicht mehr intuitiv und quasi automatisch zu bewältigen sind, in ihrer Komplexität erhalten und dennoch beherrscht werden. Es geht also nicht mehr darum, konservativ z. B. die Zahl der Varianten oder der zu verbauenden Teile und damit die Anzahl der Auswahlentscheidungen dauerhaft oder auf Zeit zu reduzieren. Es ist vielmehr offensiv zu prüfen, wie das bestehende Informationsmanagement weiter optimiert oder wie über innovative informatorische Assistenzsysteme die individuelle Informationsaufnahme, Informationsverarbeitung und Handlungssteuerung in gegebenen komplexen Situationen mit ihren vielen Auswahlentscheidungen besser gestaltet werden kann (Sehr und Bläsing 2020). Dadurch sollen drohende Überbeanspruchungen reduziert und daran geknüpfte Defizite in der Performanz vermieden werden.

Die praktische Umsetzung erfordert zunächst einmal ein zumindest rudimentäres Modell der kognitiven Informationsverarbeitung, wie es etwa aus den oben erfolgten Darstellungen der Grundannahmen abzuleiten wäre. Ein solches Modell richtet den Blick auf mögliche Ansatzpunkte für kognitive Optimierungsmaßnahmen. Diese Ansatzpunkte werden hier in Anlehnung an Hacker und Sachse (2014) als Aufnehmen, Erkennen, Entscheiden und Umsetzen beschrieben, wobei zu prüfen wäre, wie solche Maßnahmen am Arbeitsplatz, im Arbeitsprozess, in der Arbeitsorganisation oder in der Arbeitsperson anzugehen sind. Die in Tab. 5.1 dargestellte Matrix gibt 16 Felder einer praktischen kognitiven Ergonomie wieder, die zudem noch in Ansätzen nach visueller oder auditiver Kodierung im Sinne des 4D-Modells von Wickens (2008) getrennt sind.

Bei jeder Form der Unterstützung sollte bedacht werden, dass keine Maßnahme dazu beitragen darf, den Gesamtverarbeitungsaufwand zu erhöhen und dadurch in der Tendenz noch mehr kognitive Ressourcen zu binden. Vielmehr kommt es darauf an, den kognitiven Aufwand zu reduzieren. Es gilt, was Frizelle und Woodcock (1995) quasi als Gestaltungsdevise für informatorische Assistenzsysteme in komplexen Montagesystemen ausgegeben

Tab. 5.1 Dimensionen und Ansatzpunkte von informatorischer Optimierung im Arbeitskontext

		Arbeitsplatz	Arbeitsorganisation	Arbeitsprozess	Arbeitsperson
Information	**Aufnehmen**	• Augen an Wand simulieren Über-wachung • Bild von Gesamt objekt • Farbliche Hervor hebungen • Assoziierte Töne	• Instruktion durch Bilder • Instruktion durch unge-wöhnliche Stimmen	• Verbalisierte Zeichnung • Reduzierte Explosions zeichnung, • Chunking nutzen z. B. auf LED-Streifen	• Wachsamkeit steuern durch Lichtsignale • Aufmerksamkeit steuern durch akustische Signale
	Erkennen	• Gleichartige Bilder, Signale, Begriffe, Werkzeuge • Wichtige Informationen in Mustern zusammenfassen	• Alle im Team sprechen gleiche Sprache und haben gleiche Sichtweise • Verwechslungsgefahren anzeigen • Mustererkennung trainieren	• LED zeigt an, aus welchen Behältern Teile zu entnehmen sind • Behälter an/aus, wenn Teile zu entnehmen oder nicht mehr zu entneh-men sind	• Richtige Assoziationen trainieren • Für Informations muster sensibilisieren • Ablaufmodelle gedanklich durchgehen
	Entscheiden	• Begleitende Lichtreihen-folge • Zahl der Auswahl entschei-dungen vorab ankündigen • Entscheidungen durch Stimme herunterzählen	• Bilder und Texte an jedem Arbeitsplatz gleichhalten • 5S-Schulungen • Lage von zentralen Behältern durch Form oder Farbe hervorheben • Ansätze zu Gamification nutzen	• Behälter öffnen oder schließen sich • Prozess in Blöcken anzeigen • Zahl der Auswahlent-scheidungen reduzieren • Kompatibilität beachten (rechts leuchtet es, rechts arbeiten)	• Sicherheit geben durch richtige Rückmeldungen • Akustisches Richtigsignal
	Umsetzen	• Kurze Videoclips bei schwierigen Prozeduren • Signale für schwere Fälle oder schwierige Fügevor-gänge einbauen	• Bild von geordnetem Arbeitsplatz • Automatische Rückmeldung einbauen • Rotation im Team ermögli-chen • Verhaltensnahe Personalar-beit	• Reihenfolgen anzeigen • Blöcke benennen • Assoziationen zu einzelnen Schritten • Ablaufmuster anzeigen (M- oder W-Verlauf)	• Umsetzungsschulung hinsichtlich kritischer Prozeduren • Priming nutzen und auf genaue Abläufe achten • Vorankündigungen

haben: „More bureaucracy can only be justified if its introduction eliminates more disorder than its arrival automatically creates", d. h. die Unterstützung oder Assistenz darf nicht zu zusätzlichen Beanspruchungen führen und Montage dadurch komplizierter gemacht werden (etwa wenn zu viel Information auf dem Display zu neuen Suchvorgängen im Text oder im Bild führt). Es geht zentral um die Erleichterung von vielfältigen Auswahlprozessen, indem leicht erfass- und verarbeitbare Information gegeben wird, um schwierige Entscheidungen besser und schneller zu bewältigen (Parasuraman 2011). Nicht die Aufgabe wird einfacher, sondern die Bearbeitung wird leichter, gleichzeitig schneller und weniger fehleranfällig sowie weniger ermüdend. Damit sind auch zentrale Dimensionen einer jeden Maßnahmenevaluation in diesem Bereich benannt.

Es stellt sich abschließend die Frage, was gut gestaltete digitale, informatorische Assistenzsysteme unter ergonomischen Gesichtspunkten leisten können. Unter einem solchen Assistenzsystem wird in der Regel ein ergänzendes, technisches System verstanden, welches Informationen etwa aus der Konstruktion aufnimmt, verarbeitet und auch wieder in rasch rezipierbarer Form abgibt, um z. B. Montagewerker vor der Durchführung ihrer inhaltlichen Tätigkeit zeitlich passend zu instruieren (Hinrichsen et al. 2018; s. Kap. 2). In dem Sinne unterstützen informatorische Assistenzsysteme die bestehenden (externen) Anforderungs- und (internen) Kompetenzstrukturen. Dies bedeutet, dass auf der technischen Seite Information in die Anforderungsinstruktion eingespeist wird, die dann auf der subjektiven Seite wieder ausgelesen (Aufnehmen, Erkennen) und bearbeitet (Entscheiden, Umsetzen) werden muss. Beide Seiten müssen dabei aufeinander abgestimmt werden, d. h. es ist wenig sinnvoll, Information zu geben, über die ein Beschäftigter bereits verfügt, sie erst verspätet nach seiner Entscheidung für z. B. ein spezifisches Teil zu geben oder sie nur so kurz einzublenden, dass der Werker sie nicht vollständig rezipieren kann. Zusätzlichen Such- oder Beschaffungsaufwand gilt es ebenso zu vermeiden wie unnötige Unterbrechungen oder gar Verzögerungen der Arbeitsabläufe. Das heißt auch, dass eine Maßnahme im Bereich der Anforderungen am Arbeitsplatz auch mit einer Maßnahme im Bereich der Arbeitsperson oder vergleichbarer Stelleninhaber gekoppelt werden sollte. Assistenz muss auf die individualisierte Erfahrung und aktuellen Kompetenzen zugeschnitten sein (Bornewasser et al. 2018) und richtet sich auf Ergänzung und Unterstützung, um beschränkte Ressourcenkapazitäten zu kompensieren. Es kann auch bereits reichen, neue Handgriffe oder Abläufe in einer Art Priming einzuüben (Kibele 2006), um so etwa Ressourcenkonflikte zwischen Erkennen und Ausführen zu umgehen. Sinnvoll könnte es zudem sein, arbeitsplatzübergreifende, begriffliche Konzepte einzuführen, die von allen Beschäftigten an vergleichbaren Arbeitsplätze gleich verwendet werden. Dadurch kann die wechselseitige Fremd- und Selbstkontrolle erhöht werden (zum Nutzen sog. Shared Mental Models, Thompson et al. 1999).

Ob Assistenzsysteme Unterstützung leisten, hängt dann in erster Linie davon ab, welche Information über die Zeit hinweg dynamisch angeboten wird und wie sie aufbereitet ist, um vom Montagewerker komplikationsfrei aufgenommen werden zu können. Entscheidend ist, ob die zusätzliche Information überhaupt benötigt wird (was oft nicht der Fall ist, wenn z. B. bereits Erfahrung vorliegt oder die Einführung des Assistenzsystems bereits längere Zeit zurückliegt, Fast-Berglund et al. 2013). Von daher empfiehlt sich eine regelmäßige Überprüfung, welcher Prozess oder welcher Abschnitt eines Prozesses für welche Werkergruppen wie lange unterstützt werden soll.

Vier Aspekte seien hier noch einmal zusammenfassend hervorgehoben (Bornewasser et al. 2018):

- **Assistenz nur in kritischen Abschnitten**: Wir brauchen zwar deutlich mehr Instruktion, wenn Montageobjekte variieren oder die Anforderungen ständig verändert werden. Es sind aber oftmals nur Ausschnitte, die neues Lernen und gleichzeitiges Verlernen erfordern. Hierauf sollte man sich konzentrieren. Es geht nicht darum, immer komplette Prozesse instruktionsmäßig aufzubereiten oder eine Overview-Instruktion zu liefern, wo nur kurze Sequenzen oder ein spezifisches Bild gefordert sind. Kritisch sind in jedem Prozess auch solche Abschnitte, wo viel Information aufgenommen und dauerhaft behalten werden muss, besonders in Situationen, die obendrein ein hohes Ablenkungspotenzial aufweisen.
- **Assistenz auf Erfahrung der Werker abstimmen**: Wir brauchen mehr Abstimmung auf die Kompetenz- und Erfahrungshorizonte der Mitarbeiter. Das geschieht einmal bei hinreichender Partizipation der Werker bereits in der Entwicklungs- und Einführungsphase, wo bereits die gesamte User-Experience einbezogen werden kann (regelt DIN EN ISO 9241-210-01 2011), kann sodann aber auch auf konkrete Angaben zu Häufigkeiten, Zeiten und Fehlern in der Vergangenheit bezogen werden. Weder erfordert jede Umstellung Assistenz, noch darf Assistenz die eigenen Lernbemühungen untergraben. Vielfach können sich erfahrene Mitarbeiter über Redundanzen selbst weiterhelfen. Bei größeren Variationen können auch kurzfristigste Trainingsmaßnahmen on the-job erfolgreich sein, die zudem – falls verfügbar – über mobile Assistenzsysteme gesteuert werden können (Bornewasser und Kloyer 2018). Erst wenn fortlaufend unvorhersehbare Anforderungen gegeben oder Variationen in immer kürzerer Zeit zu bearbeiten sind, empfiehlt es sich, die Einführung eines Assistenzsystems in Erwägung zu ziehen (s. Kap. 6).
- **Assistenz darf nicht zur Unterbrechung werden**: Wir brauchen bessere Kompatibilität von Arbeiten und Informieren in einem Workflow. Assistenzsysteme verringern beim Beschäftigten geschaffene Unsicherheit, aber sie bringen auch ein zusätzliches Moment in die Arbeitssituation, welches ablenkend und störend wirken kann. Arbeitsabläufe werden immer wieder unterbrochen, wenn der Blick z. B. wiederholt auf einen Monitor geworfen werden muss, ehe der nächste Arbeitsschritt erfolgt oder immer ein Signal ausgelöst werden muss, eher der nächste Montageschritt angezeigt wird. Hier wäre es im Sinne gesteigerter Kompatibilität nützlich, wenn Arbeitsflüsse und Informationsflüsse weitgehend zeitlich und räumlich koordiniert würden. Von daher sind Informationssysteme direkt im Bewegungs- und Sichtfeld des Beschäftigten zu unterstützen. So könnte eine AR-Brille (nach Übung mit dem Instrument) evtl. mehr Unterstützung leisten als ein entfernt angebrachter Monitor, zu dem immer wieder aufgeblickt werden muss.

- **Assistenz muss dynamisch auf die Benutzerleistung zugeschnitten sein**: Ein zentraler Vorteil digital gesteuerter Assistenzsysteme liegt darin, dass kurzfristige Anpassungen an erbrachte Leistungen möglich sind. So können etwa Zeitmaße dazu genutzt werden, die Dauer der Informationspräsentation zu regulieren. Vergleichbar können auch physiologische Daten verwendet werden, um sogar in Echtzeit bei aktuell hoher Workload mehr Unterstützung durch z. B. zusätzliche Bilder statt allein durch Texte anzubieten. Auch die Verlagerung von Montagearbeiten auf z. B. benachbarte Montagearbeitsplätze oder die kurzfristige Übergabe einzelner Verrichtungen an kollaborative Roboter tragen zur dynamischen Gestaltung bei. Vergleichbar kann die bereitgestellte Informationsmenge auch an Fehlerhäufigkeiten oder an Fehlerprofile angepasst werden.

Deutlich wird, dass informatorische Assistenzsysteme die kognitive Beanspruchung absenken können, auch wenn nicht immer hinreichend abzuklären ist, welche körperlichen und mentalen Beanspruchungen sich konkret bei der variantenreichen Montage ergeben und was als zu viel oder zu wenig informatorische Beanspruchung in spezifischer Zeit oder bei unterschiedlich hohem Qualifikationsgrad gilt. Die absoluten Grenzen oder Redlines sind bislang nicht festgelegt (Young et al. 2014). Dieses anzuerkennende Defizit lässt sich vermutlich nur durch weiter verbesserte objektive Mess- und Auswerteverfahren und daran geknüpfte Normierungen beseitigen und dann auch in kognitiv-ergonomische Gestaltungsmaßnahmen umsetzen.

5.5 Hinweise für die betriebliche Praxis

Die Montage nimmt in der industriellen Produktionsweise eine zentrale Stellung ein. Diese Stellung wird noch weiter ausgebaut, sobald es möglich ist, eine hohe Variantenvielfalt zu erzeugen und die entsprechenden grundlegenden Prozesse zu beherrschen. Voraussetzung hierfür ist die Digitalisierung, sowohl was den Auftragseingang anbelangt als auch was die entsprechende Steuerung von Fertigung und Montage angeht. Eine solche Schaffung einer durchgängig digitalisierten Prozesskette stellt eine Herausforderung dar, die nicht zu vermeiden ist und angegangen werden muss.

Vielfach ist diese technische Herausforderung von Ängsten um bestehende Arbeitsplätze begleitet. Diese Ängste sind nicht unbegründet (Frey und Osborne 2013). Sie sind aber gerade im Bereich der Montage zu hinterfragen, zumal sich andeutet, dass es an der einzelnen Montagestation noch lange Zeit eine Mischung geben wird aus manueller und auch automatisierter Montage. Kollaborative Roboter können da vielleicht helfen, die eine oder andere mechanische Tätigkeit zu ersetzen, aber zum ersten geht es nicht ganz ohne menschliche Tätigkeit und zum anderen werden auch weiterhin einfache repetitive Tätigkeiten an Automaten abgegeben und damit Freiraum geschaffen für anspruchsvolle, informationsreiche Montageverrichtungen. Moderne Assistenzsysteme ermöglichen zudem je nach Ausmaß der Beanspruchung auch die Wahl zwischen Selbermachen und Abgabe z. B. an einen in das Montagesystem integrierten Automaten.

Unternehmen haben bislang viel dafür getan, dass körperliche Belastungen am Arbeitsplatz erträglich sind. Sie müssen in Zukunft genauso viel tun, dass die zunehmenden informatorischen Belastungen erträglich bleiben. Dies impliziert, dass Sicherheitsingenieure und Gesundheitsbeauftragte einen neuen Blick auf die Arbeit werfen müssen. Das ist nicht einfach, weil beide Gruppierungen mit meist physikalischem Hintergrund in die Welt schauen, also mechanische und technische Bedingungen sehen und chemische Gefährdungen erkennen. Von dieser Einseitigkeit werden sie sich lösen müssen. Zukünftig werden sie verstärkt ihren Blick auch auf Displays, Konstruktionszeichnungen und Arbeitsinstruktionen richten und prüfen müssen, ob Informationsvermittlung adäquat erfolgt. Dabei wird bereits aktuell eine hohe Informationsflut beklagt, die zu Fehlern und Motivationsverlusten führt. Muskel-Skelett-Erkrankungen nehmen zwar immer noch in den Statistiken führende Positionen ein, aber die Zahl der Erkrankungen aufgrund hohen Informationsaufkommens und wachsender Unsicherheit nimmt seit Jahren zu (Meyer et al. 2019).

Es überrascht nicht, dass seitens der Industrie in breitem Umfang neue Technologien angeboten werden, informatorische Unterstützung zu organisieren. Man sollte sich da keinen Illusionen hingeben: Kaufen ist einfach, aber eine solche Technologie im Betrieb angepasst und nutzbringend ins Laufen zu bringen ist mühsam. Diese Technologien bilden oftmals nur eine technische Hülle, die seitens der Unternehmen inhaltlich zu füllen sind. Das kostet Zeit und Personal, zusätzlich oftmals auch erhebliche Reorganisationsanstrengungen, weil rasch erkennbar wird, dass in der Regel praktizierte analoge Lösungen nicht einfach durch digitale Lösungen zu ersetzen sind. Die Einführung digitaler Lösungen setzt nicht nur Vernetzungen voraus, die bislang oft nicht gegebenen waren und erst geschaffen werden müssen, sondern auch z. B. Normierungen von Daten und das Aufgeben von siloartigen Strukturen. Wenn man sich erst einmal intensiver mit den konkreten informatorischen Abläufen beschäftigt, entdeckt man zudem häufig, dass an vielen Stellen auch einfachere und auf betrieblichen Arbeitsbedingungen zugeschnittene Ansätze die effektiveren Lösungen bieten. So wie der kollaborative Roboter erst eingeführt wurde, nachdem viele Erfahrungen im Bereich der Automatisierung gemacht wurden, so werden anspruchsvolle Informationstechnologien auch dann erst angezeigt sein, wenn die Potenziale für einfachere Lösungen ausgeschöpft sind.

Literatur

Bainbridge L (1974) Problems in the assessment of mental load. Le Travail Humain 37(2):279–302

BAuA – Bundesanstalt für Arbeitsschutz und Arbeitsmedizin & LASI – Länderausschuss für Arbeitsschutz und Sicherheitstechnik (Hrsg) (2001) Leitmerkmalmethode zur Beurteilung von Heben, Halten, Tragen. Abgerufen von https://forumfbb.de/downloads/m2-lmm-heben-halten-tragen.pdf

Bornewasser M, Kloyer M (2018) Prozessintegriertes und austauschbasiertes Kompetenzmanagement. In: Bornewasser M (Hrsg) Vernetztes Kompetenzmanagement. Gestaltung von Lernprozessen in organisationsübergreifenden Strukturen. Springer, Berlin, S 93–108. https://doi.org/10.1007/978-3-662-54954-4_8

Bornewasser M, Bläsing D, Hinrichsen S (2018) Informatorische Assistenzsysteme in der manuellen Montage: Ein nützliches Werkzeug zur Reduktion mentaler Beanspruchung? Zeitschrift für Arbeitswissenschaft 72:264–275. https://doi.org/10.1007/s41449-018-0123-x

Caffier G, Steinberg U, Liebers F (1999). Praxisorientiertes Methodeninventar zur Belastungs- und Beanspruchungsbeurteilung im Zusammenhang mit arbeitsbedingten Muskel-Skelett-Erkrankungen: Forschungsbericht 850. https://www.baua.de/DE/Angebote/Publikationen/Schriftenreihe/Forschungsberichte/1999/Fb850.pdf?__blob=publicationFile&v=3 Zugegriffen am 31.05.2020

Chen F, Zhou J, Wang Y, Yu K, Arshad SZ, Khawaji A, Conway D (2016) Robust multimodal cognitive load measurement. Springer. https://doi.org/10.1007/978-3-319-31700-7

Fast-Berglund Å, Fässberg T, Hellman F, Davidsson A, Stahre J (2013) Relations between complexity, quality and cognitive automation in mixed-model assembly. J Manuf Syst 32(3):449–455. https://doi.org/10.1016/j.jmsy.2013.04.011

Frey CB, Osborne MA (2013) The future of employment: how susceptible are jobs to computerization? Oxford University Press, Oxford

Fritzsche L, Wegge J, Schmauder M, Kliegel M, Schmidt KH (2014) Good ergonomics and team diversity reduce absenteeism and errors in car manufacturing. Ergonomics 57(2):148–161. https://doi.org/10.1080/00140139.2013.875597

Frizelle G, Woodcock E (1995) Measuring complexity as an aid to developing operational strategy. Int J Oper Prod Manag 15(2):26–39. https://doi.org/10.1108/01443579510083640

Gaillot MT, Baumeister R (2007) The physiology of willpower: linking blood glucose to self-control. Pers Soc Psychol Rev 11(4):303–327. https://doi.org/10.1177/1088868307303030

Göbel M (2001) Sensumotorische Koordination bei Montagevorgängen. In: Landau K, Luczak H (Hrsg) Ergonomie und Organisation in der Montage. Hanser, München, S 83–99

Groos S, Fuchs M, Kluth K (2019) Chairless Chair – Objektivierung von Belastung und Beanspruchung während einfacher Montagetätigkeiten. In: Gesellschaft für Arbeitswissenschaft (Hrsg), Arbeit interdisziplinär analysieren – bewerten – gestalten, Bd 4.3. GfA-Press, Dortmund

Hacker W, Sachse P (2014) Allgemeine Arbeitspsychologie. Psychische Regulation von Tätigkeiten, 3. Aufl. Hogrefe, Göttingen

Hancock PA, Warm JS (1989) A dynamic model of stress and sustained attention. Hum Factors 31(5):519–537. https://doi.org/10.1177/001872088903100503

Hinrichsen S, Riediger D, Unrau A (2018) Montageassistenzsysteme: Begriff, Entwicklungstrends und Umsetzungsbeispiele. Betriebspraxis und Arbeitsforschung 232:24–27

Hollnagel E (1997) Cognitive ergonomics: it's all in the mind. Ergonomics 40(10):1170–1182. https://doi.org/10.1080/001401397187685

Imk Automotive GmbH (2020) ema – Work Designer. Das Werkzeug für Industrial Engineering, 3D-Produktionsplanung und virtuelle Ergonomie. Chemnitz

Kahneman D (2012) Schnelles Denken, langsames Denken. Siedler, München

Kibele A (2006) Priming von Bewegungshandlungen im Sport: Motorische Reaktionen auf nicht-bewusst repräsentierte Bewegungsmerkmale. In: Köchy K, Stederoth D (Hrsg) Willensfreiheit als interdisziplinäres Problem. Karl Alber, Freiburg, S 77–102

Kluth K, Böhlemann J, Strasser H (2001) Bausteine eines Systems vorbestimmter Beanspruchung bei manuellen Tätigkeiten. In: Landau K, Luczak H (Hrsg) Ergonomie und Organisation in der Montage. Hanser, München, S 100–124

Kretschmer V, Spee D (2018) Kognitive Ergonomie: Der Mensch – Eingebunden in die Logistik 4.0. Huss, München

Laurig W (1990) Grundzüge der Ergonomie. Beuth, Berlin

de Looze MP, Bosch T, Krause F, Stadler KS, O'Sullivan LW (2016) Exoskeletons for industrial application and their potential effects on physical work load. Ergonomics 59(5):671–681. https://doi.org/10.1080/00140139.2015.1081988

Luczak H (1987) Psychophysiologische Methoden zur Erfassung psychophysischer Beanspruchungszustände. In: Kleinbeck U, Rutenfranz J (Hrsg) Enzyklopädie der Psychologie: Themenbereich D Praxisgebiete, Serie III Wirtschafts-, Organisations- und Arbeitspsychologie, Band 1 Arbeitspsychologie. Hogrefe, Göttingen, S 185–259

Maurice P, Ivaldi S, Babic J, Camernik J, Gorjan D, Schirrmeister B, Bornmann J, Tagliapietra L, Latella C, Pucci D, Fritzsche L (2020) Objective and subjective effects of a passive exoskeleton on overhead work. IEEE Trans Neural Syst Rehabil Eng 28(1):152–164. https://doi.org/10.1109/TNSRE.2019.2945368

McAtemney L, Nigel-Corlett E (1993) RULA: a survey method for the investigation of work-related upper limb disorders. Appl Ergon 24(2):91–99. https://doi.org/10.1016/0003-6870(93)90080-s

Meyer M, Maisuradze M, Schenkel A (2019) Krankheitsbedingte Fehlzeiten in der deutschen Wirtschaft im Jahr 2018 – Überblick. In: Badura B, Ducki A, Schröder H, Klose J, Meyer M (Hrsg) Fehlzeiten-Report. Springer, Berlin, S 413–477. https://doi.org/10.1007/978-3-662-59044-7_27

Nördlinger S (2018) Stark und gesund – dank Exoskelett. Abgerufen von https://www.produktion.de/trends-innovationen/stark-und-gesund-dank-exoskelett-104.html Zugegriffen am 31.05.2020

O'Donnell RD, Eggemeier FT (1986) Workload assessment methodology. In: Boff KR, Kaufman L, Thomas JP (Hrsg) Handbook of perception and human performance, vol. 2: cognitive processes and performance. Wiley, New York, S 1–49

Parasuraman R (2011) Neuroergonomics: brain, cognition and performance at work. Curr Dir Psychol Sci 20(3):181–186. https://doi.org/10.1177/0963721411409176

Parasuraman R, Christensen J, Grafton S (2012) Neuroergonomics: the brain in action and at work. NeuroImage 59(1):1–3. https://doi.org/10.1016/j.neuroimage.2011.08.011

Peters M, Quadrat E, Nolte A, Wolf A, Miehling J, Wartzack S, Leidholdt W, Bauer S, Fritzsche L, Wischniewski S (2019) Biomechanical digital human models: chances and challenges to expand ergonomic evaluation. In: Ahram T, Karwowski W, Taiar R (Hrsg) Human systems engineering and design: proceedings of the 1st international conference on human systems engineering and design (IHSED 2018). Springer, Cham, S 885–890. https://doi.org/10.1007/978-3-030-02053-8_134

Posner MI (2012) Expanding horizons in ergonomics research. NeuroImage 59(1):149–153. https://doi.org/10.1016/j.neuroimage.2011.07.060

Rohmert W (1984) Das Belastungs-Beanspruchungskonzept. Zeitschrift für Arbeitswissenschaft 38:196–200

Rösler F (2006) Neuronale Korrelate der Handlungsausführung. Zur Validität der Experimente von Libet (1983). In: Köchy K, Stederoth D (Hrsg) Willensfreiheit als interdisziplinäres Problem. Karl Alber, S 165–190

Sanders A (1983) Towards a model of stress and human performance. Acta Psychologica 53(1):61–97. https://doi.org/10.1016/0001-6918(83)90016-1

Schaub K, Ghezel-Ahmadi K (2007) Vom AAWS zum EAWS – ein erweitertes Screening-Verfahren für körperliche Belastungen. In: Gesellschaft für Arbeitswissenschaft (Hrsg) Kompetenzentwicklung in realen und virtuellen Arbeitssystemen. GfA-Press, Dortmund, S 601–604

Schlick CM, Bruder R, Luczak H (2018) Arbeitswissenschaft, 4. Aufl. Springer, Berlin. https://doi.org/10.1007/978-3-662-56037-2

Sehr P, Bläsing D (2020) Bedarfsgerechte Entwicklung und Evaluation eines informatorischen Assistenzsystems in der manuellen Montage. In: Gesellschaft für Arbeitswissenschaft (Hrsg), Digitaler Wandel, digitale Arbeit, digitaler Mensch?, B 4.7. GfA-Press, Dortmund

Stork S, Schubö A (2010) Human cognition in manual assembly: theories and applications. Adv Eng Inform 24(3):320–328. https://doi.org/10.1016/j.aei.2010.05.010
Thompson LL, Levine JM, Messick DM (1999) Shared cognitions in organizations. Erlbaum, Hillsdale
Triebig G, Kentner M, Schiele R (2014) Arbeitsmedizin: Handbuch für Theorie und Praxis, 4. Aufl. Gentner, Stuttgart
Weber MA, Stowasser S (2018) Ergonomische Arbeitsplatzgestaltung unter Einsatz kollaborierender Robotersysteme: Eine praxisorientierte Einführung. Zeitschrift für Arbeitswissenschaft 72:229–238. https://doi.org/10.1007/s41449-018-0129-4
Wenzel S, Witte H (2018) Bewertung der Leitmerkmalmethode mittels tiefenkamerabasierter kinematischer Analyse. Wirtschaftspsychologie 20:50–57
Wickens CD (2008) Multiple resources and mental workload. Human Factors 50(3):449–455. https://doi.org/10.1518/001872008X288394
Wickens CD, Hollands JG (1999) Engineering psychology and human performance, 3. Aufl. Prentice Hall, Upper Saddle River
Wildemann H (2014) Produktivitätsverbesserung: Leitfachen zur kurzfristigen und permanenten Produktivitätssteigerung in kleinen und mittleren Unternehmen, 15. Aufl. TCW, München
Young MS, Brookhuis KA, Wickens CD, Hancock PA (2014) State of science: mental workload in ergonomics. Ergonomics 58(1):1–17. https://doi.org/10.1080/00140139.2014.956151
Zhu X, Hu JS, Koren Y, Marin SP (2008) Modeling of manufacturing complexity and mixed-model assembly lines. J Manuf Sci Eng 130(5):74–86. https://doi.org/10.1115/1.2953076

Normen und Richtlinien

DIN 33402-1 (2008) Ergonomie – Körpermaße des Menschen – Werte. Beuth, Berlin
DIN 33408-1 (2008) Körperumrissschablonen – Für Sitzplätze. Beuth, Berlin
DIN 820-1 (2009) Normungsarbeit – Grundsätze. Beuth, Berlin
DIN EN 1005-4 (2009) Sicherheit von Maschinen – Menschliche körperliche Leistung – Bewertung von Körperhaltungen und Bewegungen bei der Arbeit an Maschinen. Beuth, Berlin
DIN EN 33411-1 (1982) Körperkräfte des Menschen – Begriffe, Zusammenhänge, Bestimmungsgrößen. Beuth, Berlin
DIN EN 614-1 (2009) Sicherheit von Maschinen – Ergonomische Gestaltungsgrundsätze – Begriffe und allgemeine Leitsätze. Beuth, Berlin
DIN EN 894 – 2 (2009) Sicherheit von Maschinen – Ergonomische Anforderungen an die Gestaltung von Anzeigen und Stellteilen. Beuth, Berlin
DIN EN ISO 10075-Teil 1 (2000) Ergonomische Grundlagen bezüglich psychischer Arbeitsbelastung. Beuth, Berlin
DIN EN ISO 11064-5 (2008) Ergonomische Gestaltung von Leitzentralen – Anzeigen und Stellteile. Beuth, Berlin
DIN EN ISO 9241-210-01 (2011) Ergonomie der Mensch-System-Interaktion – Grundsätze der Dialoggestaltung. Beuth, Berlin
DIN EN ISO/TS 15066 (2016) Roboter und Robotikgeräte – Kollaborierende Roboter. Beuth, Berlin
DIN SPEC 33418 (2014) Ergonomische Grundlagen bezüglich psychischer Arbeitsbelastung – Ergänzende Begriffe und Erläuterungen zu DIN EN ISO 10075-Teil 1: 2000. Beuth, Berlin
DIN-EN ISO 6385 (2016) Grundsätze der Ergonomie für die Gestaltung von Arbeitssystemen. Beuth, Berlin

Produktivität der Montagearbeit

6

Sven Bendzioch, Sven Hinrichsen und Manfred Bornewasser

Inhaltsverzeichnis

S. Bendzioch (✉)
Labor für Industrial Engineering, Technische Hochschule Ostwestfalen-Lippe, Lemgo, Deutschland
E-Mail: sven.bendzioch@th-owl.de

S. Hinrichsen
Labor für Industrial Engineering, Technische Hochschule Ostwestfalen-Lippe, Lemgo, Deutschland
E-Mail: sven.hinrichsen@th-owl.de

M. Bornewasser
Institut für Psychologie, Universität Greifswald, Greifswald, Deutschland
E-Mail: bornewas@uni-greifswald.de

M. Bornewasser, S. Hinrichsen (Hrsg.), *Informatorische Assistenzsysteme in der variantenreichen Montage*, https://doi.org/10.1007/978-3-662-61374-0_6

Zusammenfassung

Informatorische Assistenzsysteme können einen entscheidenden Beitrag dazu leisten, die Arbeitsbedingungen für die Beschäftigten zu verbessern und dadurch sowohl die Produktivität der Montagearbeit positiv zu beeinflussen als auch die psychische Gesundheit und Einsatzbereitschaft der Beschäftigten zu steigern. In einer experimentell angelegten Untersuchung werden die Auswirkungen des Einsatzes von informatorischen Assistenzsystemen auf verschiedene Aspekte der Arbeitsproduktivität untersucht. Hierzu gehören Montageausführungszeiten und Montagefehler, aber auch die Reduzierung von mentalen Beanspruchungen sowie die Steigerung der Akzeptanz. Aus den Studienergebnissen werden Empfehlungen für den Einsatz von einzelnen Typen von Assistenzsystemen sowie ein adäquates Produktivitätsmanagement abgeleitet.

6.1 Bedeutung des Produktivitätsmanagements

Angesichts eines erhöhten Wettbewerbsdrucks in verschiedenen Branchen des Verarbeitenden Wettbewerbs müssen Betriebe Mittel und Wege finden, ihre Strukturen und Prozesse veränderten Anforderungen anzupassen. Für die industrielle Montage bedeutet diese Entwicklung, zunehmend mehr Produktvarianten in ein und demselben Montagesystem bis hin zur Losgröße 1 zu produzieren, ohne dass die Stückkosten erheblich steigen (Kagermann et al. 2013). In der Folge nehmen die Anforderungen an das betriebliche Produktivitätsmanagement deutlich zu. Ein Schlüssel zur nachhaltigen Steigerung der Produktivität in der industriellen Individualmontage liegt dabei im Umgang mit Komplexität (s. Abschn. 1.6). Die zu erzielenden Verbesserungspotenziale herkömmlicher Strategien der Komplexitätsreduktion sind begrenzt. Durch Redundanz, Wiederholung und Beschränkung auf wenige, routineartig ausgeübte Montagetätigkeiten wurde bislang versucht, Montagetätigkeiten möglichst einfach zu halten. Diese Strategie lässt sich in vielen Betrieben angesichts zunehmender Variantenvielfalt, Kundenorientierung und sich verkürzender Produktlebenszyklen kaum noch umsetzen. Stattdessen sollten betriebliche Strategien darauf abzielen, die zunehmende Komplexität durch Reorganisation von Prozessen, durch den Rückgriff auf mehr informationstechnische Unterstützung und auch verbesserte ergonomische Gestaltung der Arbeitssysteme beherrschbar zu machen (Hinrichsen et al. 2020). Der wachsende Anteil der Einzel- und Kleinserienmontage führt dazu, dass Beschäftigte in der Montage ihre Arbeitsabläufe von Variante zu Variante immer wieder anpassen müssen. Redundanz als eine Art Zwang zur Gleichförmigkeit ohne kognitive Anstrengung wird ersetzt durch Entropie als einer Art Zwang zur permanenten Wachsamkeit bei hoher kognitiver Anstrengung (s. Kap. 3). Die großen zu verarbeitenden Informationsmengen können entsprechend zu einer hohen mentalen Beanspruchung der Beschäftigten führen (s. Kap. 4). Für Betriebe resultiert daraus die Notwendigkeit, den wachsenden Leistungsanforderungen mit geeigneten arbeitsorganisatorischen und modernen informationstechnischen Mitteln zu begegnen, um ein entsprechendes Produktivitätsniveau zu realisieren und damit die Wettbewerbsfähigkeit der Montagearbeit am Standort Deutschland zu gewährleisten. Dabei besteht eine wichtige Maßnahme im Einsatz von informatorischen Assistenzsystemen.

Mängel in der betrieblichen Informationsbereitstellung als Ansatz für das Produktivitätsmanagement

Gerade die variantenreiche Montage erfordert ein umfassendes Informationsmanagement (s. Kap. 2). Wenn nicht mehr nach dem einen erlernten Standard gearbeitet werden kann, benötigen die Beschäftigten immer wieder neue Informationen, wie einzelne Produktvarianten im Detail zu montieren sind. Montage erfordert seitens der Beschäftigten dadurch an jedem einzelnen Arbeitsplatz eine kontinuierliche Umstellung. Diese impliziert Unsicherheit, die nur durch eine optimierte Informationsbereitstellung bewältigt werden kann. In vielen Betrieben bestehen diesbezüglich noch Verbesserungspotenziale. So zeigen eigene empirische Untersuchungen, dass im Hinblick auf die informatorische Gestaltung der manuellen Montage verschiedene Defizite bestehen, die zu hohen Verteilzeiten, niedrigen Leistungsgraden und Fehlern in der Montage führen (Hinrichsen und Bendzioch 2018): 1. Benötigte Informationen fehlen; 2. Es werden unnötige Informationen bereitgestellt; 3. Informationen werden zum falschen Zeitpunkt und im falschen Umfang präsentiert; 4. Informationen sind nicht aktuell; 5. Informationen werden nicht rezipientenfreundlich aufbereitet, so dass sie einfach aufgenommen und verarbeitet werden können. Die zentralen Aspekte eines gelungenen Informationsmanagements (Hollnagel 1987) werden allzu häufig vernachlässigt: Welche Information benötigt der Beschäftigte (Was?), zu welchem Zeitpunkt im Arbeitsablauf benötigt er sie (Wann?) und in welcher Form wird sie benötigt (Wie?).

6.2 Grundlagen zum Produktivitätsmanagement

Industrielle Montageprozesse zeichnen sich dadurch aus, dass unter Einsatz von begrenzten Ressourcen Erzeugnisse entsprechend vorgegebener Spezifikationen hergestellt werden. Alle benötigten Ressourcen müssen passend zusammengeführt werden, um die Sachziele (montierte Erzeugnisse in der geforderten Menge und Qualität) und Effizienzziele zu erreichen (s. Abschn. 1.4). Die entscheidende Größe zur Bewertung der Effizienz eines Montagesystems ist die erzielte Produktivität, also ein Erreichen der Sachziele mit möglichst geringem Ressourceneinsatz. Die Stellschraube zur Steigerung der Produktivität liegt folglich darin, jegliche Art der Verschwendung von knappen Ressourcen zu identifizieren und zu beseitigen. Auf diese Weise kann es gelingen, das gewünschte Ergebnis mit möglichst geringem Ressourceneinsatz (Minimalprinzip) oder ein möglichst gutes Ergebnis (Menge, Qualität) mit festgelegtem Ressourceneinsatz zu erreichen (Maximalprinzip) (Vahs und Schäfer-Kunz 2015). Produktivität gilt demnach als das Verhältnis von Output zu Input, wobei im ersten Fall der Input reduziert und im zweiten Fall der Output gesteigert wird. In beiden Fällen geht es letztlich um ein Mengenverhältnis. Aus betriebswirtschaftlicher Sicht ist die Produktivität der menschlichen Arbeit in der manuellen Montage von besonderem Interesse, da die Personalkosten in diesem Bereich einen hohen Anteil an den Gesamtkosten ausmachen (Baszenski 2012). Zur Ermittlung der Arbeitsproduktivität wird ein abgegrenzter Arbeitsbereich, z. B. eine Kostenstelle, ausgewählt. Die Berechnung erfolgt allgemein aus dem Verhältnis der Ausbringungsmenge (Output) zur Anzahl der geleisteten Arbeitsstunden (Input) (Dellmann und Pedell 1994):

$$\text{Arbeitsproduktivität} = \frac{\text{Ausbringungsmenge}}{\text{Arbeitsstunden}}$$

Diese Kennzahl ist allerdings hinsichtlich ihrer Anwendungsmöglichkeiten begrenzt. So bezieht sich der Zähler nur auf homogene Produktmengen. Liegt hingegen eine variantenreiche Serien- oder Einzelmontage (s. Abschn. 1.5) vor, so ist die Beschaffenheit des Outputs aufgrund z. B. einer unterschiedlichen Anzahl an zu montierenden Teilen recht heterogen. Da sich der Auftragsmix im Zeitverlauf in aller Regel immer wieder verändert, kann nicht die Menge der montierten Produkte als Größe für den Output verwendet werden. Daher wird in diesem Fall für n Montageaufträge jeweils die aggregierte Soll-Auftragszeit berechnet. Hierzu wird jeweils die Auftragsmenge mit der zugehörigen Zeit je Einheit multipliziert. Zusätzlich können noch Rüstzeiten bei einem Auftragswechsel auftreten. In einem solchen Fall sind sie zu addieren. Es wird der Quotient aus der Summe aller Soll-Auftragszeiten und der Summe aller Ist-Auftragszeiten innerhalb einer festzulegenden Periode gebildet. Die Summe der Ist-Auftragszeiten beinhaltet die Ist-Arbeitsstunden, die zur Bearbeitung von n Aufträgen benötigt wurden (Sauter und Killisch-Horn 2011; Dorner und Stowasser 2012). In diesem Fall entspricht die Arbeitsproduktivität dem Zeitgrad (REFA 1997).

$$\text{Arbeitsproduktivität} = \frac{\sum_{i=1}^{n} \text{Mengen der Soll} - \text{Auftragszeiten}_i}{\sum_{i=1}^{n} \text{Mengen der Ist} - \text{Auftragszeiten}_i}$$

Entsprechend einer zeitwirtschaftlichen Perspektive lässt sich die Arbeitsproduktivität in der manuellen Montage steigern, indem Auftragszeiten – bestehend aus Rüst- und Ausführungszeiten – reduziert werden. Rüstzeiten beziehen sich auf Ist- bzw. Soll-Zeiten, die aus einem Auftragswechsel resultieren (z. B. Befestigen einer Vorrichtung für die Montage der Erzeugnisse des neuen Auftrags). Ausführungszeiten beziehen sich auf die eigentliche Montage und lassen sich in Grund- und Verteilzeiten unterscheiden. Grundzeiten beinhalten die planmäßigen Ausführungszeiten der Beschäftigten, während Verteilzeiten – wie der Begriff bereits zum Ausdruck bringt – stochastisch verteilt sind, also nicht vorhergesagt werden kann, wann und in welchem Umfang diese Zeiten auftreten (z. B. Nacharbeit infolge eines in der Endmontage entdeckten Montagefehlers). Aus dieser

REFA-Systematik (1997) lassen sich umfassende Ansätze für ein Produktivitätsmanagement in der manuellen Montage ableiten. Dabei ist die informatorische Gestaltung des Montagesystems insbesondere in der Einzel- und variantenreichen Kleinserienmontage von entscheidender Bedeutung (s. Kap. 2). So ist aufgrund der großen Anzahl an Auftragswechseln und damit Rüstvorgängen dafür Sorge zu tragen, dass der Beschäftigte sich schnell orientieren und einen Rüstvorgang in kurzer Zeit vornehmen kann. Auch kommt es mit zunehmender Komplexität der Montageaufgabe vermehrt zu Störungen und damit Verteilzeiten (z. B. Nachfrage des Montagebeschäftigten in der Konstruktionsabteilung, wie ein kundenspezifisch konstruiertes Bauteil zu montieren ist), so dass eine systematische Erfassung und Beseitigung von Ursachen für solche Störungen eine wichtige Aufgabe des Produktivitätsmanagements darstellt. Über eine Optimierung des Montageprozesses lassen sich die Grundzeiten beeinflussen, indem beispielsweise Informationen so dargestellt werden, dass diese schnell und sicher vom Beschäftigten erfasst und in Handlung umgesetzt werden können. Eine weitere wichtige Einflussgröße auf die Arbeitsproduktivität stellt der Leistungsgrad dar. Dieser setzt sich aus Intensität und Wirksamkeit zusammen (REFA 1997). Die Intensität hängt dabei mit der „Bewegungsgeschwindigkeit und Kraftanspannung der Bewegungsausführung" zusammen. Die Wirksamkeit ist hingegen „daran zu erkennen, wie geläufig, zügig, beherrscht, harmonisch, sicher, unbewusst, ruhig, zielsicher, rhythmisch, locker gearbeitet wird" (REFA 1997). Während die Intensität insbesondere beim Gehen sowie Hinlangen und Bringen von Bauteilen zu beobachten ist, kommt die Wirksamkeit beim Greifen und Fügen von Bauteilen zum Tragen. Der Grad der zu erreichenden Wirksamkeit wird aber auch erheblich von der Komplexität des Montagesystems mitbestimmt, da sich Routine mit zunehmender Komplexität immer weniger herausbilden kann. Die Wirksamkeit hängt dabei eng mit dem Übungsgrad und der Qualifikation eines Beschäftigten zusammen, die Intensität hingegen mit der Arbeitsmotivation.

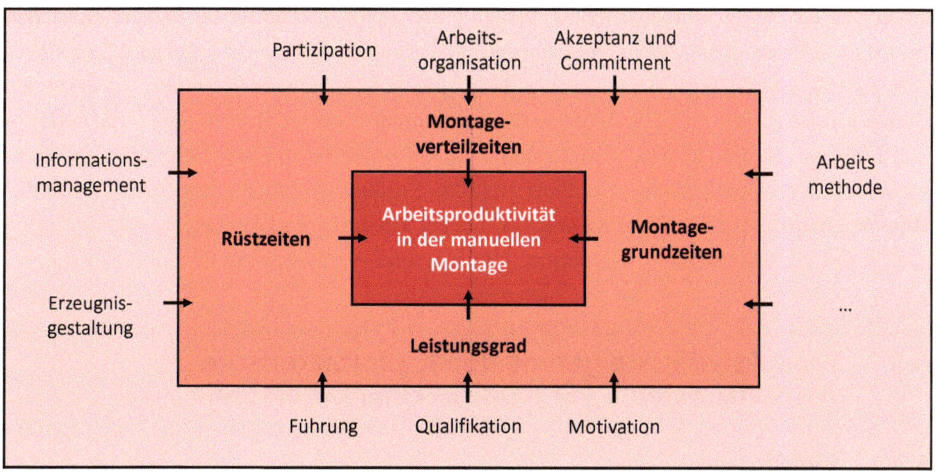

Abb. 6.1 Direkte und indirekte Einflussgrößen auf die Arbeitsproduktivität (in Anlehnung an Wildemann 2014)

Der Leistungsgrad von Beschäftigten sowie die Dauer von Rüst- und Ausführungszeiten in der Montage werden durch eine Vielzahl an Größen beeinflusst. Diese lassen sich in einem Schalenmodell mit dem Kernpunkt „Arbeitsproduktivität" veranschaulichen (s. Abb. 6.1). Dabei können die Einflüsse auf den Kernpunkt mehr oder weniger direkt aus der ersten Schale oder indirekt aus weiteren Schalen heraus erfolgen. Wird die zeitwirtschaftliche Systematik nach REFA zur Erklärung der Arbeitsproduktivität verwendet, so befinden sich entsprechende Größen in der ersten Schale, die durch eine Reihe weiterer, auch voneinander abhängiger Größen beeinflusst werden. Als indirekte Faktoren lassen sich etwa die Beanspruchung, die Arbeitsmotivation, das Commitment und das Engagement der Beschäftigten oder die Akzeptanz von technischen Veränderungen infolge zunehmender Partizipation bei der Entscheidungsfindung anführen. Solche Faktoren wirken sich letztlich auch auf den Leistungsgrad aus. Sie beeinflussen aber auch die Rüst- und Montageausführungszeiten, da die genannten Größen sich wiederum auf den Kontinuierlichen Verbesserungsprozess (KVP) auswirken.

Die informatorische Gestaltung der manuellen Montage im Allgemeinen und die Einführung von Montageassistenzsystemen im Speziellen ist entsprechend dieses Modells nur ein produktivitätssteigernder Ansatz. Daher ist stets zu bedenken, dass die konkrete Auswirkung eines Assistenzsystems niemals isoliert erfasst werden kann. Mit seiner Einführung verbinden sich Entscheidungen des Managements, die Verknüpfung mit weiteren Technologien im Betrieb und die Einstellungen im Betrieb zu Innovationen. Alle diese Aspekte bestimmen letztlich mit, welche Wirkung das Assistenzsystem entfaltet. Von daher sollte beachtet werden, dass jegliches Produktivitätsmanagement letztlich immer auf eine Kombination von einflussnehmenden Maßnahmen hinausläuft, die dann den Output, den Input und auch den Montageprozess (Throughput) betreffen.

Die Planung, Steuerung und Überwachung von produktivitätssteigernden Maßnahmen erfolgt im Rahmen des Produktivitätsmanagements. Basis hierfür bildet die regelmäßige Erfassung einer Produktivitätskennzahl bzw. der Arbeitsproduktivität in der manuellen Montage (Dorner 2014). Über die regelmäßige Erfassung wird eine Transparenz zur Prozessleistung geschaffen, die es ermöglicht, Abweichungen vom Standard zu erkennen (Dorner und Stowasser 2012). Werden Abweichungen festgestellt, kann mit Hilfe des Produktivitätsmanagements eine gezielte Planung, Steuerung und Überwachung von Gegenmaßnahmen erfolgen. Damit orientiert sich das Produktivitätsmanagement im Wesentlichen an einem kybernetischen Regelkreis. Dieser gliedert sich grundlegend in die Phasen der Produktivitätsmessung, -evaluation, -planung und -verbesserung (Sumanth 1998).

6.3 Produktivitätssteigerung durch informatorische Assistenzsysteme – Ergebnisse einer Laborstudie

6.3.1 Einführung

Produktivitätssteigerungen können durch gezielte Einflüsse auf den Output, den Input oder den Throughput erfolgen. Die Einführung eines informatorischen Assistenzsystems wird hier zunächst einmal als ein Einflussfaktor auf den prozessualen Throughput begriffen, d. h. durch die Vermittlung von Information soll die Komplexität der Montageverrichtungen reduziert, der Entscheidungsprozess der Beschäftigten erleichtert und eine der jeweiligen Variante entsprechende Montage sichergestellt werden. Dadurch soll Zeit gewonnen und Unsicherheit vermieden werden, die häufig zu Fehlern führt (Zeltzer et al. 2012). Die Zeitgewinne beziehen sich dabei zum einen auf die Ausführungszeiten, d. h. der Montageprozess kann in kürzerer Zeit erfolgreich absolviert werden, weil z. B. Überlegen, Vergewissern und aufwändige kognitive Entscheidungsprozesse (etwa hinsichtlich der Auswahl von Teilen oder Werkzeugen) entfallen (s. Kap. 3). Zum anderen werden Verteilzeiten reduziert, indem etwa die wiederholte Kontaktaufnahme mit der Konstruktionsabteilung vermieden wird. Sodann beziehen sie sich aber auch auf solche Phasen im Montageprozess, in denen eine kognitive Umstellung vorgenommen werden muss. Dies ist immer dann der Fall, wenn von Variante zu Variante oder vom Ende einer Serie auf den Anfang einer neuen Serie gewechselt werden muss. Diese Umstellungen implizieren einerseits ein gewisses Verlernen hinsichtlich der bisherigen Ausführungsmodalitäten als auch ein Anlernen hinsichtlich der neuen Modalitäten. Solche Übergänge brauchen nicht nur Zeit, sondern erhöhen auch das Fehlerrisiko, weil psychologisch betrachtet mit der Bahnung der neuen Verrichtung gleichzeitig auch eine Hemmung der bis dahin gebahnten Verrichtung einhergeht. Vertraute Gewohnheiten setzen sich oftmals wider den Willen der Beschäftigten durch.

Ein informatorisches Assistenzsystem erzeugt einerseits direkte Vorteile hinsichtlich Zeit und Fehlern, andererseits sind aber auch indirekte Einflüsse über eine Absenkung der mentalen Beanspruchung anzunehmen (s. Kap. 4). Über die ergonomisch förderliche Bereitstellung von Informationen werden kognitive Ressourcen geschont und eine mentale Überforderung verhindert, die wiederum mit Instabilitäten des Montageablaufs und hohem Fehleraufkommen verbunden ist. Paralleleffekte können sich ergeben, wenn ein Assistenzsystem von den Beschäftigten nicht akzeptiert und etwa abgestellt wird, obwohl ein Unterstützungsbedarf besteht, z. B. aufgrund mangelnder Erfahrung.

Vereinzelte empirische Studien (Funk et al. 2016; Blattgerste et al. 2017; Kosch et al. 2016) bestätigen zwar tendenziell die Produktivitätssteigerungspotenziale von informatorischen Montageassistenzsystemen, lassen aber dennoch nur begrenzte Rückschlüsse auf reale Montageaktivitäten zu. Dies liegt zum einen daran, dass überwiegend Lego-Modelle anstelle realer Produkte zu Montagezwecken eingesetzt wurden. Zum anderen wurden die Variantenvielfalt sowie der Schwierigkeitsgrad der einzelnen Varianten nur unzureichend berücksichtigt. Um diese Defizite zu umgehen, wurde eine experimentelle Untersuchung durchgeführt, die zwar im Labor, jedoch an einem exakt nachgebildeten Montagearbeitsplatz stattfand und die Montage von industriellen Baugruppen mit Originalteilen und -werkzeugen beinhaltete. Ziel der Untersuchung war es, die Annahme der Überlegenheit von verschiedenen informatorischen Assistenzsystemen gegenüber einer traditionell papierbasierten Informationsbereitstellung hinsichtlich unterschiedlicher Produktivitätsaspekte genauer zu überprüfen und zu bewerten.

6.3.2 Untersuchungsteilnehmer

Aufgrund der sehr zeitaufwendigen Studien – bis zu fünf Stunden je Versuchsdurchführung – wurde in einem ersten Schritt eine Stichprobengröße von acht Probanden je Bedingungskombination festgelegt. In Summe haben somit an der ersten Untersuchungsphase, deren Ergebnisse bereits publiziert wurden (Bendzioch und Hinrichsen 2020), 32 Probanden teilgenommen. Bei den Probanden – 27 männlich und fünf weiblich – handelt es sich fast ausschließlich um Studierende (93,75 %), die zum Zeitpunkt der Untersuchung zwischen 21 und 37 Jahren alt waren (M = 25,31; SD = 3,76). Die motorischen Fähigkeiten der Probanden unterschieden sich nach einem durchgeführten Pretest (Sehtest und Montage eines Lego Referenzmodells, s. Abschn. 6.3.4) nicht signifikant voneinander (Einfaktorielle Varianzanalyse; F(3, 28) = 0,509, p = 0,680). Folglich kann davon ausgegangen werden, dass das Ausgangsniveau der motorischen Fähigkeiten bei den Probanden in etwa gleich ist und die generierten Datensätze vergleichbar sind.

6.3.3 Untersuchungsdesign

Das mehrfaktorielle Forschungsdesign – 4 × 3 Design – der empirischen Studie (Bendzioch et al. 2019; Bendzioch und Hinrichsen 2020) wird im Folgenden näher erläutert. Der erste Faktor umfasst vier verschiedene Unterstützungssysteme zur Durchführung der Montageaufgaben. Zu den Systemen gehören drei verschiedene informatorische Assistenzsysteme – (I) Datenbrillengestütztes Assistenzsystem, (II) Tabletgestütztes Assistenzsystem, (III) Projektionsgestütztes Assistenzsystem – und (IV) eine papiergestützte Informationsbereitstellung für die Kontrollgruppe. Die Montageinstruktionen wurde für alle unterstützenden Systeme (I bis IV) mit dem gleichen Informationsumfang aufbereitet. Hierzu zählen Materialstücklisten, Montagehinweise, Werkzeuge und eine Schritt-für-Schritt-Anweisung. Lediglich die Visualisierung der Stücklisteninformationen wurde an das jeweilige Medium angepasst. Diesbezüglich werden in allen informatorischen Montageassistenzsystemen (I bis III) die Behälterpositionen visuell dargestellt, um die spezifischen Eigenschaften der Systeme in dem Versuchsaufbau mit zu berücksichtigen. Darüber hinaus wurde bei der Erstellung der Montageinstruktionen darauf geachtet, Texte auf ein Minimum zu reduzieren und stattdessen Abbildungen, Bilder oder Symbole zu verwenden (s. Kap. 2). Die Hardware für den Versuch besteht aus einer Vuzix M300 (Datenbrille) und einer auf dem Markt verfügbaren Assistenzsystemlösung für das tablet- und projektionsgestützte Assistenzsystem. Im Unterschied zu den beiden letztgenannten Systemen erfolgt die Informationsausgabe bei der Datenbrille über eine Bild-App und nicht über eine spezielle Softwarelösung.

Der zweite Faktor berücksichtigt den Komplexitätsgrad der Montageaufgabe und gliedert sich in drei unterschiedlich komplexe Baugruppen – (A) leicht, (B) mittel und (C) schwer. Diese werden jeweils viermal in Serie montiert, um die Anlernzeiten im Forschungsdesign mit zu berücksichtigen. Studien von Jeske (2013) haben gezeigt, dass der Umfang von vier

Wiederholungen (Montageausführungen) ausreicht, um hinreichende Anlerneffekte zu erkennen. Bei den Baugruppen handelt es sich um Pneumatikbaugruppen eines Maschinenherstellers (s. Kap. 9), sodass in der Laborstudie ein realer Anwendungsfall simuliert wird. Die Einteilung in die Komplexitätsgrade leicht, mittel und schwer erfolgte mit Hilfe des Entropiemaßes. Das Maß der Entropie (H) stammt aus der Informationstheorie und misst den Grad an Unsicherheit vor dem Eintreten eines Ereignisses, beispielsweise die Auswahl eines Bauteils im Arbeitssystem, und wird wie folgt berechnet (Schlick et al. 2018):

$$H = -\sum_{i=1}^{N} p_i log_2 p_i$$

Damit entspricht die Entropie dem Informationsgehalt einer Aufgabe (Bit) und kann als die Menge an Information interpretiert werden, die verarbeitet werden muss, um eine Aufgabe zu erlernen (Jeske 2013) (s. Kap. 3). Die sich daraus ergebende Einteilung sowie Bezugsgrößen zu den drei Baugruppen können aus der Tab. 6.1 cntnommen werden.

Die beiden vorgestellten Faktoren stellen die unabhängigen Variablen im Versuchsaufbau dar. Darauf Bezug nehmend werden als abhänge Variable die Ausführungszeit, die Fehlerquote, die mentale Beanspruchung und die Akzeptanz erhoben. Die Ausführungszeit wird als Gesamtzeit für die Fertigstellung einer Baugruppe ermittelt. Fehler während der Montage werden in einer zuvor erstellten Fehlerliste aufgezeichnet, um eine konsistente Fehlerbeschreibung zu gewährleisten. Diese Fehlerliste beinhaltet die folgenden Merkmale: Kommissionierfehler (falsches Werkzeug gegriffen, falsches Teil gegriffen und/oder zu viele/zu wenige Teile gegriffen) und Montagefehler (Werkzeug nicht benutzt, an falscher Position montiert, falsche Orientierung des Bauteils, Bauteil nicht verbaut und sonstiger Fehler bei der Montage) (Bendzioch et al. 2019). Bei den Montagefehlern ist zu beachten, dass alle Fehler aufgezeichnet werden, einschließlich derer, die während der Montage korrigiert wurden.

Tab. 6.1 Komplexitätsgrad der Montageaufgaben (Bendzioch et al. 2019)

	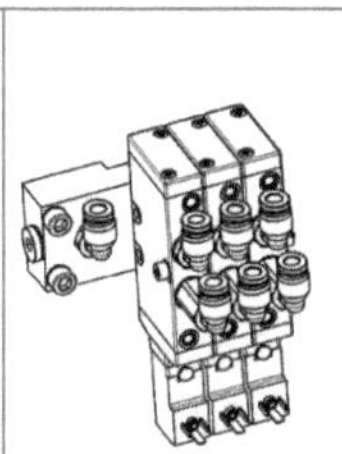	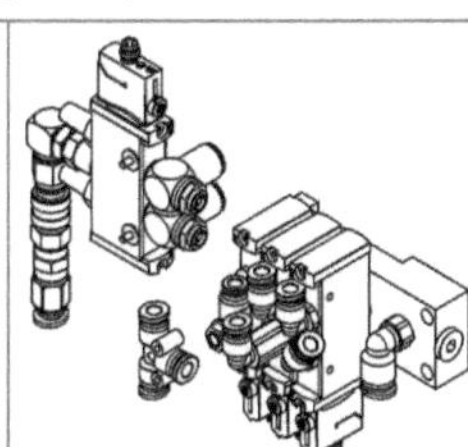	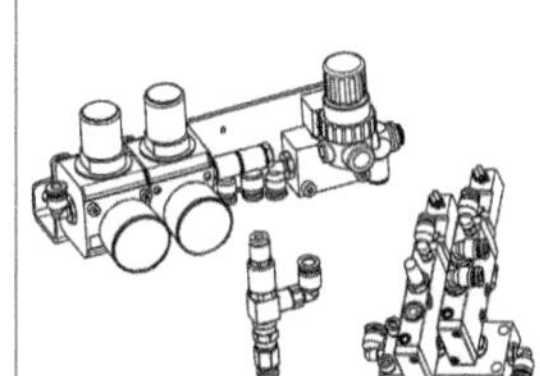
	Baugruppe A	Baugruppe B	Baugruppe C
Komplexitätsgrad der Montageaufgabe	leicht	mittel	schwer
Entropiemaß der Baugruppe	2,594 Bit	3,831 Bit	4,465 Bit
Anzahl Einzelteile	21	39	48
Anzahl unterschiedlicher Teile	7	20	27
Anzahl Werkzeuge	3	7	11

Die mentale Beanspruchung wird mit Hilfe des NASA-TLX (Task Load Index) Fragebogens bewertet. Das Instrument gliedert sich in sechs Dimensionen (Hart und Staveland 1988): Geistige Anforderung, körperliche Anforderung, zeitliche Anforderung, Leistung, Anstrengung und Frustrationsniveau. Im Unterschied zur ursprünglichen Version des Fragebogens entfällt die Gewichtung der sechs Dimensionen, da Studien gezeigt haben, dass gewichtete und ungewichtete Ergebnisse eine hohe Korrelation aufweisen (Nygren 1991). Weiterhin ist zu beachten, dass neben der NASA-TLX Gesamtscore auch die Dimension der geistigen Anforderungen als Bewertungskriterium für die mentale Beanspruchung im Versuchsablauf herangezogen wird. Zur Messung der Akzeptanz dient ein von Fischbach (2019) in die deutsche Sprache übersetzter UTAUT-Fragebogen (Unified Theory of Acceptance and Use of Technology). Dieser wurde um Aspekte der Technologie- und Prozessakzeptanz in Bezug auf Assistenzsysteme in der Montage erweitert und umfasst acht Dimensionen: Gewohnheit, Leistungserwartung, Aufwandserwartung, Sozialer Einfluss, Unterstützende Bedingungen, Nutzungseinstellung, Nutzungsabsicht und Bestätigung. Im Kontext der Laborstudie liegt der Fokus der Evaluation auf den folgenden vier Dimensionen: Leistungserwartung, Aufwandserwartung, Nutzungseinstellung und Nutzungsabsicht.

Die Auswertung des Versuchs erfolgt sowohl deskriptiv als auch inferenzstatistisch unter Verwendung des Statistikprogramms SPSS 26. Im Rahmen der inferenzstatischen Auswertung werden Varianzanalysen sowie paarweise Vergleiche – Post-hoc-Tests – durchgeführt. Dies ermöglicht es, eine Aussage darüber zu treffen, inwiefern sich die informatorischen Montageassistenzsysteme (I bis III) statistisch von der papiergestützten Montageinstruktion (IV) in Abhängigkeit von den drei beschriebenen Baugruppen (A, B und C) unterscheiden. Innerhalb der deskriptiven Auswertung erfolgt zudem die Beschreibung des Datensatzes hinsichtlich der Lage der Daten, Grafiken bzw. Tabellen und der relativen Häufigkeit, z. B. in Bezug auf Ausführungszeiten oder Fehler.

6.3.4 Versuchsdurchführung

Die Montage der einzelnen Baugruppen (A, B und C) erfolgt an einem standardisierten Montagearbeitsplatz, in welchem alle unterstützenden Systeme (I bis IV) integriert sind (s. Abb. 6.2). Der Arbeitsplatz ist als Steharbeitsplatz eingerichtet und wird für jeden Probanden entsprechend seiner Körpergröße eingestellt. Während der Montage werden die Probanden mit Hilfe von zwei Kameras beobachtet, um externe Einflüsse weitestgehend zu vermeiden. Die Eignung der Versuchspersonen wird über einen Sehtest und eine Überprüfung der motorischen Fähigkeiten an einem Referenzmodell festgemacht (Pretest). Für den Sehtest wird die kleinste zu lesende Schrift und der maximale Abstand im Versuch als Bezugsgröße verwendet. Bei dem Referenzmodell, welches zur Überprüfung der motorischen Fähigkeiten verwendet wird, handelt es sich um ein Lego-Auto, welches mit einer papiergestützten Montageinstruktion zu montieren ist.

Der Versuchsablauf gliedert sich in vier Schritte. In einem ersten Schritt werden die Probanden über die Ziele der Studie, die allgemeinen Rahmenbedingungen und den

Abb. 6.2 Versuchsaufbau der Studie

Versuchsablauf informiert. Daran anschließend erfolgt in einem nächsten Schritt die Überprüfung der Versuchseignung mit Hilfe der beschriebenen Pretests. Während der Montage des Lego-Autos werden die benötigte Zeit und die auftretenden Montagefehler dokumentiert. Abgeschlossen wird der zweite Schritt mit einer Referenzmessung der mentalen Beanspruchung. Der dritte Schritt beinhaltet die Einführung in den Hauptversuch. Hierzu werden die Probanden in das jeweilige unterstützende System eingewiesen. Um eine gleichbleibende Informationsbasis und damit Ausgangsbedingung für das Experiment zu schaffen, erfolgt die Unterweisung mit ausgearbeiteten Hinweisdokumenten. In einem abschließenden Schritt erfolgt die standardisierte Montage der drei Baugruppen. Nach jeder Montage wird der NASA-TLX-Fragebogen vom Probanden ausgefüllt. Die Akzeptanz wird hingegen nur nach der ersten Montage von Baugruppe A und nach der vierten Montage von Baugruppe C gemessen. Des Weiteren sind die Probanden dazu angehalten, die Montagewerkzeuge nach jedem Arbeitsschritt zurückzulegen, um eine bessere Vergleichbarkeit der Ausführungszeiten zu gewährleisten.

6.3.5 Hypothesen

Im Rahmen der empirischen Laborstudie wurden folgende fünf Hypothesen aufgestellt und überprüft (Bendzioch et al. 2019):

1. Der Einsatz eines informatorischen Assistenzsystems führt zu geringeren Anlernzeiten im Vergleich zur Verwendung einer papierbasierten Montageanleitung.

2. Der Einsatz eines informatorischen Assistenzsystems führt bei der erstmaligen Montage einer neuen Produktvariante zu geringeren Ausführungszeiten im Vergleich zur Verwendung einer papierbasierten Montageanleitung.
3. Der Einsatz eines informatorischen Assistenzsystems führt zu einer geringeren Anzahl an Kommissionier- und Montagefehlern im Vergleich zur Verwendung einer papierbasierten Montageanleitung.
4. Der Einsatz eines informatorischen Assistenzsystems führt zu einer geringeren mentalen Beanspruchung im Vergleich zur Verwendung einer papierbasierten Montageanleitung.
5. Der Einsatz eines informatorischen Assistenzsystems führt zu einer höheren Akzeptanz im Vergleich zur Verwendung einer papierbasierten Montageanleitung.

6.3.6 Ergebnisse der Untersuchung

Nachfolgend werden jeweils die Ergebnisse zu den fünf Hypothesen im Einzelnen vorgestellt. Mit der ersten Hypothese wird der Einfluss eines informatorischen Assistenzsystems auf die Anlernzeit im Vergleich zu einer papierbasierten Montageinstruktion untersucht. Eine Analyse der Daten, unter Verwendung einer Varianzanalyse mit Messwiederholung, zeigt einen signifikanten Haupteffekt zwischen der Wiederholung der Montageaufgabe und den Ausführungszeiten F_{leicht} (1,62, 45,35) = 91,90, $p < 0{,}001$; F_{mittel} (1,77, 49,51) = 124,65, $p < 0{,}001$; F_{schwer} (1,69, 47,36) = 202,38, $p < 0{,}001$. Die dargestellten Ergebnisse lassen damit unabhängig vom verwendeten Unterstützungssystem auf einen Anlerneffekt bzw. eine Reduzierung der Ausführungszeiten durch die wiederholte Mon-

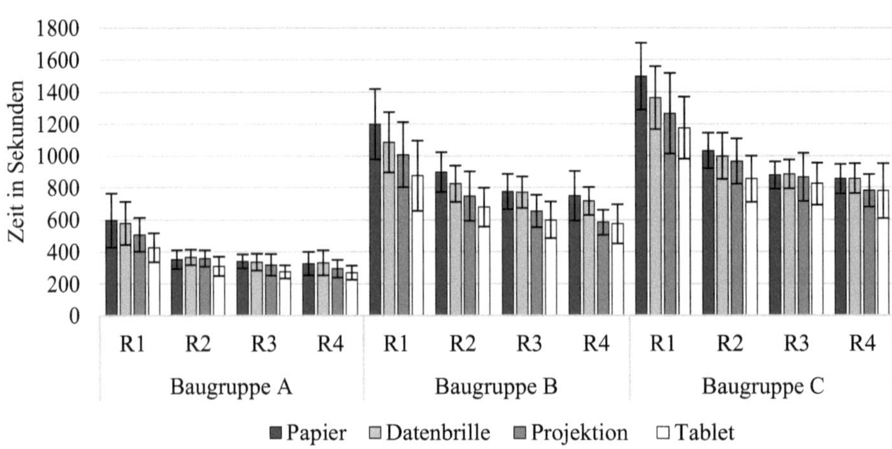

Abb. 6.3 Ausführungszeiten der Baugruppen und Wiederholungen (Mittelwerte) (Bendzioch und Hinrichsen 2020)

tage der Baugruppen schließen. Dieser Zusammenhang wird auch aus Abb. 6.3 ersichtlich. So nehmen die Ausführungszeiten mit der Anzahl an Wiederholungen bis zu einem gewissen Leistungsniveau ab. Weiterhin geht aus Abb. 6.3 hervor, dass die Ausführungs- bzw. Anlernzeiten je nach Komplexität der Baugruppe und des verwendeten Unterstützungssystems variieren. Dieser Verlauf lässt sich für die Baugruppe B durch einen signifikanten Haupteffekt zwischen dem verwendeten Unterstützungssystem und den Ausführungszeiten belegen F_{mittel} (3, 28) = 4,33, (p = 0,013). Ein anschließend durchgeführter paarweiser Vergleich unter Berücksichtigung der Bonferroni-Korrektur zeigt einen signifikanten Unterschied zwischen der Verwendung einer papiergestützten und einer tabletgestützten Informationsbereitstellung (p = 0,017).

Die aufgestellte Hypothese kann damit für die Baugruppe B und das tabletgestützte Assistenzsystem statistisch bestätigt werden. Deskriptiv lassen sich darüber hinaus auch für alle anderen verwendeten Assistenzsysteme Potenziale zur Reduzierung der Anlernzeiten im Vergleich zum Kontrollmedium feststellen (s. Tab. 6.2). Aus der Tab. 6.2 geht hervor, dass sich die Anlernzeiten über alle Baugruppen hinweg am stärksten mit dem tabletgestützten Assistenzsystems gefolgt vom projektionsgestützten Assistenzsystem reduzieren lassen. Hinsichtlich des Komplexitätsgrades der Baugruppen zeigen die verwendeten Assistenzsysteme das größte Potenzial bei der Montage der Baugruppe B, welches in diesem Versuchsaufbau einen mittleren Komplexitätsgrad aufweist.

Damit bestätigen die bisher vorgestellten Ergebnisse, dass informatorische Assistenzsysteme einen Beitrag zur Verkürzung der Anlernzeiten und damit auch der Ausführungszeiten im Vergleich zu einer papiergestützten Montageinstruktion leisten können. Ferner sollen im Rahmen der ersten Hypothese die Auswirkungen auf die Arbeitsproduktivität quantifiziert werden. Hierzu wurde auf Basis der generierten Zeitdaten zu jeder Baugruppe und jedem Unterstützungssystem die Arbeitsproduktivität berechnet (s. Abb. 6.4). Die Ergebnisse zeigen, dass alle informatorischen Assistenzsysteme in der Studie einen Beitrag zur Steigerung der Arbeitsproduktivität leisten. Hervorzuheben ist hierbei das tabletgestützte Assistenzsystem, welches die Arbeitsproduktivität im Vergleich zur papierbasierten Informationsbereitstellung am deutlichsten erhöht: Baugruppe A +26,21 %, bei Baugruppe B +32,8 % und bei Baugruppe C +17,26 %.

Aufbauend auf der ersten Hypothese wird in der zweiten Hypothese das Potenziale von informatorischen Assistenzsystemen bei der erstmaligen Montage einer neuen Baugruppe im Vergleich zum Kontrollmedium untersucht. Hierzu werden jeweils die ersten Ausführungszeiten (R1) einer Baugruppe betrachtet. Unterschiede zwischen den Unterstützungssystemen und der ersten Ausführungszeit lassen sich bereits deskriptiv erkennen (s.

Tab. 6.2 Prozentuale Reduktion der Anlernzeiten gegenüber der papiergestützten Informationsbereitstellung (Hypothese 1)

	Baugruppe A	Baugruppe B	Baugruppe C
Datenbrille	−0,27 %	−6,21 %	−3,70 %
Projektion	−8,54 %	−17,39 %	−8,98 %
Tablet	−20,77 %	−24,70 %	−14,72 %

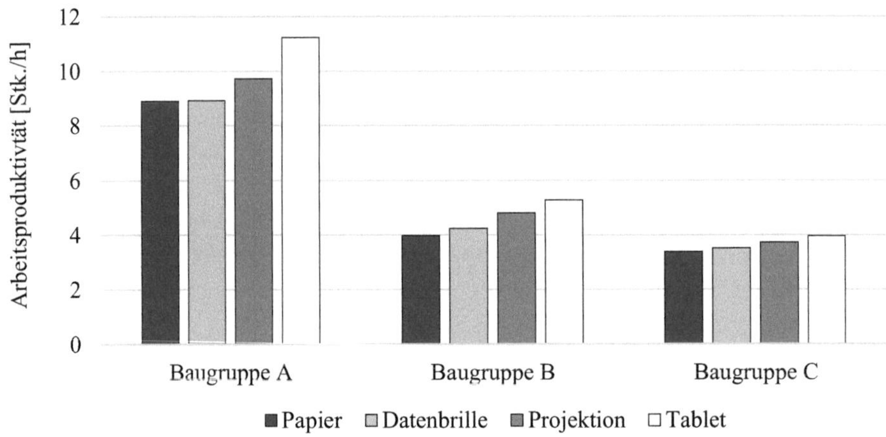

Abb. 6.4 Arbeitsproduktivität in Bezug auf die Baugruppen A, B und C

Tab. 6.3 Prozentuale Reduktion der Ausführungszeit gegenüber der papiergestützten Informationsbereitstellung bei der erstmaligen Montage einer Baugruppe (Hypothese 2)

	Baugruppe A, R1	Baugruppe B, R1	Baugruppe C, R1
Datenbrille	−3,16 %	−9,51 %	−9,00 %
Projektion	−15,13 %	−15,93 %	−15,46 %
Tablet	−28,52 %	−26,95 %	−21,48 %

Abb. 6.3). Aus der Abb. 6.3 geht hervor, dass die Arbeit mit allen informatorischen Assistenzsystemen bei der erstmaligen Ausführung schneller als mit dem Kontrollmedium (Papieranweisung) durchgeführt wird. Statistisch lässt sich dieser Zusammenhang für die Baugruppe B mit einem signifikanten Haupteffekt zwischen der Ausführungszeit und dem verwendeten Unterstützungssystem nachweisen (F_{leicht} (3, 28) = 2,56, p = 0,075; F_{mittel} (3, 28) = 2,94, p = 0,050; F_{schwer} (3, 28) = 2,90, p = 0,053). Ferner ergibt sich aus dem Post-Hoc-Test (Bonferroni-Korrektur) für die Baugruppe B, dass der Einsatz eines tabletgestützten Assistenzsystems zu verkürzten Ausführungszeiten im Vergleich zum Kontrollmedium führt (p = .044). Prozentual bedeutet dies eine Einsparung von 26,95 % (s. Tab. 6.3). Weiterhin geht aus der Tab. 6.3 hervor, dass das tablet- und das projektionsgestützte Assistenzsystem die größten Potenziale zur Reduzierung der Ausführungszeit bei der erstmaligen Montage einer neuen Baugruppe (im Vergleich zum Kontrollmedium Papier) haben.

Zur Überprüfung der dritten Hypothese – informatorische Assistenzsysteme führen zu weniger Kommissionier- und Montagefehlern im Vergleich zur Verwendung einer papiergestützten Montageinstruktion – werden die Fehler bei der Kommissionierung und der Montage getrennt voneinander über alle Produkte und Wiederholungen betrachtet (s. Abb. 6.5).

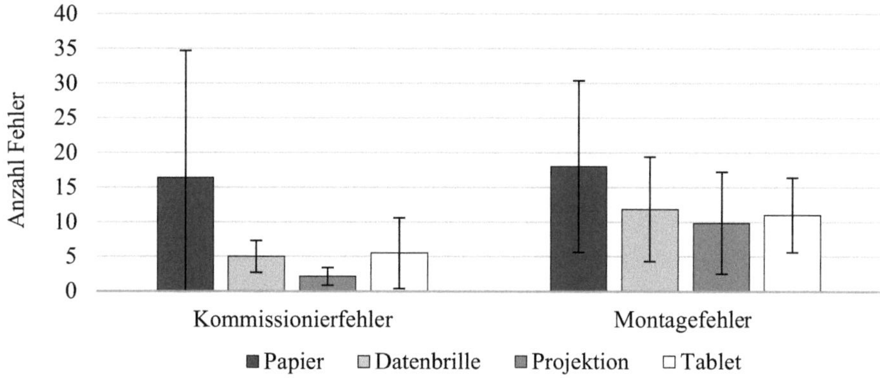

Abb. 6.5 Kommissionierfehler und Montagefehler über alle Baugruppen und Wiederholungen (Mittelwerte) (Bendzioch und Hinrichsen 2020)

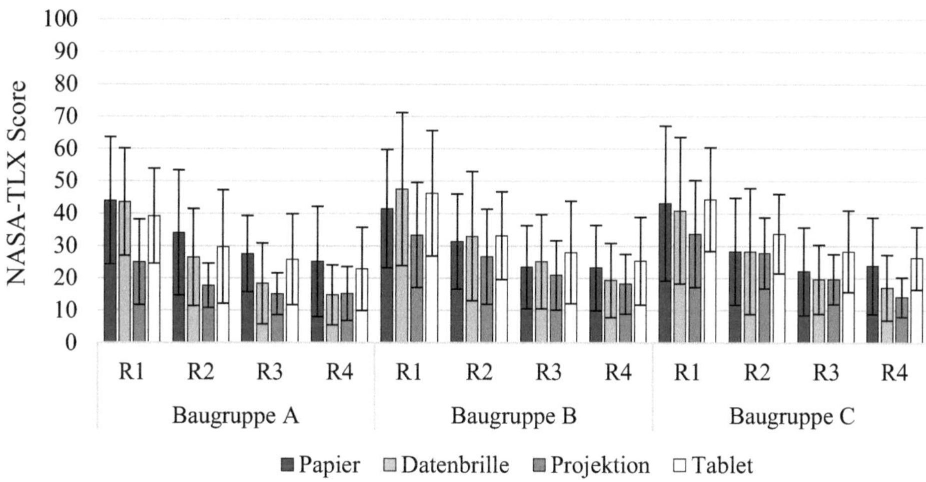

Abb. 6.6 NASA-TLX Score (Mittelwert) in Bezug auf jede Baugruppe und Wiederholung (0 keine Beanspruchung bis 100 sehr hohe Beanspruchung)

Aus Abb. 6.5 ist ersichtlich, dass alle informatorischen Assistenzsysteme einen Beitrag zur Reduzierung der Kommissionier- und Montagefehler im Vergleich zum Kontrollmedium leisten. Dieser Einfluss kann für die Kommissionierfehler unter Verwendung des Kruskal-Wallis-Tests bei unabhängigen Stichproben (keine Normalverteilung) statistisch bestätigt werden (H (3) = 14,47, p = 0,002). Paarweise Vergleiche unter Berücksichtigung der Bonferroni-Korrektur zeigen, dass mit einem projektionsgestützten Assistenzsystem weniger Kommissionierfehler auftreten als mit einer papiergestützten Montageanweisung (z = 3,77, p = 0,001). Dies entspricht prozentual einer Einsparung von 87 % gegenüber dem Kontrollmedium. Aber auch alle anderen Assistenzsysteme tragen zu einer deutlichen

Reduzierung der Kommissionierfehler bei (größer 65 %). Für die Montagefehler kann der aus Abb. 6.5 ersichtliche Einfluss der Assistenzsysteme statistisch nicht bestätigt werden (H (3) = 1,96, p = 0,582). Allerdings lassen sich auch hier deutliche Einsparungen im Vergleich zu der papiergestützten Montageinstruktion erzielen: Datenbrille −34 %, Projektion −45 % und Tablet −39 %.

Mit der vierten Hypothese wird der Einfluss von informatorischen Assistenzsystemen auf die mentale Beanspruchung im Vergleich zum Kontrollmedium untersucht. Für die Bewertung der mentalen Beanspruchung wird der NASA-TLX Gesamtscore und die Dimension geistige Anforderung als Beurteilungskriterium herangezogen. Die in Abb. 6.6 dargestellten Ergebnisse zur NASA-TLX Gesamtscore deuten darauf hin, dass der Einsatz von informatorischen Assistenzsystemen tendenziell zur Reduzierung der mentalen Beanspruchung beiträgt.

So zeigen die Probanden im Durchschnitt die geringste Beanspruchung bei der Nutzung eines projektionsgestützten Assistenzsystems. Demgegenüber wird insgesamt die höchste Beanspruchung bei der Verwendung einer tablet- und papiergestützten Informationsbereitstellung gesehen. Weiterhin ist aus Abb. 6.6 ersichtlich, dass die Datenbrille als Unterstützungssystem bei der erstmaligen Montage einer neuen Baugruppe durchschnittlich den höchsten Wert erreicht und während des vierten Montagedurchlaufs auf das Niveau des projektionsgestützten Assistenzsystems abfällt. Eine nähere Analyse der Dimension geistige Anforderung zeigt hingegen nur geringfügige Unterschiede zwischen allen Unterstützungssystemen auf. Im Rahmen der inferenzstatistischen Analyse der Daten ergeben sich ähnliche Ergebnisse, so können in allen zwölf Messpunkten (NASA-TLX Gesamtscore und Dimension geistige Anforderung) keine signifikanten Unterschiede zwischen den Unterstützungssystemen nachgewiesen werden. Generell lässt sich jedoch für alle Unterstützungssysteme (I bis IV) festhalten, dass die Beanspruchung im Versuch mit der Anzahl an Wiederholungen einer Baugruppe von einer mäßigen Beanspruchung auf ein geringes Beanspruchungsniveau absinkt.

Im Rahmen der fünften Hypothese wird der Einfluss von informatorischen Assistenzsystemen auf die Akzeptanz im Vergleich zu einer papiergestützten Informationsbereitstellung untersucht. Zur Bewertung der Akzeptanz werden die in Abschn. 6.3.3 beschriebenen Dimensionen des UTAUT-Fragebogens berücksichtigt (prä-post-Vergleich): Leistungserwartung, Aufwandserwartung, Nutzungseinstellung und Nutzungsabsicht. Die statistische Auswertung der Daten erfolgt mit dem Kruskal Wallis Test bei unabhängigen Stichproben (keine Normalverteilung). Signifikante Unterschiede lassen sich in dem zweiten Messpunkt, der Leistungserwartung, feststellen (H (3) = 9,759, p = 0,021). Paarweise Vergleiche unter Berücksichtigung der Bonferroni-Korrektur zeigen, dass die Probanden mit der papiergestützten Informationsbereitstellung eine höhere Leistungserwartung an sich haben als mit der Datenbrille (s. Abb. 6.7).

Statistisch lässt sich damit die Hypothese fünf nicht bestätigen, jedoch können aus Abb. 6.7 Trends für den Einsatz von informatorischen Assistenzsystems abgeleitet werden. Darauf Bezug nehmend erwarten die Probanden bei der Prä-Messung die geringste Aufwandserwartung (5 = geringe Aufwandserwartung) unter der Verwendung eines pro-

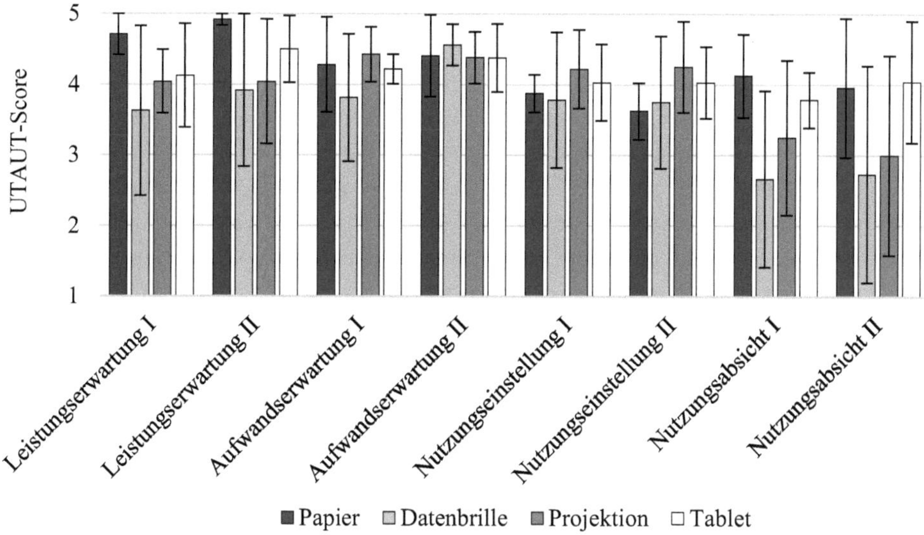

Abb. 6.7 Ergebnisse des UTAUT Fragebogens (Prä-/Post-Vergleich der Mittelwerte) (Likert-Skalierung: 1 – stimme gar nicht zu – bis 5 – stimme voll zu)

jektionsgestützten Assistenzsystems. In der Postmessung liegen hingegen alle Unterstützungssysteme auf demselben Niveau, wobei die Datenbrille mit dem größten Zuwachs (+0,75) hervorzuheben ist. Bei der Nutzungseinstellung zeigt sich hingegen ein Trend zu der Verwendung von informatorischen Assistenzsystemen. Im Durchschnitt liegen alle Assistenzsysteme in der Post-Messung über dem Kontrollmedium, wobei die höchste Nutzungseinstellung bei dem projektionsgestützten Assistenzsystem vorliegt. Größere Unterschiede ergeben sich bei der Nutzungsabsicht. Aus dieser Dimension geht hervor, dass die Probanden die papier- und tabletgestützte Informationsbereitstellung in der Prä- und Post-Messung vor allen anderen Systemen bevorzugen würden.

6.3.7 Limitationen und Interpretation der Untersuchung

Die vorgestellten Befunde machen deutlich, dass sich signifikante Unterschiede nur für einzelne Assistenzsysteme und Untersuchungsaspekte einer Hypothese, z. B. Baugruppe B, aufgrund des gewählten Forschungsdesigns ergeben. Diese Tatsache kann einerseits an der hohen Qualität der papierbasierten Montageinstruktion liegen, welche die Vorteile der Assistenzsysteme nicht in genügendem Maße zur Geltung kommen lässt. Andererseits kann dies auch auf das Versuchsdesign – kleine Stichprobengröße, lange Versuchsdauer sowie große Varianzen in den Ausführungszeiten, Fehlern und Bewertungen – zurückzuführen sein.

Werden die Ergebnisse deskriptiv betrachtet, zeigt sich allerdings, dass Assistenzsysteme einen Beitrag zu kürzeren Ausführungszeiten, weniger Fehlern und einer geringeren mentalen Beanspruchung leisten können. Auch lassen sich sowohl die Anlernzeiten als auch die Ausführungszeiten bei der erstmaligen Montage einer neuen Baugruppen mit dem tabletgestützten Assistenzsystem am stärksten reduzieren. Das Ergebnis ist wahrscheinlich darauf zurückzuführen, dass die Probanden bereits vor der Versuchsdurchführung mit diesem Ausgabemedium vertraut waren und die Informationen zentral auf einem Bildschirm bereitgestellt wurden. Gestützt wird diese Annahme durch eine hohe Leistungserwartung bei der Nutzung des tabletgestützten Assistenzsystems und einer hohen Nutzungsabsicht (UTAUT). Zudem zeigen die Ergebnisse der zweiten Hypothese, dass der Einsatz eines projektionsgestützten Assistenzsystems eine mögliche Alternative zur Reduzierung der Ausführungszeiten bei der erstmaligen Montage einer Baugruppe ist. Darüber hinaus weist dieses System signifikante Unterschiede bei der Reduzierung von Kommissionierfehlern im Vergleich zum Kontrollmedium auf. Das Ergebnis lässt sich vermutlich darauf zurückführen, dass die Behälterposition im Kontrollmedium nicht visuell dargestellt wurde. Gestützt wird diese These durch die Tatsache, dass auch alle anderen Assistenzsysteme zu einer deutlichen Reduzierung der Kommissionierfehler beitragen. Hinsichtlich der Anzahl der Montagefehler besteht zwischen den einzelnen Assistenzsystemen kein großer Unterschied, allerdings haben die Assistenzsysteme in den Untersuchungen zu einer durchschnittlichen Reduzierung der Montagefehler von ca. 40 % gegenüber der papiergestützten Informationsbereitstellung geführt. Der Grund dafür kann darin liegen, dass bei den Assistenzsystemen die Informationen an einem festen Ort bereitgestellt werden, während die Anweisungen auf Papier ortsunabhängig am Arbeitsplatz sind. Letzteres kann dazu führen, dass das Montageergebnis eines Arbeitsschrittes oft nicht mit der Montageanleitung verglichen wird. Mit Blick auf die ersten drei Hypothesen schneidet die Datenbrille von allen drei Assistenzsystemen am schlechtesten gegenüber dem Kontrollmedium ab. Dies kann zum einen an der ungewohnten Informationsbereitstellung liegen und zum anderen an der Tatsache, dass während der Montage immer wieder zwischen nah und fern akkommodiert werden muss. Diese Vermutung wird durch eine geringe Leistungserwartung und Nutzungsabsicht der Datenbrille gestützt (UTAUT).

Insgesamt zeigen die Ergebnisse des Laborversuchs, dass bei der Planung von produktivitätssteigernden Maßnahmen nicht nur klassische arbeitsgestalterische Maßnahmen zum Tragen kommen sollten, sondern auch Montageassistenzsysteme zu berücksichtigen sind. Um die Potenziale von informatorischen Assistenzsystemen in der Zukunft noch besser abschätzen zu können, sollen weitere Probanden die Versuche durchlaufen.

6.4 Empfehlungen zur Produktivitätssteigerung mittels informatorischer Assistenzsysteme

Informatorische Assistenzsysteme bilden einerseits als technische Systeme ein recht neues Element in manuellen Montagesystemen, können andererseits aber auch nur als eine Entwicklung im Trend zur sog. Screenification gesehen werden (Leonhard 2017). Information auf Bildschirmen explizit sichtbar zu machen und darauf zu reagieren, stellt in fast allen Lebensbereichen eine Selbstverständlichkeit dar. Screenification erscheint als ein Schlüsseltrend in der Interaktion von Mensch und Maschine. So befinden sich Bildschirme an nahezu allen Büroarbeitsplätzen und bilden eine wichtige Voraussetzung für Flexibilität und Selbstorganisation. An Montagearbeitsplätzen wurden sie im Vergleich zu anderen betrieblichen Arbeitsplätzen – etwa in Bürobereichen – erst verzögert eingesetzt. Andere Ausgabegeräte – wie Datenbrillen oder Projektionssysteme – sind in der Montage noch sehr selten anzutreffen. Von daher überrascht es nicht, dass auch in der dargestellten Untersuchung die im Alltag bewährte Tabletlösung insgesamt vergleichend besser beurteilt und auch bevorzugt wird.

Informatorische Assistenzsysteme können generell als ein Instrument der Produktivitätssteigerung angesehen werden, wenn sie Verteilzeiten (z. B. Suchen nach Information) verhindern, Information schnell verfügbar und für jedermann zugänglich machen („sharing"), wenn sie rasche Umsetzungen ermöglichen, lange „geistige" Rüstzeiten vermeiden (Wildemann 2014) und vielfältige Informationsdefizite beseitigen. Ihr Beitrag zur Produktivität kann allerdings noch weiter gesteigert werden, wenn die bestehenden Möglichkeiten der Informationsbereitstellung in der digitalen Prozesskette – von der Konstruktion über die Arbeitsvorbereitung bis hin zur Montage – noch intensiver genutzt werden (s. Kap. 10). Allerdings sollten die Vertrautheit mit dem jeweiligen Ausgabegerät sowie die Gebrauchstauglichkeit der Software bedacht werden. Weil die allermeisten Beschäftigten mit Tabletlösungen bereits vertraut sind (s. auch Kap. 9), sind Vorteile im Hinblick auf eine Reduzierung von Anlernzeiten (Hypothese 1) und Fehlern (Hypothese 3) zu erwarten. Gleichzeitig zeigen sich auch hinsichtlich der Umstellung auf neue Produktvarianten (Hypothese 2) Vorteile. Da verwundert es kaum mehr, dass auch eine höhere Akzeptanz signalisiert wird (Hypothese 5).

Zu prüfen bleibt, wie sehr der Nutzen eines informatorischen Assistenzsystems von der Arbeitsaufgabe abhängt. Denkbar ist, dass eine Tabletlösung besonders dort geeignet ist, wo ortsfest in einem überschaubaren Raum montiert wird. Wird hingegen etwa in einer längeren Steh-Geh-Linie oder an der Montage einer sehr großen Anlage gearbeitet, müssen entweder mehrere Tablets installiert und softwaretechnisch integriert werden oder ein Tablet ist von Arbeitsplatz zu Arbeitsplatz zu bewegen. In einem solchen Fall könnte künftig eine Datenbrille wiederum Vorteile mit sich bringen, wenn entsprechende Weiterentwicklungen an der Technologie erfolgen (s. Kap. 9). Dabei ist zu bedenken, dass Datenbrillen bislang auch nicht in jedem Fall dazu gedacht waren, permanent getragen zu werden, sondern nur dann, wenn konkrete Informationsbedarfe im Arbeitsprozess bestehen, wenn also z. B. zum ersten Mal eine spezifische Variante montiert werden soll und anschließend wieder auf die Erfahrung des Werkers rekurriert werden kann (Jeske 2013). Es kommt also bei der Nutzenabwägung darauf an, dass das einzuführende Assistenzsystem möglichst genau auf das Montagesystem und seine Beschäftigten zugeschnitten ist. Ein Beispiel ist in Kap. 8 dargestellt. Dieses beinhaltet eine innovative Put-by-light-Lösung, die kompatibel auf die Montageverrichtungen der Beschäftigten abgestimmt ist (Sehr und Bläsing 2020).

Tab. 6.4 Einschätzungen zur Vorteilhaftigkeit einzelner Montageassistenzsysteme (Bendzioch und Hinrichsen 2020)

Ausgabegeräte	Reduzierung von Kommissionierfehler	Reduzierung von Montagefehler	Reduzierung von Anlern- und Ausführungszeiten
Datenbrille	hilfreich	hilfreich	wenig hilfreich
Projektion	sehr hilfreich	hilfreich	hilfreich
Tablet	hilfreich	hilfreich	sehr hilfreich

6.5 Hinweise für die betriebliche Praxis

Informatorische Montageassistenzsysteme können dazu beitragen, die Arbeitsproduktivität in der manuellen Montage hinsichtlich verschiedener Dimensionen zu steigern. Voraussetzung hierfür ist, dass die Systeme Akzeptanz finden, anforderungsgerecht gestaltet, auf den Montagekontext passend zugeschnitten und in die gegebene informationstechnische Umgebung integriert sind. Aus den durchgeführten Laboruntersuchungen lassen sich gemäß Tab. 6.4 zusammenfassend Einschätzungen zur Vorteilhaftigkeit einzelner Ausgabegeräte ableiten. Dabei ist zu berücksichtigen, dass diese Erkenntnisse für Montageeinzelarbeitsplätze oder kurze Steh-Geh-Linien gelten (s. Abb. 6.2). Zudem ist zu beachten, dass sich einzelne Ausgabegeräte – wie etwa Datenbrillen – recht dynamisch weiterentwickeln und sich Beurteilungen daher im Zeitverlauf verändern können. In jedem Fall zeigen die Untersuchungen aber, dass sich die Nutzung von digitalen Montageinstruktionen – im Vergleich zu papierbasierten Anleitungen – positiv auf die Arbeitsproduktivität in der Montage auswirken sollte. Darüber hinaus bestehen deutliche Produktivitätsverbesserungspotenziale auch in der Arbeitsvorbereitung, da sich die Erstellung und Verwaltung von digitalen Montageinstruktionen mit Hilfe einer entsprechenden Software teilautomatisieren lässt (s. Kap. 2 und 8).

Zusammenfassend lässt sich festhalten, dass informatorische Assistenzsysteme eine Unterstützungsfunktion erfüllen. Sie helfen Beschäftigten, komplexe Arbeitsaufgaben zu bewältigen, indem die Informationsaufnahme erleichtert und die kognitive Verarbeitung beschleunigt wird. Auf diese Weise werden die Beschäftigten entlastet und gewinnen dadurch an Verhaltenssicherheit. Als Folge dieses primären Effektes kommt es z. B. zu einer Reduzierung der Fehleranzahl, so dass Kosten für Ausschuss und Nacharbeit gesenkt werden können. Wenn es nur um den Aspekt der Fehlervermeidung ginge, könnten auch andere organisatorisch-technische Ansätze – wie etwa Poka Yoke – gewählt werden. Von daher sollte bei jeder Systemveränderung genau überlegt werden, welche primären und sekundären Ziele mit dieser verfolgt werden. Es gibt in einem System niemals nur den einen intendierten Effekt, sondern immer auch viele andere unerwartete und mitunter auch unerwünschte Effekte.

Literatur

Baszenski N (2012) Steigerung der (Arbeits-)Produktivität: Grundlegende Zusammenhänge und praktische Vorgehensweise. Z Arbeitswiss 66(2–3):196–202. https://doi.org/10.1007/BF03373875

Bendzioch S, Hinrichsen S (2020) How to configure assembly assistance systems – results of a laboratory study. In: Nunes IL (Hrsg) Advances in human factors and systems interaction: proceedings of the AHFE 2020 international conference on human factors and systems interaction. Springer, Cham

Bendzioch S, Bläsing D, Hinrichsen S (2019) Comparison of different assembly assistance systems under ergonomic and economic aspects. In: Ahram T, Karwowski W, Pickl S, Taiar R (Hrsg) Human systems engineering and design II: proceedings of the 2nd international conference on human systems engineering and design (IHSED2019). Springer, Cham, S 20–25. https://doi.org/10.1007/978-3-030-27928-8_4

Blattgerste J, Stenge B, Renner P, Pfeiffer T, Essig K (2017) Comparing conventional and augmented reality instructions for manual assembly tasks. In: Proceedings of the 10th international conference on pervasive technologies related to assistive environments (PETRA 2017). ACM, New York, S 75–82. https://doi.org/10.1145/3056540.3056547

Dellmann K, Pedell KL (1994) Controlling von Produktivität, Wirtschaftlichkeit und Ergebnis. Schäffer-Poeschel, Stuttgart

Dorner M (2014) Das Produktivitätsmanagement des Industrial Engineering unter besonderer Betrachtung der Arbeitsproduktivität und der indirekten Bereiche (Dissertation, Ingenieurwissenschaften). KIT

Dorner M, Stowasser S (2012) Das Produktivitätsmanagement des Industrial Engineering. Z Arbeitswiss 66(2–3):212–225. https://doi.org/10.1007/BF03373878

Fischbach J (2019) Determinanten der Technologie- und Prozessakzeptanz im Kontext kooperativer Arbeit. Z Arbeitswiss 73(1):34–44. https://doi.org/10.1007/s41449-019-00146-1

Funk M, Kosch T, Schmidt A (2016) Interactive worker assistance: comparing the effects of in-situ projection, head-mounted displays, tablet, and paper instructions. In: Proceedings of the 2016 ACM international joint conference on pervasive and ubiquitous computing (UbiComp 2016). ACM, New York, S 934–939. https://doi.org/10.1145/2971648.2971706

Hart SG, Staveland LE (1988) Development of NASA-TLX (task load index): results of empirical and theoretical research. In: Hancock PA, Meshkati N (Hrsg) Advances in psychology, Bd 52, S 139–183. https://doi.org/10.1016/S0166-4115(08)62386-9

Hinrichsen S, Bendzioch S (2018) How digital assistance systems improve work productivity in assembly. In: Nunes IL (Hrsg) Advances in human factors and systems interaction: proceedings of the AHFE 2018 international conference on human factors and systems interaction. Springer, Cham, S 332–342. https://doi.org/10.1007/978-3-319-94334-3_33

Hinrichsen S, Adrian B, Bornewasser M (2020) Information management strategies in manual assembly. In: Ahram T, Taiar R, Gremeaux-Bader V, Aminian K (Hrsg) Human interaction, emerging technologies and future applications II: proceedings of the 2nd international conference on human interaction and emerging technologies (IHIET 2020). Springer, Cham, S 520–525. https://doi.org/10.1007/978-3-030-44267-5_78

Hollnagel E (1987) Information and reasoning in intelligent decision support systems. Int J Man Mach Stud 27(5–6):665–678. https://doi.org/10.1016/s0020-7373(87)80023-8

Jeske T (2013) Entwicklung einer Methode zur Prognose der Anlernzeit sensumotorischer Tätigkeiten (Dissertation, Ingenieurwissenschaften). Shaker, Aachen

Kagermann H, Wahlster W, Helbig J (2013) Deutschlands Zukunft als Produktionsstandort sichern: Umsetzungsempfehlungen für das Zukunftsprojekt Industrie 4.0 – Abschlussbericht des Arbeitskreises Industrie 4.0. https://www.bmbf.de/files/Umsetzungsempfehlungen_Industrie4_0.pdf Zugegriffen am 31.03.2020

Kosch T, Kettner K, Funk M, Schmidt A (2016) Comparing tactile, auditory, and visual assembly error-feedback for workers with cognitive impairment. In: Proceedings of the 18th international ACM SIGACCESS conference on computers and accessibility (ASSETS 2016). ACM, New York, S 53–60. https://doi.org/10.1145/2982142.2982157

Leonhard G (2017) Technology vs. Humanity: Unsere Zukunft zwischen Mensch und Maschine. Vahlen, München

Nygren TE (1991) Psychometric properties of subjective workload measurement techniques: implications for their use in the assessment of perceived mental workload. Hum Factors 33(1):17–33. https://doi.org/10.1177/001872089103300102

REFA (Hrsg) (1997) Methodenlehre der Betriebsorganisation 02. Datenermittlung. Hanser, München

Sauter M, Killisch-Horn G (2011) Produktivitätsmanagement in einer variantenreichen Fertigung. Leistung und Lohn: Z Arbeitswirtsch. Nr. 494/497

Schlick C, Bruder R, Luczak H (2018) Arbeitswissenschaft, 4. Aufl. Springer, Berlin. https://doi.org/10.1007/978-3-662-56037-2

Sehr P, Bläsing D (2020) Bedarfsgerechte Entwicklung und Evaluation eines informatorischen Assistenzsystems in der manuellen Montage. In: Gesellschaft für Arbeitswissenschaft (Hrsg) Digitaler Wandel, digitale Arbeit, digitaler Mensch? (B.4.7). GfA-Press, Dortmund

Sumanth DJ (1998) Total productivity management (TPmgt): a systematic and quantitative approach to compete in quality, price and time. CRC Press, Boca Raton

Vahs D, Schäfer-Kunz J (2015) Einführung in die Betriebswirtschaftslehre, 7. Aufl. Schäffer-Poeschel, Stuttgart

Wildemann H (2014) Produktivitätsverbesserung: Leitfaden zur kurzfristigen und permanenten Produktivitätssteigerung in kleinen und mittleren Unternehmen, 15. Aufl. TCW, München

Zeltzer L, Limère V, Aghezzaf EH, Van Landeghem H (2012) Measuring the objective complexity of assembly workstations. In: Proceedings of the 7th international multi-conference on computing in the global information technology (ICCGI 2012). IARIA, Venice, S 341–346

Einführung von Montageassistenzsystemen 7

Sven Bendzioch, Manfred Bornewasser und Sven Hinrichsen

Inhaltsverzeichnis

Zusammenfassung

Mit der Einführung informatorischer Montageassistenzsysteme ergeben sich für jedes Unternehmen besondere Herausforderungen. Diese werden kurz beschrieben, bevor näher auf zwei Vorgehensmodelle eingegangen wird, die zwei Idealtypen von Organisation zugeordnet sind. Ein erstes Modell orientiert sich an den Merkmalen des agilen Managements, ein zweites eher am traditionellen Management. Die Einführung von Assistenzsystemen erfolgt in beiden Modellen über eine Projektorganisation. Im ersten Modell wird der Spielraum für flexibles und autonomes Handeln der Projektmitglieder in den Vordergrund gerückt. Das zweite Modell richtet sich stärker an bestehenden

S. Bendzioch (✉) · S. Hinrichsen
Labor für Industrial Engineering, Technische Hochschule Ostwestfalen-Lippe, Lemgo, Deutschland
E-Mail: sven.bendzioch@th-owl.de; sven.hinrichsen@th-owl.de

M. Bornewasser
Institut für Psychologie, Universität Greifswald, Greifswald, Deutschland
E-Mail: bornewas@uni-greifswald.de

M. Bornewasser, S. Hinrichsen (Hrsg.), *Informatorische Assistenzsysteme in der variantenreichen Montage*, https://doi.org/10.1007/978-3-662-61374-0_7

Entscheidungsstrukturen aus. Beim agilen Vorgehen erfahren die Aspekte der Iteration, der Prototypenbildung und des „minimal viable product", des schnell erstellten, zunächst auf Kernfunktionen beschränkten Produktes, eine besondere Hervorhebung. Charakteristische Merkmale des traditionellen Vorgehensmodells sind die Bildung von Projektphasen und -meilensteinen und die Zuordnung von typischen Projektinhalten zu einzelnen Phasen.

7.1 Merkmale von Veränderungsprozessen

Unternehmen setzen einerseits auf Standardisierung und Stabilität, um etwa eine hohe Prozessfähigkeit in der Montage zu realisieren und damit die vom Kunden geforderte Qualität sicherzustellen. Andererseits sind Unternehmen gezwungen, Veränderungen vorzunehmen, um beispielsweise Kundenwünsche über eine Anpassung von Produkten und Prozessen zu berücksichtigen. Veränderungen vollziehen sich dabei nach Lewin (1947) idealtypisch in den drei Phasen „Unfreezing", „Moving" und „Refreezing". Die erste Phase („Unfreezing") beinhaltet das „Auftauen" des Etablierten: Das Management kommuniziert die Dringlichkeit von Veränderungen, sucht Verbündete oder zeigt neue strategische Visionen auf (Kotter und Rathgeber 2017). Auf diese Weise wird ein verändertes Mindset geschaffen, werden neue Möglichkeiten – wenn auch zunächst nur gedanklich – zugelassen. Während in der Phase des „Unfreezing" die Motivation für Lern- und Veränderungsprozesse geschaffen wird (Schein 1996), erfolgt die eigentliche Veränderung in der zweiten Phase des Modells, die als „Moving" bezeichnet wird. Dabei werden erste Veränderungen durch Freiwillige umgesetzt und damit kleinere Erfolge erzielt, so dass in der Folge der Veränderungsprozess eine beschleunigte Ausweitung erfährt. Bereits in dieser Phase erfolgen erste und dann immer weitreichendere Standardisierungen, die dann in der dritten und letzten Phase, dem „Refreezing", zu einer Etablierung der neuen Regeln führt. Dieser Wandel kann sich nur in Gruppen von Beschäftigten vollziehen (Burnes 2004), damit alle Beteiligten ihr künftiges Verhalten an den gemeinsam erarbeiteten Standards, den Gruppennormen, ausrichten.

Jeder Veränderungsprozess in der industriellen Produktion beginnt von daher mit dem Hinterfragen bestehender Standards und endet mit der Etablierung neuer Standards. Dieser Kreislauf wird auch in dem bekannten Deming-Zyklus mit den Phasen „Plan", „Do", „Study" und „Act" (Deming 2013), der heute zumeist als PDCA („Plan", „Do", „Check", „Adjust") bezeichnet wird (z. B. Liker und Franz 2011), ersichtlich. Ein Standard wird immer weiter verbessert und damit auf ein nächst höheres Niveau bewegt.

Diese Veränderungen betreffen zunächst einmal nur Prozesse und Produkte, die in der bestehenden Organisationsstruktur vollzogen werden. Mit steigendem Innovationsdruck und zunehmender Häufigkeit und Intensität der Veränderung kommt es zwar schleichend, letztlich aber doch zumeist auch zu Strukturveränderungen, die sich z. B. darin ausdrücken, dass etwa ein Kontinuierlicher Verbesserungsprozess (KVP) fest in der Organisation verankert oder Innovation zur Angelegenheit eines eigenen Chief Innovation Officer (CIO) wird. Hintergrund der erforderlich werdenden strukturellen Veränderungen sind vielfältige Entwicklungen, die zumeist mit einer Globalisierung der Märkte (z. B. Freihandelsabkommen und -zonen) oder neuen Technologien (z. B. Informationstechnologien, Transportsysteme) zusammenhängen. Innovation rückt somit stärker in den Vordergrund.

Veränderung und Erneuerung werden vielfach nicht in der Primärorganisation (z. B. in der Linie am Ort der alltäglichen Produktion) praktiziert, sondern in einer spezifischen Organisationsform, einer Sekundärorganisation, wie einem separierten Projektteam, das eine komplexe neuartige Aufgabe bearbeitet. Ein Projektmanagement kümmert sich um anforderungsgerechte Strukturen und Prozesse der Entwicklung und Umsetzung einer Innovation. Dabei können Organisationen danach unterschieden werden, ob diese Projektstrukturen nur als kurzfristige Ergänzungen mit speziellem Auftrag unter der Leitung eines eingesetzten Promotors (Witte 1973) fungieren, oder ob bereits eine dauerhaft etablierte Projekt- oder Teamorganisation existiert, die in Abstimmung mit dem Management, aber auch im Verbund mit internen und externen Kunden auch eigenständig und in Selbstorganisation neue Ideen zu Produkten und Prozessen entwickelt und vorantreibt. Gerade in dieser Selbstorganisation liegt der Keim für eine deutliche Beschleunigung von Innovationen. Vor dem Hintergrund dieser Überlegungen wird auch die Gestaltung und Einführung von informatorischen Assistenzsystemen im Kontext der variantenreichen, manuellen Montage als Veränderung bestehender Prozesse, als Einführung von innovativer Technik in den Montageprozess und als eine im Rahmen einer Sekundärorganisation umzusetzende Aufgabe begriffen.

7.2 Herausforderungen bei der Einführung von Assistenzsystemen

Mit der Gestaltung und Einführung informatorischer Assistenzsysteme in der manuellen Montage sind besondere Herausforderungen verbunden. Die Gründe für diese Herausforderungen liegen darin, dass …

- der Gestaltungs- und Einführungsprozess nur gelingen kann, wenn die in der herkömmlichen Organisation strikt getrennten Funktionen – wie IT, Konstruktion, Arbeitsvorbereitung und Montage – nun interdisziplinär zusammenarbeiten, so dass bestehende funktionale Trennungen zumindest partiell aufgehoben werden,
- die entwickelten oder zugekauften Softwareprogramme möglichst weitgehend den spezifischen Anforderungen entsprechen und in die bestehende IT-Infrastruktur eingebunden werden müssen, um somit Insellösungen zu vermeiden und eine Akzeptanz des assistenzgestützten Montagesystems zu gewährleisten,
- ganz unterschiedliche Aus- und Eingabegeräte für Assistenzsysteme am Markt bereitstehen (s. Kap. 2) und die richtige Hardware-Konfiguration für die spezifischen Anforderungen auszuwählen ist,

- finanzielle und personelle Ressourcen kurzfristig für die Einführung und langfristig für die Aufrechterhaltung von assistenzgestützten Montagesystemen erforderlich sind und sich Fragen nach der Amortisationsdauer und damit Rentabilität von Investitionen stellen,
- jede Einführung neuer Technologien mit Risiken und Hindernissen verbunden ist und Assistenzsysteme mitunter nicht die erwartete Akzeptanz bei den Beschäftigten finden,
- geprüft werden muss, wie der Einführungsprozess und die Projektorganisation zu gestalten sind, damit die Projektziele erreicht werden.

Jüngste Ergebnisse einer Studie des Instituts für integrierte Produktion Hannover (Kasselmann und Willeke 2017) im Kontext des Verbundprojekts „4.0 Ready“ bestätigen diese Herausforderungen und zeigen, dass die Einführung von informatorischen Assistenzsystemen in KMU oftmals an hoher Skepsis gegenüber den eigenen Voraussetzungen und fehlenden Umsetzungsstrategien scheitert. Das Projekt entwickelte von daher ein Reifegradmodell zur systematischen Fähigkeitsanalyse und -steigerung, um die Einführung interaktiver Assistenzsysteme erfolgreich gestalten und dadurch das eigene Unternehmen anschlussfähig gegenüber Konzepten der Industrie 4.0 und Smart Factory machen zu können.

Was leisten Reifegradmodelle?

Es gibt eine Vielzahl von Reifegradmodellen gerade im Bereich von Technologie- und Softwareprodukten. Sie stellen dar, welche technologischen Systeme mit welchem Risiko des Scheiterns oder Gelingens in ein bestehendes Mensch-Technik-Organisations-System integriert werden können. Dazu werden spezifische Anforderungen hinsichtlich einzelner Technologien (z. B. AR-Brille oder Datenhandschuh) festgelegt und gewichtet sowie geprüft, in welchem Ausmaß diese Anforderungen erfüllt oder nicht erfüllt sind. Je weniger sie erfüllt sind, desto größer fällt das Risiko des Scheiterns aus und desto größer erweist sich der Bedarf, vor Einführung der Technologie für verbesserte Rahmenbedingungen zu sorgen. Im Ergebnis bildet ein Reifegradmodell die Entfernung des Ist-Zustands des Unternehmens vom erforderlichen Soll-Zustand ab, der Voraussetzung für eine erfolgreiche Einführung ist. In diesem Sinne gibt jedes systematische Reifegradmodell auch Hinweise darauf, mit Hilfe welcher Verbesserungsmaßnahmen im Bereich von Mensch (z. B. Aufklärung, Qualifizierung), Technik (z. B. Verfügbarkeit von Betriebsdaten, IT-Infrastruktur) und Organisation (z. B. Datenschutz) die Befähigung anwächst, risikolos ein spezifisches Assistenzsystem einzuführen. Ein solches Reifegradmodell dient somit im Vorfeld eines Einführungsprojekts zur Einschätzung der bestehenden Voraussetzungen und gibt Antwort auf die Frage, inwieweit wesentliche Voraussetzungen bereits erfüllt oder aber noch zu schaffen sind (Kasselmann und Willeke 2017).

Solche Reifegradmodelle helfen dabei, frühzeitig Risiken der Einführung neuer Technologien zu identifizieren. Die Nutzung solcher Modelle kann bei der Beantwortung der Frage helfen, ob in einem Montagebereich informatorische Assistenzsysteme eingeführt werden sollten. Je weniger systematisch eine solche Analyse geschieht, desto größer ist das Risiko des Scheiterns. Das Reifegradmodell macht keine direkten Angaben dazu, in welcher organisatorischen Struktur die Einführung eines informatorischen Assistenzsystems erfolgen sollte. Zweifelsohne braucht es eine Struktur sowohl hinsichtlich des Aufbaus einer Projektorganisation als auch im Hinblick auf den Projektablauf. Dabei können ganz unterschiedliche Aufbaustrukturen gewählt werden. So kann ein solches Projekt unmittelbar als sog. Task-Force an die Managementspitze angebunden sein, ihm kann über Macht- und Fachpromotoren ein gewisses Maß an Eigenständigkeit hinsichtlich Personal, Kosten und Zeitressourcen eingeräumt werden oder aber auch noch mehr Autonomie z. B. in dem Sinne gewährt werden, dass lediglich zu spezifischen kritischen Zeitpunkten im Projektverlauf (im sog. Stage-Gate-Modell werden sie als Quality Gates bezeichnet, Cooper und Kleinschmidt 1986) Bericht erstattet wird und gegebenenfalls Weisungen des Managements entgegengenommen werden. Zwischen zentraler und dezentraler Projektstruktur und -gestaltung gibt es eine Vielfalt von Abstufungen und Gestaltungsformen.

Auch hinsichtlich der Projektabläufe lassen sich keine klaren Differenzen, sondern immer nur graduelle Unterschiede feststellen. Dabei erfordern Einführungsprozesse Zeit und sind einer spezifischen Logik der Zielerreichung unterworfen (z. B. vom Ist- zum Soll-Zustand, von der Planung zur Ausführung, vom Groben zum Feinen), offen ist jedoch, ob sich die Zeitverläufe in spezifische Phasen mit klarem Anfang und eindeutigem Ende einteilen lassen oder doch eher als fließende Übergänge zwischen Aktivitäten hin zu einem definierten Zielzustand zu begreifen sind.

Welche Organisationsstrukturen und Prozesse sind erforderlich, um Neues einzuführen?

Um den Deming- oder PDCA-Zyklus (s. o.) zu starten, muss ein Problem bestehen oder eine Idee für eine Verbesserung vorliegen. Es wird ein Ziel formuliert, es werden alternative Lösungen miteinander verglichen und bewertet, so dass anschließend ein neuer Prozess eingeführt und auf seine Wirksamkeit hin geprüft wird. Ein Modell von Thom (1980) fasst diesen Vorgang in drei Phasen innovativer Aktivität zusammen, die als Ideengenerierung, als Ideenakzeptierung und Ideenrealisierung bezeichnet werden. Vergleichbar spricht Wildemann (2014) von Phasen der Initiierung, der Kurzdiagnose, der Programmplanung und der Programmdurchführung, wobei jede dieser Phasen mit einer Vielzahl von Tätigkeiten oder Arbeitspaketen ausgefüllt ist. Explizit wird zudem deutlich gemacht, dass Neueinführungen über zeitlich befristete Projekte als spezielle Strukturen mit festen Rollen und Arbeitstechniken gesteuert werden. Zudem braucht jedes Projekt Zeit und einen irgendwie geregelten Weg von der ersten Idee bis zur Realisierung. Dabei gebietet es jedes Produktivitätsdenken, dass der Zeitverbrauch möglichst gering gehalten wird (s. Abschn. 6.2).

Aus diesen Überlegungen resultieren zwei Fragen: Wie werden erstens solche Projekte intern strukturiert, d. h. wie soll die Projektorganisation gestaltet werden? Und wie ist zweitens die Vorgehensweise bei der Projektdurchführung, um möglichst rasch das Einführungsprojekt erfolgreich abschließen zu können? Im Folgenden werden zwei Ansätze vorgestellt, die sich hinsichtlich dieser beiden gestellten Fragen in theoretischer Perspektive deutlich unterscheiden, im praktischen Einsatz jedoch immer wieder Schnittmengen aufweisen. Die theoretische Unterscheidung bezieht sich dabei im Kern auf das Ausmaß an Zentralisation, also darauf, wie stark das Projekt unter der Aufsicht des Managements agiert und wie sehr die Abläufe vorgegeben sind. Geringere Zentralisation verbindet sich dabei mit dem Konzept des agilen Managements, welches immer wieder gegen ein traditionell hierarchisches Management abgegrenzt wird (Kühl 2015). Agil wird dabei oftmals als „Kampfbegriff" verwendet und von Befürwortern mit Merkmalen wie innovativ und dynamisch assoziiert, hierarchisch hingegen mit bürokratisch und starr in Verbindung gebracht. Umgekehrt betont die Gegenseite gerne einen Gegensatz zwischen chaotisch einerseits und geordnet andererseits.

Definitionsansatz zum Merkmal der Agilität (in Anlehnung an Trepper 2012)
Agilität als Merkmal einer ganzheitlich strukturierten Organisation könnte bestimmt werden als die strukturell angelegte Fähigkeit einer Organisation, schnell, flexibel und situationsbezogen in komplexen und dynamischen Situationen zu handeln, indem eine Balance zwischen vorgegebener formaler Strukturierung und selbstorganisierter Flexibilität geschaffen wird, um daraus einen Nutzen für den Kunden und sich selbst als Organisation zu ziehen.

7.3 Einführung eines Assistenzsystems im Kontext des agilen Managements

Projekte sind durch die Einmaligkeit und zeitliche Befristung der Aufgabe definiert (PMI 2008, S. 5). Wie sie hinsichtlich Aufbau und Abläufen strukturiert sind, unterscheidet sich in der Theorie stark, in der Praxis meist nur abgeschwächt. In der agil gesteuerten Organisation wird auf Dezentralisation gesetzt, d. h. die Hierarchie verliert an Bedeutung, die Selbstorganisation an der Basis nimmt zu. Daraus soll auch eine Beschleunigung der Einführung eines neuen Systems resultieren. Der Grund hierfür liegt darin, dass die Prozesse der Findung und Kommunikation von Entscheidungen verstärkt von der Spitze an die Basis verlegt werden, wodurch lange Dienstwege vermieden und bürokratische Anteile der Projektarbeit (z. B. Einhalten von Regelwerken, Festlegen von Reihenfolgen, Etablierung von Rückmeldesystemen, Festlegungen von Meilensteinen) vermindert werden. So verlieren z. B. das Berichtswesen und die Dokumentation an Bedeutung. Das schafft mehr Raum für flexible Anpassungen an gegebene und sich verändernde Bedingungen, die

z. B. aus der häufigen Interaktion mit internen und externen Kunden oder aus unvorhergesehenen technischen Umstellungen resultieren.

Das Modell des agilen Managements hat seine Vorläufer in der Softwareentwicklung und der industriellen Produktentwicklung, ist von daher stärker auf Nutzer, Anwender und Kunden ausgerichtet. In dem Sinne sind Montagebeschäftigte im Zusammenhang mit der Einführung von Assistenzsystemen als Nutzer und Anwender zu begreifen. Es werden Vorgehensmodelle für die Gestaltung moderner Innovationsprojekte propagiert, die im Kern drei zentrale Elemente enthalten:

1. Iterative und simultane Entwicklung in zyklischen Abläufen, an deren Ende jeweils ein minimal funktionsfähiges Produktinkrement gegeben ist (möglichst tangible Prototypen, d. h. es gilt, Arbeitsergebnisse möglichst sichtbar und anfassbar zu machen)
2. Arbeit in selbstorganisierten, divers zusammengesetzten Teams unter ständiger Einbeziehung von Kunden (keine „Silos" und wenig Abtrennungen zwischen Bereichen; weniger *für* andere, sondern *mit* anderen arbeiten, Führungskräfte arbeiten ohne Führungsanspruch im Team mit)
3. Flexibilität des gesamten Vorgehens ist erforderlich (keine frühzeitigen Festlegungen, weil so Suchräume für Problemlösungen eingeengt werden; frühzeitiges Abbrechen von Entwicklungen, wenn Erfolgsaussichten gering sind; die vertrauensvolle Kooperation hat oberste Priorität zwischen den Partnern)

Diese Merkmale geben einen Eindruck, wie sich das agile Management von herkömmlichen, viel stärker geregelten Vorgehensmodellen mit strikten Vorgaben und linearen Abläufen von der Ausgangsentscheidung bis hin zum Abschluss abheben möchte. Zur Beschreibung dieser traditionellen Abläufe wird meist das Wasserfall-Modell herangezogen (Pfetzig und Rohde 2014), welches einerseits vor allem die Richtung aller Entscheidungen zum Ausdruck bringt, andererseits aber auch die vielfältigen Schnittstellenprobleme von Fallstufe zu Fallstufe bei Innovationen betont (bekannt sind hier vor allem das Not-Invented Here-Problem oder das Throwing over the wall-Phänomen (Bornewasser und Köhn 2015).

Eine paradigmatische Umsetzung dieser Ideen erfolgt in der zentralen Methode des agilen Managements, in Scrum (Scrum bezeichnet in der konkurrenzorientierten Landschaft des Rugby das Gedränge, wenn das Spielgerät eingeworfen wird). Hierbei handelt es sich um ein ganz praktisches Ablaufmodell, das sich an den aufgezeigten Prinzipien des agilen Managements ausrichtet und eine Vielzahl von spezifischen Werkzeugen umfasst (Neumann et al. 2016; Bornewasser 2020). Es findet mittlerweile auch in vielen Bereichen der Industrie Anwendung. Das Modell ist im Kern ganz auf Beschleunigung zugeschnitten, wodurch Zeitgewinne ermöglicht werden sollen. Ziele werden schneller erreicht und Kundenbedürfnisse besser getroffen. Es wird nicht mehr ein vorgegebener Regelkanon in einem starren Korsett umgesetzt, sondern nutzt Handlungsspielräume und passt sich im Team den situativen Bedingungen an. Das Team plant nicht lange, sondern startet so schnell wie möglich mit konkreten, praktisch einsetzbaren Lösungen, die keinen Anspruch auf Perfektion haben, aber funktionieren und bei Anzeichen von Wirksamkeit oder Bewährung auch weiterentwickelt werden. Falls eine Lösung nicht hinreichend funktioniert, scheut man sich nicht, frühzeitig die Entwicklung ganz abzubrechen oder noch einmal den Ansatz gänzlich zu wechseln.

Charakteristisch sind Werkzeuge, die der Beschleunigung der Vorgänge direkt dienen: Besprechungszeiträume werden strikt auf kurze Zeiträume begrenzt und finden meist im Stehen statt (time-boxing, daily standing up meeting), Verläufe des Projektes werden visualisiert und dadurch Abweichungen sichtbar gemacht (Task Board Visualization, Burndown Chart), Sprints als zwei- bis dreiwöchige Phasen eines intensiven Arbeitens an der Problemlösung werden eingeschoben und kontinuierliche Rückmeldungen zum täglich erzielten Fortschritt gegeben. Scrum stellt hohe Anforderungen an die Beschäftigten auf der Basis von Eigenverantwortung und durch Verlassen der üblichen Komfortzone.

Wie gestaltet sich der Ablauf eines Projekts nach Scrum?
Es wird ein sogenannter Produktverantwortlicher bestimmt, der sich ein Team von Mitarbeitern auch aus dem Nutzerumfeld oder aus Expertenkreisen wie kooperierenden Wissenschaftlern zusammenstellt. Nach kurzer Erörterung mit Teamexperten und Nutzern des Produkts werden Aufgaben und Zeitpunkte festgelegt, nachfolgend simultan erarbeitete Lösungen in einem Workshop erörtert und erste Prototypen (z. B. eines digitalen Assistenzsystems oder eines digitalen Netzwerks) erstellt. Alle Unterteams bearbeiten gleichzeitig und in Eigenregie ihre Aufgaben. Die Koordination erfolgt durch die Teamleitung und über eine systematische Überwachung der Zielvereinbarungen (Objectives and Key Results, Wodtke 2016). Dazu dienen alltägliche Rückmeldungen und Korrekturen. Sobald ein erster leistungsstärkerer Prototyp erstellt ist, wird ein zeitlich befristeter Sprint vereinbart, der zu einem ersten minimal funktionsfähigen Assistenzsystem führt. Es folgen weitere Verbesserungsschritte, um erkannte Defizite zu beheben und den Grad der Funktionstüchtigkeit z. B. in einem weiteren Sprint zu erhöhen. Abschluss bildet ein gemeinsames Review über Stärken und Schwächen des abgelaufenen Vorgehens.

Zusätzliche Zeitgewinne werden dadurch erreicht, dass die Projektmitglieder sich nur auf ihre Projektaufgabe konzentrieren, wodurch „Verzettelungen" vermieden werden und vor allem die häufig festzustellenden Ansprüche der Linienvorgesetzten auf priorisierte Zuarbeit abgewiesen werden können. Agiles Management verknüpft sich letztlich auch mit einer Lockerung starrer Führungsverhältnisse: Führungskräfte sind keine „Eigentümer" ihrer Mitarbeiter, weshalb auch von sogenannten non-possessiver Führung gesprochen wird. Dieser Aspekt soll noch einmal verdeutlichen, dass Aufbau und Ablauf solcher Projekte nicht unabhängig voneinander, sondern aufeinander bezogen sind. Wo eine streng hierarchische Führung praktiziert wird, mag man gelegentlich auch rasch zu innovativen Lösungen kommen, kann aber kein agiles Vorgehensmodell mit den aufgezeigten Werkzeugen praktizieren.

7.4 Einführung eines Assistenzsystems mittels eines klassischen Phasenmodells

Phasen- und Vorgehensmodelle – wie beispielsweise das PDCA-Modell für die Prozessoptimierung – bilden einen Standard, der seinen Anwendern Orientierung und Hilfestellung geben kann, indem diesen zu jeder Phase des Modells spezifische Gestaltungshinweise gegeben oder Methoden bereitgestellt werden. Die wiederholte Anwendung solcher Modelle führt dazu, dass sich in Organisationen Routinen entwickeln können und sich dadurch Projekte mit einer hohen Effektivität und Effizienz bearbeiten lassen. Zumeist stehen zu solchen Vorgehensmodellen und Methoden – wie dem PDCA oder Six Sigma – phasenspezifische Hilfsmittel wie beispielsweise Formulare bereit, so dass sich auch Beschäftigte, die in ein laufendes Projekt einsteigen, sehr schnell im Projekt zurechtfinden. Gleichwohl bedarf es auch in solchen Vorgehensmodellen in der Regel Iterationen, indem etwa die Ergebnisse einer vorhergehenden Phase aufgrund neuer Erkenntnisse aus der aktuellen Phase überarbeitet werden müssen. Das nachfolgend dargestellte Vorgehensmodell wurde im Nachgang zu einem Projekt, welches die Einführung eines informatorischen Montageassistenzsystems zum Gegenstand hatte, entwickelt (Kleineberg et al. 2017a, b), orientiert sich am REFA-Standardprogramm Arbeitssystemgestaltung (REFA 2014) und wird hier um ausgewählte Inhalte ergänzt. Dabei sollen sowohl personell-organisatorische als auch technische Aspekte in dem aus sechs Phasen bestehenden Modell berücksichtigt werden.

Phase 1: Analyse der Ausgangssituation und Festlegen des Projektrahmens
Die erste Phase des Einführungsmodells beinhaltet die Analyse der Ausgangssituation und die Festlegung des Projektrahmens (s. Abb. 7.1). Im Rahmen der Analyse der Ausgangs-

Arbeitspakete

- Analyse der Ausgangssituation (Ist-Zustand)
  - Beschreibung der Arbeitssysteme und Durchführung von informellen Gesprächen
  - Identifizierung der Informationsdefizite im Arbeitssystem
  - Abschätzung der Einsatzpotenziale von informatorischen Montageassistenzsystemen
- Definition des Projektrahmens
  - Festlegung der Projektziele und -inhalte
  - Klärung der finanziellen und personellen Ressourcen
  - Festlegung des Kernteams und Zuordnung der Aufgaben (Meilensteinplan)

- Übersicht zur Ausgangssituation (Ist-Zustand)
- Überblick über den Projektrahmen zur Einführung des informatorischen Assistenzsystems

Abb. 7.1 Phase 1 des Einführungsmodells im Überblick (Kleineberg et al. 2017b, modifiziert)

situation bietet es sich an, die für eine Einführung von Montageassistenzsystemen in Frage kommenden Montagesysteme mit Hilfe des Arbeitssystemansatzes (s. Abschn. 1.4) grob zu beschreiben, um den Projektrahmen zu spezifizieren. Informelle Gespräche mit den Beschäftigten aus der Montage und vorgelagerten Prozessen (z. B. Arbeitsvorbereitung, Konstruktion) können helfen, informatorische Defizite der Montagesystemgestaltung zu identifizieren. Als Anhaltspunkte können die fünf identifizierten Defizitkategorien aus Abschn. 2.1 herangezogen werden. Darüber hinaus können Methoden zur Abschätzung der Einsatzpotenziale von informatorischen Assistenzsystem zum Einsatz kommen. Genutzt werden können beispielsweise das auf MTM-Studien basierende Bewertungsmodell von Hold et al. (2016) oder der auf der informatorischen Komplexität eines Arbeitssystems basierende Fragebogen von Bendzioch et al. (2020). Nach der Abschätzung der Einsatzpotenziale in einem oder mehreren Montagesystemen werden die Projektziele festgelegt. Dabei sind die unterschiedlichen Anspruchsgruppen (z. B. Betriebsleitung, Werker, IT-Abteilung, Betriebsrat) zu berücksichtigen. Die Ziele sollten dabei nach Möglichkeit der SMART-Regel entsprechen (**s**pezifisch, **m**essbar, **a**nspruchsvoll, **r**ealistisch und **t**erminiert) (Doran 1981).

Neben der Festlegung der Ziele sind auch Methoden zur Zielerreichung zu berücksichtigen. Dabei eignet sich beispielsweise die OKR-Methode (Objectives and Key Results) (Wodtke 2016). Aufbauend auf den Projektzielen werden die Projektinhalte definiert. Bei der Festlegung der Projektinhalte ist aufzulisten, welche Inhalte im Rahmen des Projektes bearbeitet werden und welche nicht (Toutenburg und Knöfel 2009). Durch die Nennung der Inhalte, die nicht Gegenstand des Projekts sind, soll ein gemeinsames Verständnis des Projektrahmens erzielt und der Umfang des Projektes reduziert werden. Darüber hinaus wird geklärt, welche personellen und finanziellen Ressourcen für das Projekt bereitstehen. Dazu wird festgelegt, welche Personen Mitglieder im Projektteam sind und welche Rollen sie jeweils übernehmen. Darüber hinaus wird ein Meilensteinplan erstellt, der sich an den Phasen dieses Einführungsmodells orientiert.

Phase 2: Konkretisieren der Ziele

Ausgehend von der Projektdefinition und den Projektzielen – z. B. der Reduzierung der Montagefehler um 50 Prozent – werden in der zweiten Phase des Einführungsprozesses schrittweise die Anforderungen an das informatorische Montageassistenzsystem festgelegt und die Ziele für die Konzeption eines Assistenzsystems konkretisiert (s. Abb. 7.2). Grundlage für die Ermittlung der Anforderungen an das assistenzgestützte Arbeitssystem bildet die Durchführung einer detaillierten Nutzungskontextanalyse (DIN EN ISO 9241-11 2018). Mit dieser werden die spezifischen Anforderungen an das Assistenzsystem abgeleitet unter Berücksichtigung der Beschäftigten, der Ziele und Aufgaben, der Ressourcen und der Umgebung des Arbeitssystems (DIN EN ISO 9241-11 2018). In einem ersten Schritt werden hierzu die Beschäftigten bei der Ausführung ihrer Tätigkeit begleitet bzw. beobachtet, um aus den gegebenen Arbeitskontext Anforderungen an das System abzuleiten. Im Mittelpunkt der Analyse stehen beispielsweise folgende Fragestellungen:

Arbeitspakete

- Ermittlung der Nutzungsanforderungen (Nutzungskontextanalyse)
  - Durchführung von Beobachtungsstudien und Interviews
  - Detaillierte Analyse der Planungsdaten bzw. Informationen im Arbeitssystem
  - Ermittlung von Umgebungsbedingungen wie Lärm oder Schmutz
  - Festlegung eines Anforderungskatalogs für das zu entwickelnde Assistenzsystem
- Konkretisierung der Projektziele
  - Durchführung eines Technologiescreenings
  - Aktualisierung und Ergänzung des Projektrahmens

- Übersicht zu den Anforderungen an das zu entwickelnde Assistenzsystem sowie zu den konkretisierten Projektzielen

Abb. 7.2 Phase 2 des Einführungsmodells im Überblick (Kleineberg et al. 2017b, modifiziert)

- Wie gestaltet sich der Montageprozess im Detail? Wie sollte er gestaltet werden?
- Wie werden aktuell Informationen zu einzelnen Prozessschritten bereitgestellt? Wie sollten Informationen künftig bereitgestellt werden?
- Welche Arbeits- und Betriebsmittel werden aktuell verwendet (z. B. Software, Werkzeug)? Welche Arbeits- und Betriebsmittel werden künftig benötigt?
- Was sind Ursachen für bestehende Verteilzeiten im Montagesystem?

Neben den spezifischen Fragen zum Arbeitskontext müssen auch die Erfahrungen der Beschäftigten und deren Eigenschaften Berücksichtigung finden. Zu diesem Zweck werden in einem zweiten Schritt Interviews mit den Beschäftigten durchgeführt, um ein ganzheitliches Bild vom Ist-Zustand zu erlangen. In diesen sollen insbesondere die Erwartungen der Beschäftigten an das Assistenzsystem aufgenommen werden, aber auch Ideen zur Umsetzung und Lösung der Problemstellung. Aufbauend auf den ersten zwei Schritten erfolgt in einem dritten Schritt die Beschaffung von detaillierten Planungsdaten bzw. Informationen, die im Arbeitssystem verarbeitet werden. In den durchgeführten Studien (s. Kap. 8 und 9) hat sich gezeigt, dass eine Vielzahl an Daten bei der Entwicklung eines Assistenzsystems zu berücksichtigten ist, z. B. Produktdaten, Arbeitsanweisungen, Prozessdaten. Vor diesem Hintergrund ist bei der Analyse insbesondere festzuhalten, welche Daten in welcher Form und zu welchem Zeitpunkt benötigt werden (Informationsfluss). In einem abschließenden Schritt der Nutzungskontextanalyse werden die zu berücksichtigenden Umgebungsbedingungen wie Lärm, Beleuchtung oder Staub erfasst. Die ermittelten Anforderungen aus allen vier Schritten sind dabei stets zu dokumentieren und im Projektteam zu besprechen, so dass ein finaler Anforderungskatalog an das zu entwickelnde Assistenzsystem abgestimmt werden kann.

Zur Konkretisierung der Projektziele wird auf Basis des definierten Anforderungskatalogs ein Technologiescreening durchgeführt. Einen ersten Überblick über bestehende Assistenzsystemtypen und deren Anwendungsgebiete bieten die Technologie-Kompendien von Kasselmann und Willeke (2018) sowie Apt et al. (2018). Darüber hinaus können die Studienergebnisse aus Kap. 6 berücksichtigt werden. Die Ergebnisse des Technologiescreenings sollten im Projektteam diskutiert und in Muss-/Kann-Kriterien festgehalten werden. Auf diese Weise entsteht ein einheitliches Verständnis für das zu entwickelnde Assistenzsystem. Ausgehend von den festgelegten Kriterien und dem definierten Anforderungskatalog werden die Projektziele aus der ersten Phase weiter konkretisiert. Zudem wird geklärt, ob Anpassungen am Projektteam vorgenommen werden müssen, wie z. B. die Einbeziehung von Key-Usern. Abschließend wird der Meilensteinplan an die neuen Gegebenheiten und Zielsetzungen angepasst.

Phase 3: Grobplanung
In der dritten Phase werden Hardware- und Funktionskonzepte für das Assistenzsystem entwickelt und bewertet. Grundlage hierfür bildet der in Phase zwei erstellte Anforderungskatalog und die definierten Muss- und Kann-Kriterien für das zu entwickelnde Assistenzsystem. Die Vorgehensweise zur Erreichung der angestrebten Phasenziele gliedert sich in drei Schritte. In einem ersten Schritt werden unterschiedliche Hardwarekonzepte entwickelt, auf deren Basis in einem zweiten Schritt die entsprechenden Funktionskonzepte erarbeitet werden. Die dritte Phase endet mit der Bewertung und Entscheidung hinsichtlich eines Gesamtkonzepts. Beginnend mit dem ersten Schritt der Konzeptionierung von verschiedenen Hardwarelösungen werden die Ausgabe- und Eingabegeräte des Assistenzsystems bestimmt. In der Praxis hat sich gezeigt, dass sich hierfür die Methode des morphologischen Kastens besonders gut eignet (REFA 2015). Dazu werden verschiedene Merkmale informatorischer Assistenzsysteme mit den jeweiligen Merkmalsausprägungen zusammengestellt. Der in Abschn. 2.2 dargestellte morphologische Kasten kann in Verbindung mit den in Abschn. 2.4 beschriebenen Merkmalen für eine Grobkonzeptionierung genutzt werden, indem die Ausprägungen unterschiedlicher Merkmale miteinander kombiniert werden, so dass auch alternative Lösungskonzepte entwickelt werden können. Nach der Ausarbeitung alternativer Hardwarekonzepte erfolgt in einem zweiten Schritt die Realisierung der dazugehörigen Funktionskonzepte. Das Funktionskonzept des Assistenzsystems wird auf der Grundlage eines generischen Modells entwickelt, welches sich an der in der Softwareentwicklung verwendeten 3-Schichten-Architektur orientiert (Maier et al. 2009) (s. Abb. 7.3). Die erste Ebene des Modells bezieht sich auf die erforderlichen Daten, die über die Assistenzsystemsoftware verarbeitet werden (Ebene 2), um dem Benutzer die notwendigen Informationen anzeigen zu können (Ebene 3). Im Fokus der Ebene 1 stehen Datenformate und -quellen (z. B. ein ERP-System oder eine Datenbank). Nachdem alle Daten, Austauschformate und Speicherorte festgelegt sind, erfolgt in der zweiten Ebene die Konzeption der Softwarefunktionen (Datenverarbeitung) in Abhängigkeit vom gewählten Hardwarekonzept. In Zusammenarbeit mit den Key-Usern und dem

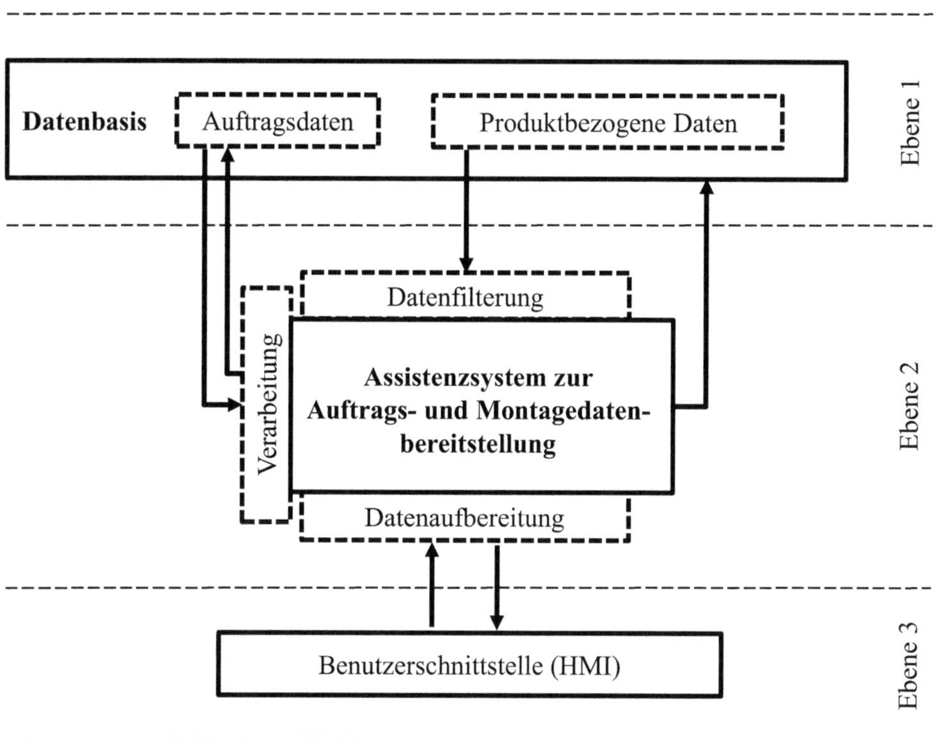

Abb. 7.3 Generisches Modell eines informatorischen Montageassistenzsystems

Projektteam wird festgelegt, welche Daten in welcher Form aufbereitet bzw. gefiltert werden müssen. Innerhalb der dritten Ebene erfolgt die Gestaltung der Benutzerschnittstelle.

Die Bewertung der erarbeiteten Konzepte – Hardware- und Funktionskonzepte – erfolgt in einem abschließenden dritten Schritt hinsichtlich der festgelegten Anforderungen. Dabei ist zu berücksichtigen, dass die zukünftigen Nutzer durch so genannte Key-User an der Bewertung beteiligt werden. Weiterhin sollten die erstellten Funktionskonzepte mit den auf dem Markt erhältlichen Softwarelösungen abgeglichen werden, um eine Entscheidung über „Make-or-Buy", also den Zukauf oder die Eigenentwicklung der Software treffen zu können. Abgeschlossen wird die dritte Phase mit einer Investitionsrechnung und der Entscheidung hinsichtlich eines Gesamtkonzepts. Die wichtigsten Inhalte der Phase sind in der Abb. 7.4 zusammengefasst.

Phase 4: Feinplanung

In der vierten Phase wird auf der Grundlage des gewählten Grobkonzepts eine detaillierte technische Lösung – unter Berücksichtigung von Hard- und Software – für das Assistenzsystem entwickelt (s. Abb. 7.5). Dabei empfiehlt es sich, in einem ersten Schritt festzulegen, wie das spätere Assistenzsystem implementiert werden soll. Hierdurch wird u. a.

Arbeitspakete

- Generierung von Hardwarekonzepten
  - Auswahl von geeigneten Aus- und Eingabemedien
  - Ausarbeitung von verschiedenen Hardwarekonzepten
- Entwicklung von Funktionskonzepten
  - Ermittlung der erforderlichen Daten und Formate
  - Ausarbeitung der Assistenz- bzw. Softwarefunktionen
  - Ausarbeitung von Benutzerschnittstellen
- Bewertung der erarbeiteten Grobkonzepte

- Übersicht zu verschiedenen Hardware- und Funktionskonzepten
- Entscheidung hinsichtlich einer Assistenzsystemlösung zur weiteren Detailplanung

Abb. 7.4 Phase 3 des Einführungsmodells im Überblick (Kleineberg et al. 2017b, modifiziert)

Arbeitspakete

- Festlegung einer Implementierungsstrategie
- Detailplanung der Hardware
  - Auswahl von spezifischen Hardwarekomponenten
  - Festlegung ergonomischer Gestaltungsaspekte
  - Erstellung von Konstruktions- und Schaltplänen
- Detailplanung der Software
  - Gestaltung einer Benutzeroberfläche (Front-End)
  - Entwicklung eines Datenverarbeitungskonzeptes (Back-End)
  - Ausarbeitung eines Konzeptes zur Datensicherheit

- Übersicht zur detaillierten technischen Lösung des entwickelten Assistenzsystems (Hard- und Software)

Abb. 7.5 Phase 4 des Einführungsmodells im Überblick (Kleineberg et al. 2017b, modifiziert)

festgelegt, ob das gesamte System oder zunächst nur eine Teillösung zu entwickeln bzw. implementieren ist und ob das entwickelte Gesamt- oder Teilsystem zunächst nur versuchsweise in einem Montagesystem oder direkt in mehreren Montagesystemen zur Anwendung kommen soll (Reiss 1997). Abhängig von der gewählten Implementierungsstrategie erfolgt in einem zweiten Schritt die Detailplanung des Hardwarekonzepts. Dazu werden die zu berücksichtigenden Ausgabe- und Eingabegeräte, Sensoren, Aktoren und weiteren Arbeitsmittel ausgewählt und mit den Anforderungen im Arbeitssystem verglichen. Insbesondere bei den Ausgabegeräten, wie z. B. einem Tablet, müssen die Umgebungsbedingungen berücksichtigt werden. So können beispielsweise Schmutz oder Feuchtigkeit die Lebensdauer eines herkömmlichen Tablets, das nicht für den industriellen Einsatz ausgelegt ist, beeinträchtigen. Weithin sind bei der Detailplanung der Hardware ergonomische Gestaltungsaspekte zu berücksichtigen. Hierzu zählen beispielsweise die Beleuchtung, Arbeitshöhe, Position von Behältern und Werkzeugen. Abhängig vom Hardwarekonzept sind gegebenenfalls auch Konstruktions- und Schaltpläne zu erstellen. Die Ergebnisse sind dabei kurzzyklisch mit dem Projektteam und den Key-Usern auszutauschen, um Fehlplanungen zu vermeiden.

Die Detailplanung der Software – im Falle einer Eigenentwicklung – erfolgt in einem dritten Schritt der Feinplanung. Ausgehend von dem Funktionskonzept und der festgelegten Implementierungsstrategie sind die Benutzeroberfläche (Front-End) zu entwickeln und die Datenverarbeitung (Back-End) im Detail zu planen. Bei der Gestaltung der Benutzeroberfläche sind verschiedene Gestaltungsanforderungen zu berücksichtigen. Nach DIN EN ISO 9241-110 (2006) lassen sich sieben Anforderungskriterien hinsichtlich der Dialoggestaltung unterscheiden: Aufgabenangemessenheit, Lernförderlichkeit, Selbstbeschreibungsfähigkeit, Erwartungskonformität, Fehlerrobustheit, Steuerbarkeit und Individualisierbarkeit. Zudem sind in diesem Zusammenhang Gestaltungshinweise aus der Softwareergonomie zu berücksichtigen, z. B. zur Anordnung von Elementen, zu Schriftarten, Farben oder Symbolen (DGUV 2016; Schmidtke und Jastrzebska-Fraczek 2013). Festgehalten werden die einzelnen Konzepte zu den Benutzeroberflächen in sogenannten Wireframes (Ott 2018). Mit diesen werden die Anordnungen der einzelnen Elemente überprüft, die die Interaktion zwischen Software und Benutzer bestimmen. Hierdurch lassen sich frühzeitig Usability-Probleme unter Einbeziehung der Key-User identifizieren und beheben. Zur Überprüfung der Usability können beispielsweise folgende Fragen gestellt werden (vgl. Hamborg 2002; DGUV 2016; Prümper o. J.):

- Ist die Schriftgröße ausreichend, zu groß oder zu klein?
- Ist der Kontrast zwischen den einzelnen Darstellungen ausreichend?
- Bietet die Software alle Funktionen, um die anfallenden Aufgaben zu erledigen?
- Sind die verwendeten Begriffe, Bezeichnungen und Symbole verständlich?
- Ist die Anwendung der Software auch ohne fremde Hilfe oder Handbuch erlernbar?
- Sind alle benötigten Informationen zur Ausführung der Tätigkeiten vorhanden?

Die Verknüpfung der einzelnen Systemfunktionen in der Benutzeroberfläche erfolgt mit der Entwicklung des Back-Ends. Dazu werden alle Funktionen des Assistenzsystems, zum Beispiel die erforderlichen Netzwerkzugriffe oder die Datenaufbereitung, in einem Flussdiagramm dargestellt. Darüber hinaus werden detaillierte Konzepte zur Datensicherheit entwickelt und im Back-End berücksichtigt, so dass die Vertraulichkeit, Integrität und Verfügbarkeit der Daten gewährleistet ist (Badertscher und Scheuring 2007). In diesem

Kontext werden mögliche Schwachstellen und Risiken analysiert und beschrieben (Heidemann und Zumbruch 2012), um daraus geeignete Konzepte abzuleiten. Hierbei geht es einerseits um die persönlichen Daten der Nutzer, anderseits aber auch um die internen Betriebsdaten bzw. sensible Kundendaten.

Phase 5: Realisieren

Die fünfte Phase umfasst die Realisierung des entwickelten Assistenzsystems und die Durchführung von Testinbetriebnahmen (s. Abb. 7.6). Grundlage hierfür bilden die in Phase 4 ausgearbeiteten Detailplanungen zur Hard- und Software sowie die festgelegte Implementierungsstrategie. Zur Realisierung des Assistenzsystems werden die festgelegten Hardwarekomponenten beschafft oder angefertigt. Analog dazu wird die Software zugekauft oder auf Basis der Detailplanung iterativ entwickelt bzw. programmiert. Unabhängig von der Umsetzungsstrategie kann es ratsam sein, das Assistenzsystem zunächst in einer Testumgebung aufzubauen, um unabhängig vom Produktionsprozess erste Erfahrungen sammeln zu können. Mit der Realisierung des Assistenzsystems sind Betriebs- und Arbeitsanweisungen für das Assistenzsystem zu erstellen.

Nach der Realisierung des entwickelten Assistenzsystems erfolgt die Durchführung der ersten Tests. Mit diesen sollen eventuelle Fehler bzw. Probleme des entwickelten Assistenzsystems erkannt und beseitigt werden. Zudem werden Key-User mit Hilfe der erstellten Qualifizierungsunterlagen an dem realisierten Assistenzsystem geschult. Darüber hinaus wird ermittelt, ob die Anforderungen an das System umgesetzt wurden, indem beispielsweise im Testbetrieb die Anzahl an Montagefehlern erfasst wird. Darüber hinaus

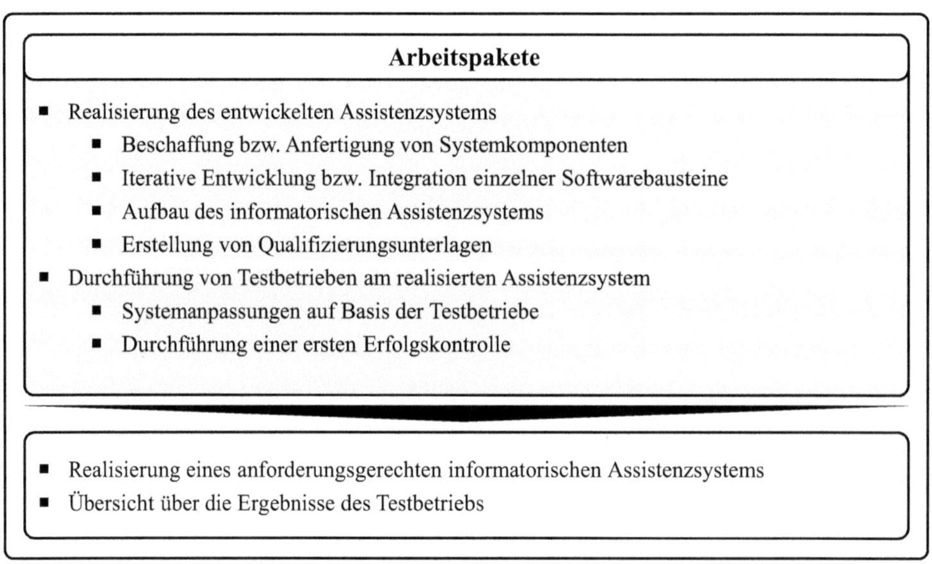

Abb. 7.6 Phase 5 des Einführungsmodells im Überblick (Kleineberg et al. 2017b, modifiziert)

können Usability-Tests oder einfache Instrumente – wie der SUS-Fragebogen – zum Einsatz kommen, um die Gebrauchstauglichkeit zu beurteilen.

System Usability Scale (SUS)
Mit Hilfe des SUS-Fragebogens lässt sich die Benutzerfreundlichkeit einer Software beurteilen und interpretieren (Brooke 1996). Insgesamt besteht der Fragebogen aus zehn Fragen, von denen jeweils fünf positiv und fünf negativ formuliert sind. Zur Beurteilung der Items wird eine fünfstufige Likert-Skala mit einer Abstufung von 0 bis 4 verwendet. Das Ergebnis der Fragebogenauswertung – Summe der Ergebnisse multipliziert mit dem Faktor 2,5 – ist ein Wert zwischen 0 und 100. Die Interpretation der Ergebnisse erfolgt über eine Skala, wobei Werte ab 75 als gut zu bezeichnen sind.

Phase 6: Einsetzen

Im Rahmen der sechsten Phase erfolgt die Implementierung des entwickelten informatorischen Assistenzsystems in der Produktion sowie die abschließende Evaluation des Systems (s. Abb. 7.7). Ausgehend von der definierten Umsetzungsstrategie wird das Assistenzsystem in ein oder mehrere Montagesysteme integriert. Dazu werden die Beschäftigten und Produktionsverantwortlichen geschult. Weiterhin erfolgt der Übergang von der Projektverantwortung zur Serienpflege. Dabei werden beispielsweise Verbesserungsprozesse implementiert oder Verfahrensanweisungen und Wartungspläne erstellt.

Arbeitspakete

- Implementierung des entwickelten Assistenzsystems in die Produktion
  - Schulung bzw. Unterweisung aller relevanten Personen
  - Einführung eines kontinuierlichen Verbesserungsprozesses
  - Projektdokumentation
- Finale Evaluierung des eingeführten Assistenzsystems
  - Abgleich der Bewertungskriterien
  - Bereichsübergreifende Bekanntmachung der Projektergebnisse

- Übersicht über den Erfolg des Projektes
- Abschluss des Projektes zur Implementierung eines informatorischen Assistenzsystems

Abb. 7.7 Phase 6 des Einführungsmodells im Überblick (Kleineberg et al. 2017b, modifiziert)

Gleichzeitig werden wichtige Teillösungen und Ergebnisse des Projektes vom Projetverantwortlichen dokumentiert, um gegebenenfalls in späteren Projekten darauf zurückgreifen zu können. Das Phasenmodell endet mit einer abschließenden Evaluation des eingeführten informatorischen Assistenzsystems. Hierzu werden erneut die in Phase 1 festgelegten Bewertungskriterien erfasst und abgeglichen. Die abschließenden Ergebnisse und Erkenntnisse aus dem Projekt werden sowohl innerhalb des Projektteams als auch bereichsübergreifend kommuniziert, um gegebenenfalls Lern- und Synergieeffekte herbeizuführen.

7.5 Gemeinsamkeiten und Differenzen zwischen beiden Einführungsmodellen

Modelle haben immer theoretischen Charakter. Sie bilden Abstraktionen und sehen von konkreten Vorkommnissen ab. So wird z. B. zwischen vertikal und horizontal strukturierten Organisationen unterschieden, obwohl zum ersten konkrete Organisationen immer Zwischenformen mit mehr oder minder großen Anteilen beider Formen darstellen und keine Organisation den reinen Fall repräsentiert. Wenn dennoch von zwei diametral entgegengesetzten Organisationstypen die Rede ist, so ist dies vornehmlich darauf zurückzuführen, dass die Wissenschaft über Modellbildungen zur Akzentuierung von Differenzen neigt, während in der betrieblichen Praxis bewährte Problemlösungen zur Anwendung kommen. Dabei nutzt die Praxis konträre Theorien gern als „Steinbrüche" und sucht nach solchen „Bausteinen", die ihren Bedürfnissen entsprechen, gleich ob sie aus dem einen oder dem anderen Ansatz stammen. Dadurch werden Gemeinsamkeiten geschaffen. In dem Sinne ergeben sich in der Praxis neben Differenzen vor allem auch immer Gemeinsamkeiten. Empirisch bleibt dabei meist aber unklar, wie hoch der Grad der Übereinstimmung und dementsprechend der Grad der Differenz ist. Beklagt wird zudem häufig, dass einzelne Bausteine nicht zusammenpassen und stetig Reibung erzeugen.

Innovations- oder Einführungsprojekte mit ihren jeweiligen Teams lassen sich als temporäre Arbeitssysteme interpretieren. Sie stellen also Tätigkeitssysteme dar, die auf die Erreichung von Zielen ausgerichtet sind (s. Abschn. 5.1). Das heißt, es gibt am Startpunkt eine Aufgabe, einen darauf abgestimmten Prozess und ein oft gemeinsam im Projekt erzeugtes „Endprodukt". Jedes Projekt erstreckt sich damit über einen spezifischen Zeitraum, der mit auf die Zukunft gerichteten und koordinierten Aktivitäten zur Lösung des Problems ausgefüllt ist.

Das dargestellte Phasenmodell betont explizit diese auf das vorgegebene Ziel gerichtete Vorgehensweise, auch wenn gerade der Verweis auf Iterationen deutlich macht, dass nicht alle Schritte nach vorne gerichtet sind. Eng verbunden damit ist zudem die Vorstellung, dass die Phasen in einer vorab durchgeplanten Abfolge nacheinander erfolgen und nach einem der zeitlichen Logik folgenden Handlungsplan aufeinander aufbauen. Planung kommt vor der Ausführung, das Grobe wird vor dem Feinen geplant, das Realisieren der Lösung ist Voraussetzung für das Einsetzen. Weiterhin wird implizit angenommen, dass alle Projektmitglieder in jeder Phase vornehmlich an der gleichen Teilaufgabe arbeiten, also alle planen erst grob und danach fein, sofern die Phase der Grobplanung erfolgreich abgeschlossen und eine Fortsetzung beschlossen wurde. Am Ende steht das geplante und nun fertiggestellte Produkt, das dem Nutzer bereitgestellt wird. Hinter diesem Vorgehen steckt auch eine Vorstellung von Perfektion: Das verkaufte „Produkt" weist aus Sicht des „Produzenten" eine hohe Qualität auf, die der Kunde nun in eigener Verantwortung nutzen kann.

Das agile Modell weist grundsätzlich die gleiche Ausrichtung auf, praktiziert auch eine logische Abfolge, betont jedoch von Anfang an stärker die erprobende Iteration als den planvollen Fortschritt. Dabei wird weniger auf die Planung eines fernen und perfekten Endprodukts geschaut als vielmehr auf die Abfolge der vielen prototypischen Vorstufen einer finalen Lösung, die zu Projektbeginn noch nicht absehbar und von daher auch wenig genau planbar war. Das ist auch der Ansatzpunkt für die Vorstellung, möglichst rasch eine minimal funktionsfähige Problemlösung zu erstellen und diese dann auch noch nach Einsetzen gemeinsam mit dem Kunden weiter zu vervollkommnen. Durch den Fortfall der Planung tritt auch der Einfluss des Managements etwas stärker in den Hintergrund. Dadurch rückt gleichzeitig die interne Organisation im Projekt stärker in den Vordergrund, weil kein Festhalten und kein Durchsetzen eines Plans möglich sind, wo aus verschiedensten Gründen flexible Anpassung erforderlich ist, um schließlich das mit dem Nutzer vereinbarte oder für den Nutzer entworfene Ziel zu erreichen. Von daher ist auch zu verstehen, dass koordiniertes simultanes Arbeiten stärker betont wird als sukzessives Arbeiten entlang der Phasen.

Im Phasenmodell kann die Aufgabe als Auftrag des Managements interpretiert werden. Gleichzeitig werden die personellen, kostenmäßigen und zeitlichen Rahmenbedingungen des Projekts gesetzt. Sodann zieht sich das Management in der Erwartung wieder zurück, nach Abschluss der ersten Phase über die Abläufe und Ergebnisse informiert zu werden. Dadurch entsteht Distanz, die einmal durch regelmäßige Berichterstattung überwunden wird, sodann in ihrer Auswirkung aber auch durch den Auftragsdruck aufgefangen wird. Die Planung bleibt maßgeblich, Abweichungen und Anpassungen müssen gegen die ursprünglichen Absichten durchgesetzt werden. Die Autonomie im Projektteam ist dadurch von Anfang an stärker eingeschränkt. Die Entscheidungen des Managements können die Flexibilität der Projektmitarbeiter einschränken. Im agilen Vorgehen liegt gerade hier eine zentrale Herausforderung, weil einerseits der Auftrag gegeben ist, andererseits aber die Umsetzung relativ unbeeinflusst vom Management erfolgt. Um ein „Verzetteln" bei der Umsetzung zu vermeiden, muss innerhalb des Projektteams z. B. über immer wiederkehrende Meetings und strikte Zielvereinbarungen und eindeutiges Commitment der Mitarbeiter dafür Sorge getragen werden, dass die Mitarbeiter ihrer Aufgabe gegenüber verpflichtet sind und auch über die Dauer des Projekts bleiben. Der von außen kommende Druck des Managements muss durch einen inneren Druck im Projekt, den gemeinsamen Willen zum Projekterfolg, ersetzt werden.

In der Theorie lassen sich Modelle akzentuieren, indem Differenzen zwischen ihnen hervorgehoben werden. Entscheidend bleibt aber immer, wie ein Modell in der betrieblichen Praxis gelebt wird. Es gibt nicht die einheitliche Planung oder Flexibilität, vielmehr bestehen viele Arten und Wege der Planung und der flexiblen Anpassung, die mal mehr oder weniger gut zu einem abstrakten Modell passen. Diese Kompatibilitäten zwischen theoretischen Modellen und gelebter Praxis sind noch geringer ausgeprägt, wenn an informelle Kommunikationsstrukturen gedacht wird oder einfach auf die subjektive Interpretation der eigenen Rolle rekurriert wird. Dadurch können die theoretischen Differenzen in der Praxis unbemerkt wieder mehr oder weniger verringert oder gar aufgehoben werden. Gleiches gilt etwa dann, wenn z. B. der Einsatz von Iterationen in den Phasen oder die frühzeitige Erstellung von Prototypen mittels additiver Fertigungsverfahren betont wird, wenn Planung in Kurzdiagnosen umwandelt wird (Wildemann 2014) oder wenn das Ergebnis zunächst noch offen bleibt und als Folge eines gezielten Erprobungs- und Abwägeprozesses betrachtet wird.

7.6 Hinweise für die betriebliche Praxis

Zahlreiche Umfragen in Unternehmen zeigen, dass durch Innovation von Prozessen und Produkten die Wettbewerbsfähigkeit gesteigert werden kann. Innovation gilt als schöpferische Zerstörung (Schumpeter 1939), die unabdingbar ist, um in wettbewerbsintensiven Märkten bestehen zu können. Der betriebliche Praktiker steht vor der Herausforderung, aus einer großen Anzahl an Konzepten und Modellen die für ihn geeigneten herauszusuchen und an seine Erfordernisse anzupassen. Klassische Ansätze gelten als überholt, neue Ansätze werden „in den Himmel gelobt", ohne sich unter Umständen dauerhaft bewährt zu haben. Auch das agile Management gilt als ein moderner Ansatz zur Unternehmensführung. Dieser muss nicht und schon gar nicht gänzlich übernommen werden, er kann aber dazu genutzt werden, einmal die eigene Praxis auf ihre Fähigkeit zur Innovation zu überprüfen. Bei einer solchen Prüfung ist generell im Auge zu halten, dass es Neues im Verhältnis zum Alten immer schwer hat zu bestehen. Menschen halten vielfach an Bewährtem fest, auch wenn sich die Welt um sie herum spürbar verändert. Hierin liegt ein erhebliches Risiko. Daher ist auch zu klären, wie neue Technologien – etwa informatorische Assistenzsysteme – zu entwickeln und einzuführen sind. Dabei geht es um die Frage, ob ein solcher Prozess eher in einem klassischen Phasenmodell vollzogen werden sollte oder eher agil, indem Selbstorganisation und Flexibilität im Vordergrund stehen. Unter pragmatischen Gesichtspunkten könnte vermutlich ein „sowohl als auch" die beste Antwort sein. Worauf ist bei einem solchen „sowohl als auch" zu achten? Eine vielleicht etwas ungewöhnliche Antwort gibt Ihnen die folgende Checkliste.

- Denken Sie nicht nur an „heute", sondern verstärkt an „morgen". Entwickeln Sie eine Vision für Ihre Produktion.
- Lassen Sie sich nur auf solche Innovationen ein, von denen Sie überzeugt sind, hinter denen Sie stehen.

- Suchen Sie sich Personen aus, die Ihre Sicht teilen, davon überzeugt sind und Projekte führen können.
- Legen Sie mit diesen Personen die Ziele, die groben Rahmenbedingungen und realistische, aber doch enge zeitliche Dimensionen fest.
- Machen sie keine Innovation so nebenbei.
- Vergessen Sie einmal die Perfektion des Ergebnisses, es kommt zunächst mehr darauf an, schnell zu sein.
- Geben Sie dem Projekt möglichst viel Freiheit, die Arbeit selbst zu organisieren und verzichten Sie auf bürokratische Regularien.
- Haben Sie Vertrauen in Ihre Beschäftigten.

Literatur

Apt W, Bovenschulte M, Priesack K, Weiß C, Hartmann EA (2018) Einsatz von digitalen Assistenzsystemen im Betrieb: Forschungsbericht 502. von https://www.bmas.de/SharedDocs/Downloads/DE/PDF-Publikationen/Forschungsberichte/fb502-einsatz-von-digitalen-assistenzsystemen-im-betrieb.pdf?__blob=publicationFile&v=1. Zugegriffen am 27.03.2020

Badertscher K, Scheuring J (2007) Wirtschaftsinformatik: Entwicklung und Implementation eines Informations- und Kommunikationssystems: Methoden, Prozesse und Technologien – mit zahlreichen Illustrationen, Beispielen, Repetitionsfragen und Antworten. Compendio Bildungsmedien, Zürich

Bendzioch S, Hinrichsen S, Bornewasser M (2020) Validierung eines Instruments zur Ermittlung der Einsatzpotenziale von informatorischen Montageassistenzsystemen. In Gesellschaft für Arbeitswissenschaft (Hrsg) Digitaler Wandel, digitale Arbeit, digitaler Mensch?, Bd 18.4. GfA-Press, Dortmund

Bornewasser M (2020) Agile Organisation: Kalter Kaffee oder neue Erfolgsformel? In: Barthel C (Hrsg) Managementmethoden in der Verwaltung: Sinn und Unsinn. Springer Gabler, Wiesbaden, S 59–91. https://doi.org/10.1007/978-3-658-26530-4

Bornewasser M, Köhn A (2015) Vielfalt von Innovationen und Innovationsprozessen. In: Bornewasser M, Schlick CM, Bouncken RB (Hrsg) Teamkonstellation und betriebliche Innovationsprozesse. Springer, Wiesbaden, S 13–52. https://doi.org/10.1007/978-3-658-07386-2

Brooke J (1996) SUS: a quick and dirty usability scale. In: Jordan PW, Thomas B, Weerdmeester BA, McClelland AL (Hrsg) Usability evaluation in industry. Taylor & Francis, London, S 189–194. https://doi.org/10.1201/9781498710411

Burnes B (2004) Kurt Lewin and the planned approach to change: a re-appraisal. J Manag Stud 41(6):977–1002. https://doi.org/10.1111/j.1467-6486.2004.00463.x

Cooper RG, Kleinschmidt EJ (1986) An investigation into the new product process: steps, deficiencies, and impact. J Prod Innov Manag 3(2):71–85. https://doi.org/10.1111/1540-5885.320071

Deming WE (2013) The essential Deming: leadership principles from the father of quality. McGraw-Hill, New York

Doran GT (1981) There's a S.M.A.R.T. way to write management's goals and objectives. Manag Rev 70(11):35–36

Hamborg KC (2002) Gestaltungsunterstützende Evaluation von Software: Zur Effektivität und Effizienz des IsoMetricsL Verfahrens. In: Herczeg M, Prinz W, Oberquelle H (Hrsg) Mensch & Computer 2002: Vom interaktiven Werkzeug zu kooperativen Arbeits- und Lernwelten. Vieweg+Teubner, Wiesbaden, S 303–312. https://doi.org/10.1007/978-3-322-89884-5

Heidemann WR, Zumbruch I (2012) Zertifizierte Apps: mehr Funktionalität, Sicherheit, und Bedienungsfreundlichkeit. In: Verclas S, Linnhoff-Popien C (Hrsg) Smart Mobile Apps: Mit Business-Apps ins Zeitalter mobiler Geschäftsprozesse. Springer, Berlin, S 241–252. https://doi.org/10.1007/978-3-642-22259-7

Hold P, Ranz F, Sihn W (2016) Konzeption eines MTM-basierten Bewertungsmodells für digitalen Assistenzbedarf in der cyberphysischen Montage. In: Schlick CM (Hrsg) Megatrend Digitalisierung Potenziale der Arbeits- und Betriebsorganisation. GITO, Berlin, S 295–322

Kasselmann S, Willeke S (2017) Adaptiertes Vorgehen zur Reifegradmodellentwicklung am Beispiel der Einführung interaktiver Assistenzsysteme in der Produktion und Logistik. IPRI-Praxis Paper, Nr. 31

Kasselmann S, Willeke S (2018) Technologie Kompendium: Interaktive Assistenzsysteme. https://www.iph-hannover.de/_media/files/downloads/Projekt_40-Ready_Technologie-Kompendium.pdf. Zugegriffen am 02.03.2020

Kleineberg T, Eichelberg M, Hinrichsen S (2017a) Participative development of an implementation process for worker assistance systems. In: Villmer F-J, Padoano E (Hrsg) Production engineering and management. Hochschule Ostwestfalen-Lippe, Lemgo, S 25–36

Kleineberg T, Hinrichsen S, Eichelberg M, Busch F, Brockmann D, Vierfuß R (2017b) Leitfaden: Einführung von Assistenzsystemen in der Montage. https://www.th-owl.de/files/webs/produktion/download/labore/industrialengineering/pdf/Veroeffentlichungen/Leitfaden_Einfuehrung_von_Assistenzsystemen_in_der_Montage.pdf. Zugegriffen am 02.03.2020

Kotter J, Rathgeber H (2017) Das Erdmännchen Prinzip: Aus Krisen als Gewinner hervorgehen. Droemer, München

Kühl S (2015) Wenn die Affen den Zoo regieren: Die Tücken der flachen Hierarchien, 6. Aufl. Campus, Frankfurt

Lewin K (1947) Group decisions and social change. In: Newcomb TM, Hartley EL (Hrsg) Readings in social psychology. Henry Holt, New York, S 330–341

Liker JK, Franz JK (2011) The Toyota way to continuous improvement. McGraw-Hill, New York

Maier R, Hädrich T, Peinl R (2009) Enterprise knowledge infrastructures: information and communication technologies for knowledge work. Springer, Berlin. https://doi.org/10.1007/3-540-27514-2

Neumann N, Koch S, Schaffer M (2016) Le Parkour: Agilität in etablierten Organisationen. R5 Region Five Media, Fürth

Ott M (2018) Apps effektiv managen und vermarkten: Die eigene App erfolgreich veröffentlichen: Von der Konzeption bis zur Vermarktung. Springer Vieweg, Wiesbaden. https://doi.org/10.1007/978-3-658-22296-3

Pfetzig K, Rohde A (2014) Ganzheitliches Projektmanagement, 5. Aufl. Götz Schmidt, Gießen

Prümper J. (o. J.) Fragebogen ISONORM 9241/110-S: Beurteilung von Software auf Grundlage der Internationalen Ergonomie-Norm DIN EN ISO 9241-110. http://www.uselab.tu-berlin.de/wiki/images/6/62/ISONorm_Kurzversion.pdf. Zugegriffen am 29.03.2020

REFA-Bundesverband e.V (2014) REFA-Grundausbildung 2.0: Lehrunterlage zu Teil 2A: Ermittlung und Anwendung von Prozessdaten. Modul 2: Arbeitssystemgestaltung

REFA-Bundesverband e.V. (2015) Industrial Engineering - Standardmethoden zur Produktivitätssteigerung und Prozessoptimierung. Hanser, München

Reiss M (1997) Chancen- und Risikenmanagement im Change Management. In: Reiss M, von Rosenstiel L, Lanz A (Hrsg) Change Management: Programme, Projekte und Prozesse. Schäffer-Poeschel, Stuttgart, S 109–122

Schein EH (1996) Kurt Lewin's change theory in the field and in the classroom: notes toward a model of managed learning. Syst Pract 9(1):27–47. https://doi.org/10.1007/BF02173417

Schmidtke H, Jastrzebska-Fraczek I (2013) Ergonomie: Daten zur Systemgestaltung und Begriffsbestimmungen. Hanser, München. https://doi.org/10.3139/9783446435469

Schumpeter JA (1939) Business cycles: a theoretical, historical, and statistical analysis of the capitalist process. McGraw Hill, New York

Thom N (1980) Grundlagen des betrieblichen Innovationsmanagements, 2. Aufl. Hanstein, Königstein

Toutenburg H, Knöfel P (2009) Six Sigma: Methoden und Statistik für die Praxis, 2. Aufl. Springer, Berlin. https://doi.org/10.1007/978-3-540-85138-7

Trepper T (2012) Agil-systemisches Softwareprojektmanagement. Gabler, Wiesbaden. https://doi.org/10.1007/978-3-8349-4202-9

Wildemann H (2014) Produktivitätsverbesserung: Leitfaden zur kurzfristigen und permanenten Produktivitätssteigerung in kleinen und mittleren Unternehmen, 15. Aufl. TCW, München

Witte E (1973) Organisation für Innovationsentscheidungen: Das Promotorenmodell. Otto Schwartz & Co, Göttingen

Wodtke C (2016) Introduction to OKRs. O'Reilly, Sebastopol

Normen und Richtlinien

DGUV – Deutsche Gesetzliche Unfallversicherung e.V (2016) DGUV Information 215-450: Software-Ergonomie.

DIN EN ISO 9241-11 (2018) Ergonomie der Mensch-System-Interaktion – Teil 11: Gebrauchstauglichkeit: Begriffe und Konzepte. Beuth, Berlin

DIN EN ISO 9241-110 (2006) Ergonomie der Mensch-Maschine-Interaktion – Teil 110: Grundsätze der Dialoggestaltung. Beuth, Berlin

PMI – Project Management Institute (2008) A guide to the project management body of knowledge, 4. Aufl. PMI Book

8 Fallstudie zur Einführung eines Montageassistenzsystems bei einem Spezialanbieter im Nutzfahrzeugmarkt

Philip Sehr, Alexander Nikolenko und Andreas Wilke

Inhaltsverzeichnis

Zusammenfassung

Die vorliegende Fallstudie beschreibt den Prozess der Gestaltung und Einführung eines Assistenzsystems an einer Arbeitsstation der Fahrzeugmontage. Die Vorgehensweise orientiert sich dabei an dem in Abschn. 7.4 vorgestellten Einführungsmodell. In einem ersten Schritt wird das betrachtete Arbeitssystem analysiert und der Projektrahmen

P. Sehr (✉)
Institut für industrielle Informationstechnik, Technische Hochschule Ostwestfalen-Lippe, Lemgo, Deutschland
E-Mail: philip.sehr@th-owl.de

A. Nikolenko
Labor für Industrial Engineering, Technische Hochschule Ostwestfalen-Lippe, Lemgo, Deutschland
E-Mail: alexander.nikolenko@th-owl.de

A. Wilke
SPIER GmbH & Co. Fahrzeugwerk KG, Steinheim, Deutschland
E-Mail: Andreas.Wilke@Spier.de

M. Bornewasser, S. Hinrichsen (Hrsg.), *Informatorische Assistenzsysteme in der variantenreichen Montage*, https://doi.org/10.1007/978-3-662-61374-0_8

definiert. Dabei werden Arbeits- und Zeitstudien durchgeführt. Im Ergebnis kann eine Aussage zu den Verbesserungspotenzialen getroffen werden. Der zweite Schritt besteht in der Konkretisierung der Ziele. Es werden Anforderungen an das Assistenzsystem für die manuelle Montage ermittelt. Auf Basis dieser Anforderungen wird in einem dritten Schritt ein Grobkonzept für das Assistenzsystem ausgearbeitet und mit den Beschäftigten erörtert. Im vierten Schritt erfolgt die Feinplanung. Diese wird in einem fünften Schritt umgesetzt und abschließend evaluiert. Zur Bewertung der Wirksamkeit des Assistenzsystems werden erneut Zeitstudien durchgeführt. Abschließend werden wichtige Erfahrungen aus dem Projekt aufbereitet.

8.1 Analyse der Ausgangssituation und Festlegen des Projektrahmens

Die Spier GmbH & Co. Fahrzeugwerk KG ist ein deutscher Spezialanbieter im Nutzfahrzeugmarkt mit Sitz im westfälischen Steinheim. Das inhabergeführte Familienunternehmen wurde 1872 gegründet und beschäftigt ca. 370 Mitarbeiter. Spier bietet ein vielfältiges Fertigungs- und Dienstleistungsspektrum in den Produktionsbereichen Verteilerfahrzeuge, Koffer-, Pritschen-, Kühl- und Getränkeaufbauten, Wechselsystemen, Anhängern und Sattelanhängern an. Das Fahrzeugprogramm gliedert sich in individuelle Aufbauten, Ausbauten und Anhänger für Nutzfahrzeuge. Jährlich werden zwischen 4500 und 5500 Fahrzeugeinheiten produziert. Die Montage erfolgt an Reihen- bzw. Fließmontagelinien (s. Abschn. 1.5). An jeder Arbeitsstation dieser Linien sind zumeist ein oder zwei Beschäftigte tätig, die in der Regel mehr als eine Stunde benötigen, um die Montageverrichtungen für ein Fahrzeug an einer Station durchzuführen.

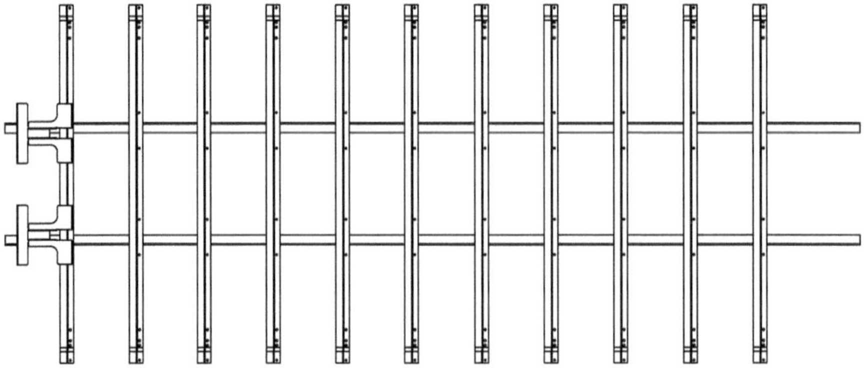

Abb. 8.1 Beispiel eines Rahmens in der Draufsicht, bestehend aus zwei Längsträgern und elf Querträgern

In dieser Fallstudie wird ausschließlich die Arbeitsstation der Hilfsrahmenmontage betrachtet. An dieser Station wird der Rahmen für den Fahrzeugaufbau montiert. Diese Arbeitsstation wurde als Pilotbereich ausgewählt, da in einer Vorstudie mehrere Arbeitsstationen betrachtet wurden und in der Hilfsrahmenmontage Potenziale für den Einsatz eines informatorischen Assistenzsystems erkannt wurden. Abb. 8.1 zeigt einen montierten Rahmen in der Draufsicht. Ein Rahmen besteht aus zwei Längsträgern (max. Länge ca. 10 m) und zumeist mehr als zehn Querträgern (max. Länge ca. 2,5 m). Der Rahmen wird in einer Vielzahl von Varianten montiert. Die Varianten ergeben sich aus den in der Regel unterschiedlichen Längen der Quer- und Längsträger sowie der unterschiedlichen Abstände zwischen den Querträgern eines Rahmens. Auf Basis des Rahmens erfolgt dann an den nachfolgenden Arbeitsstationen die Montage des LKW-Aufbaus.

Der Arbeitsprozess in der Hilfsrahmenmontage lässt sich grob in sechs Schritte unterteilen. Der erste Schritt ist die Auftragsvorbereitung. Der Beschäftigte orientiert sich neben den vorliegenden terminierten Arbeitspapieren an dem Produktionsfortschritt der nachgelagerten Arbeitsstationen und bereitet den entsprechenden Fertigungsauftrag vor. Durch das Scannen des auf den Auftragspapieren aufgedruckten Barcodes wird der Auftrag im ERP-System angemeldet. Danach verschafft sich der Beschäftigte einen Überblick zum Auftrag, indem er die Stücklisteninformationen auf den Auftragspapieren sichtet. Zusätzlich wird die Zeichnung über das ERP-System aufgerufen, dafür muss die Teilenummer des Endprodukts in einem separaten Modul eingegeben werden, hier kann es zu Übertragungsfehlern kommen. Er öffnet das entsprechende Dokument mit der Zeichnung, um die Abstände der einzelnen Querträger sowie weitere Auftragsinformationen (z. B. Anzahl und Position von Befestigungswinkeln, Anzahl und Stellen von Bohrlöchern) zu erhalten. Einzelne Informationen notiert der Beschäftigte auf einem Zettel. In einem zweiten Schritt werden die Längsträger auf die angegebenen Längen mit einem Plasmaschneider gekürzt und nachbearbeitet. In einem dritten Schritt stellt der Beschäftigte die Längsträger auf dem Montagetisch bereit und arretiert diese. In einem vierten Schritt markiert er mit Hilfe eines Maßbandes und eines Stiftes die Befestigungspositionen für die Querträger sowie die Positionen für die Verstärkungsplatten und -winkel. In einem fünften Schritt erfolgt die Montage, indem die Querträger und weitere Elemente bereitgestellt, entsprechend der Markierungen ausgerichtet und mit den Längsträgern verschraubt werden. In einem abschließenden sechsten Schritt wird der fertige Rahmen zur nächsten Arbeitsstation transportiert und der Auftrag im ERP-System fertig gemeldet.

Die Möglichkeiten des Einsatzes eines Assistenzsystems wurden durch eine Arbeits- und Zeitstudie im Bereich der Hilfsrahmenmontage ermittelt (Hinrichsen und Bendzioch 2019; Nikolenko et al. 2020). Dazu wurde der gesamte Arbeitsablauf zunächst in Ablaufabschnitte unterteilt. Die Ablaufabschnitte wurden dabei sechs Ablaufarten zugeordnet (s. Tab. 8.1). Ein Beispiel für einen wertschöpfenden Ablaufabschnitt mit informationstechnischem Optimierungspotenzial (Ablaufart 3) ist das Bestimmen von Verschraubungspo-

Tab. 8.1 Zeitanteile für die Montage von Rahmen (n = 10) (Nikolenko et al. 2020)

Nr.	Ablaufarten	Dauer [Min]	Anteil [%]
1	Wertschöpfung	239	44
2	Wertschöpfung mit allgemeinem Optimierungspotenzial	60	11
3	Wertschöpfung mit informationstechnischem Optimierungspotenzial	27	5
4	Nicht vermeidbare Verschwendung	158	29
5	Vermeidbare, nicht informatorische Verschwendung	16	3
6	Vermeidbare informatorische Verschwendung	44	8
Σ		**544**	**100**

sitionen mit Hilfe eines Maßbandes. Ein Beispiel für vermeidbare informatorische Verschwendung (Ablaufart 6) ist das Anzeigen und Verarbeiten von Informationen, die an der Arbeitsstation nicht benötigt werden. Gegenstand der Studie war die Montage von insgesamt 10 Rahmen. Die tatsächliche benötigte Zeit zur Bearbeitung aller Ablaufschritte beträgt entsprechend Tabelle 2 durchschnittlich 54 Minuten. Die Ergebnisse zeigen, dass die Auftragszeit für die Montage eines Rahmens durch den Einsatz eines informatorischen Assistenzsystems um bis zu 7 Minuten (13 %) reduziert werden kann (s. Ablaufarten 3 und 6 in Tab. 8.1). Hierbei ist zu beachten, dass die Montagezeit nicht beeinflusst werden kann, da es sich um ein rein informatorisches Assistenzsystem handelt.

Verbesserungspotenziale im Hinblick auf die Informationsbereitstellung bestehen vor allem bei den Arbeitsschritten 1 (Auftragsvorbereitung), 4 (Übertragung der Montagepositionen) und 6 (Auftragsfertigstellung). In Schritt 1 besteht das Problem darin, dass nicht sofort ersichtlich ist, welcher Auftrag als nächstes zu bearbeiten ist, da die Aufträge nicht nach Priorität oder Fälligkeit sortiert sind. Ein weiteres Problem besteht darin, dass die zu öffnende CAD-Zeichnung Daten für den gesamten LKW-Rahmen beinhaltet, so dass der Mitarbeiter sich aus dieser komplexen Gesamtzeichnung des LKW-Rahmens die für seine Arbeitsstation relevanten Daten heraussuchen muss. Die bereitgestellte Stückliste beinhaltet zudem auch die Teilepositionen, die in der nachfolgenden Arbeitsstation montiert werden, so dass an dieser Arbeitsstation insgesamt deutlich mehr Informationen bereitgestellt als benötigt werden. Dadurch entstehen immer wieder Such- und Orientierungszeiten. Zudem werden zumeist Informationen auf einem Zettel dokumentiert, um ein wiederholendes Sichten der Zeichnung und der Stückliste während des Montageprozesses zu vermeiden. Bei Schritt 4 besteht das Problem, dass die Informationen aus dem Modell (CAD-Zeichnung) auf das reale Arbeitsobjekt übertragen werden müssen, indem Abstände gemessen und Markierungen per Stift vorgenommen werden. Schritt 6 beinhaltet Verbesserungspotenziale, da der Beschäftigte sich erneut am Terminal anmelden muss, um über mehrere Schritte im ERP-System den Auftrag fertig zu melden.

Ist-Montageprozess	Soll-Montageprozess mit projektionsgestütztem Assistenzsystem
1. Auftragsvorbereitung	**1. Auftragsvorbereitung**
▪ Sichten des papierbasierten Auftrages und der Stückliste ▪ Öffnen und Anmelden des Auftrages im ERP-System ▪ Öffnen und Sichten der Zeichnung ▪ Notierten der montagerelevanten Informationen	▪ Sichten der digitalen Stückliste und der montagerelevanten Informationen auf Bildschirm
2. Vorbereitende Tätigkeiten	**2. Vorbereitende Tätigkeiten**
▪ Zuschnitt der Längsträger	▪ Zuschnitt der Längsträger
3. Bereitstellung der Grundträger	**3. Bereitstellung der Grundträger**
▪ Bereitstellen der Längsträger auf dem Montagetisch	▪ Bereitstellen der Längsträger auf dem Montagetisch
4. Übertragung der Montagepositionen	
▪ Markieren der Befestigungspositionen auf den Längsträgern mittels Stift und Maßband	
5. Montagedurchführung	**5. Montagedurchführung**
▪ Materialbereitstellung ▪ Verschrauben der Längsträger mit den Querträgern und weiteren Elementen unter Zuhilfenahme der Zeichnung und Notizen	▪ Materialbereitstellung ▪ Verschrauben der Längsträger mit den Querträgern und weiteren Elementen entsprechend der projizierten Informationen
6. Auftragsfertigstellung	**6. Auftragsfertigstellung**
▪ Transportieren des Rahmens zur nächsten Arbeitsstation ▪ Abmelden des Auftrages im ERP-System	▪ Transportieren des Rahmens zur nächsten Arbeitsstation

Abb. 8.2 Gegenüberstellung des Ist- und Soll-Montageprozesses (Hinrichsen und Bendzioch 2019)

8.2 Konkretisieren der Ziele

Durch die Einführung eines informatorischen Assistenzsystems lässt sich im vorliegenden Anwendungsfall eine Steigerung der Produktivität erreichen. Eine direkte Gegenüberstellung des Soll- und Ist-Montageprozesses zeigt dieses Potenzial besonders bei den Arbeitsschritten 1, 4 und 6 auf (s. Abb. 8.2). Anhand dieser Gegenüberstellung sollen im nächsten Schritt Ziele festgelegt werden, welche als Maßstab bei der Entwicklung eines betriebsspezifischen informatorischen Assistenzsystems dienen.

Im Hinblick auf Arbeitsschritt 1 sind im Ist-Zustand die Auftragsinformationen und die Zeichnung getrennt voneinander abzurufen. Eine Zuordnung soll zukünftig automatisch durch das Assistenzsystem erfolgen. Des Weiteren soll es nicht mehr notwendig sein,

Montageinformationen auf einem Handzettel zu notieren. Das Assistenzsystem soll die Informationen so anzeigen, dass diese idealerweise in allen Bereichen des Arbeitssystems direkt verfügbar sind. Das Markieren der Querträgerpositionen auf dem fixierten Längsträger soll mit Hilfe eines Assistenzsystems erfolgen. Durch Darstellung von digitalen Informationen auf oder an dem Längsträger kann zudem das vorherige manuelle Anzeichnen der Querträgerpositionen entfallen. Das zu entwickelnde Konzept für das Assistenzsystem soll daher eine Möglichkeit enthalten, solch eine Funktion umzusetzen.

Die Auftragsfertigstellung (Schritt 6) kann ebenfalls durch ein informatorisches Assistenzsystem beschleunigt werden. Zusammenfassendes Ziel des Projektes ist es, eine durchgängige digitale Prozesskette zu realisieren, indem Auftrags- und Konstruktionsdaten automatisch ausgelesen und dem Beschäftigten anforderungsgerecht bereitgestellt werden. Ferner sollen dadurch zum einen Montagefehler vermieden, die Arbeitsproduktivität gesteigert und die Anlernzeiten neuer Beschäftigter reduziert werden. Zum anderen sollen auch die Arbeitsbedingungen für die Beschäftigten verbessert werden, indem unnötige Such- und Orientierungszeiten vermieden werden.

8.3 Grobplanung

Auf Basis der Projektziele wird nachfolgend ein Konzept vorgestellt, welches die grundlegende Struktur des Assistenzsystems beschreibt. Die Gestaltung des Assistenzsystems erfolgte dabei unter Einbeziehung der Beschäftigten, da nur durch einen benutzerzentrierten Gestaltungsprozess eine hohe Akzeptanz des Assistenzsystems gewährleistet werden kann (Nikolenko et al. 2020). Das entwickelte Grobkonzept berücksichtigt den in Abb. 8.2 dargestellten Soll-Prozess.

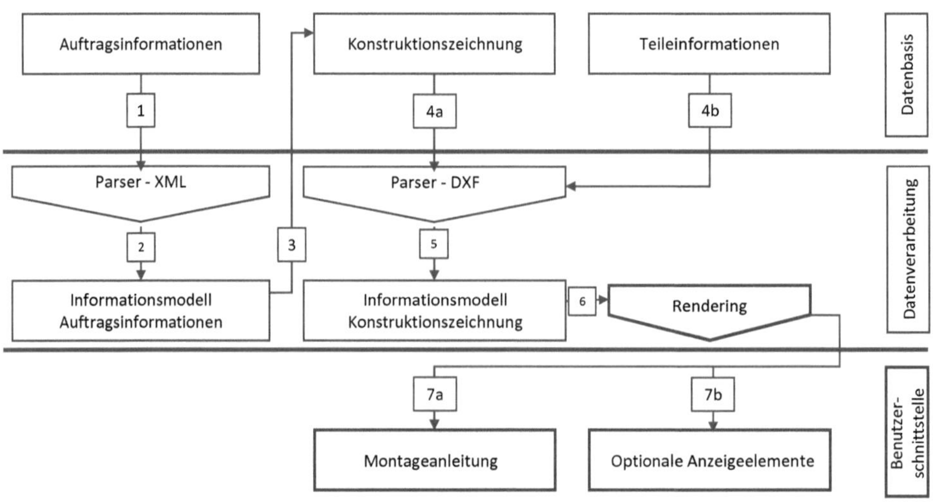

Abb. 8.3 Konzept des Assistenzsystems (Nikolenko et al. 2020)

Das Flussdiagramm (s. Abb. 8.3) zeigt die einzelnen Prozessschritte des Grobkonzeptes. Aufgeteilt ist das Diagramm in die Ebenen Datenbasis, Datenverarbeitung und Benutzerschnittstelle. Die Datenbasis repräsentiert alle Bestandsdaten, die für die Funktion des Assistenzsystems benötigt werden. In der Datenverarbeitung werden die Datenmodelle erzeugt, die für die Umsetzung der Assistenzfunktion notwendig sind. In der Ebene der Benutzerschnittstelle werden die optimierten Montageinformationen aus den Datenmodellen angezeigt.

Bezugnehmend auf Arbeitsschritt 1 hat eine Zuordnung von Auftragsinformationen zur Konstruktionszeichnung zu erfolgen. Informationen zur benötigten Konstruktionszeichnung finden sich in der Stückliste, welche wiederum Bestandteil der Auftragsinformationen ist. Es müssen also zunächst Informationen zu den aktuellen Aufträgen abgerufen werden (Prozessschritt 1 in Abb. 8.3). Diese sind über das ERP-System verfügbar. Dabei ist zu beachten, dass ein Dateiformat verwendet wird, welches für den plattformübergreifenden Austausch von Daten geeignet ist und eine einfache Analyse erlaubt. Die Auftragsinformationen werden in ein Informationsmodell umgewandelt, welches für die interne Verarbeitung ausgelegt ist (Prozessschritt 2). Aus diesem Modell wird die zu verwendende Zeichnung ermittelt und aus der Datenbasis abgerufen (Prozessschritt 3).

Da die Konstruktionszeichnungen auch Informationen enthalten, die nicht für die Hilfsrahmenmontage benötigt werden, sollten die irrelevanten Informationen herausgefiltert werden. Um bestimmen zu können, welche Teile der CAD-Zeichnung relevant sind, wird eine Referenzliste aller Bauteile, die in der Hilfsrahmenmontage verwendet werden, in der Datenbasis hinterlegt. Weiterhin ist zu beachten, dass die Bauteile auch in der Konstruktionszeichnung anhand ihrer Teilenummer identifizierbar sind. Hierfür sollte ein geeignetes Dateiformat verwendet werden. Im vorliegenden Fall wird eine Zeichnung im DXF-Format verwendet. Aus dieser Konstruktionszeichnung und der Teileliste kann ein optimiertes Informationsmodell der Zeichnung erstellt werden (Prozessschritte 4a und 4b).

Aus diesem Informationsmodell wird anschließend die optimierte Montageanleitung generiert. Dieser Vorgang wird als Rendering bezeichnet. Dabei werden aus den Daten des Informationsmodells visuelle Darstellungen erzeugt. Die Benutzerschnittstelle ist auf die individuellen Bedürfnisse der Benutzer abzustimmen. Angesichts tendenziell nachlassender Sehfähigkeiten im Alter sollen Schriftgrößen, Linienstärken und Farben innerhalb der Darstellung durch den Benutzer konfigurierbar sein. Um Montageinformationen innerhalb des Arbeitssystems (für die Soll-Arbeitsschritte 1 bis 4) verfügbar zu machen, soll ein großer Bildschirm verwendet werden, so dass auch aus der Entfernung Informationen erfasst werden können.

Um die Tätigkeit des Markierens von Befestigungspositionen (für Querträger) auf den Längsträgern vermeiden zu können (Schritt 4 des Ist-Montageprozesses, s. Abb. 8.2), sind zwei Optionen möglich. Erstens können licht- oder laserbasierte Assistenzsysteme eingesetzt werden (s. Kap. 2). Dabei können die auf dem Montagetisch fixierten Längsträger als Projektionsfläche verwendet werden, um die Position und Ausrichtung der Querträger anzuzeigen. Zweitens können LED-Streifen mit individuell steuerbaren LEDs zur Kennzeichnung genutzt werden. Diese Streifen lassen sich an dem Montagetisch parallel zu den

Längsträgern befestigen, so dass sich durch Aufleuchten einzelner LEDs die Ausrichtung und Position der Querträger anzeigen lässt.

8.4 Feinplanung

Auf Basis des Grobkonzeptes erfolgt in dieser Projektphase die Feinplanung. Dabei ist gemäß Abb. 8.3 zwischen den drei Gestaltungsebenen des Assistenzsystems zu unterscheiden. Die oberste Ebene beinhaltet das Datenarchiv. Im Rahmen der mittleren Ebene erfolgt die Verarbeitung der Auftrags- und Konstruktionsdaten als Voraussetzung zur Umsetzung der Assistenzfunktionen. Auf der untersten Ebene werden über eine Benutzerschnittstelle Informationen visualisiert und Funktionen bereitgestellt.

Auf der Ebene der Datenbasis ist das ERP System in der Lage, die Auftragsdaten als Datei im XML-Format verfügbar zu machen. Dieses Format eignet sich für die Repräsentation von Daten, die eine hierarchische Struktur haben. Auf diese Weise kann die Datei mit wenig Aufwand algorithmisch analysiert und die benötigte Zeichnungsnummer ermittelt werden. Die Konstruktionszeichnungen sind in einem zentralen Netzlaufwerk im DXF-Format abgelegt. Für beide Dateiformate sind Open-Source-Werkzeuge verfügbar, die eine unkomplizierte Verarbeitung der Daten ermöglichen.

Auf der Datenverarbeitungsebene werden die aus der Konstruktionszeichnung ermittelten Informationen in einer vereinfachten Datenstruktur gespeichert. Die gespeicherte Struktur enthält dabei nur die relevanten Informationen in einer für die Verarbeitung in diesem System optimierten Struktur. Wird eine Zeichnung häufiger verwendet, kann über einen Abgleich des Änderungsdatums der Datei festgestellt werden, ob eine neue Version der Zeichnung vorliegt. Ist dies nicht der Fall, kann auf das gespeicherte Modell zurückgegriffen werden. Damit vermindert sich die Wartezeit bis zur Anzeige der Zeichnung für den Benutzer erheblich, was zu einer hohen Nutzerzufriedenheit beiträgt.

Die Struktur des Informationsmodells (s. Abb. 8.4) orientiert sich an der Struktur der zu Grunde liegenden Konstruktionszeichnung. Diese enthält stets eine Seitenansicht und eine Draufsicht des Rahmens. Die gefilterten Bauteile werden entsprechend dieser Struktur

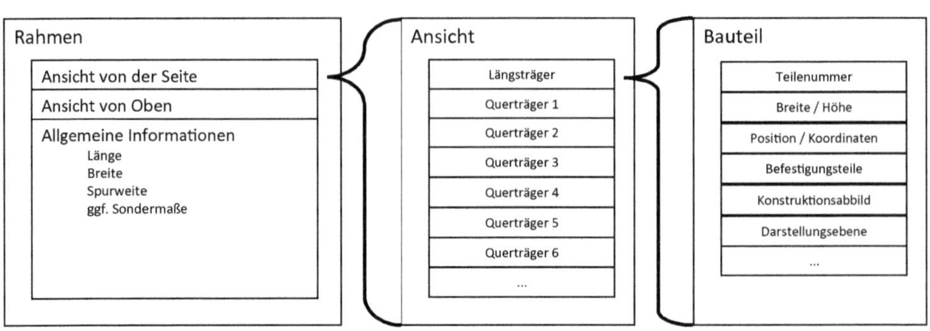

Abb. 8.4 Darstellung des Informationsmodells zur Repräsentation der Montageinformationen

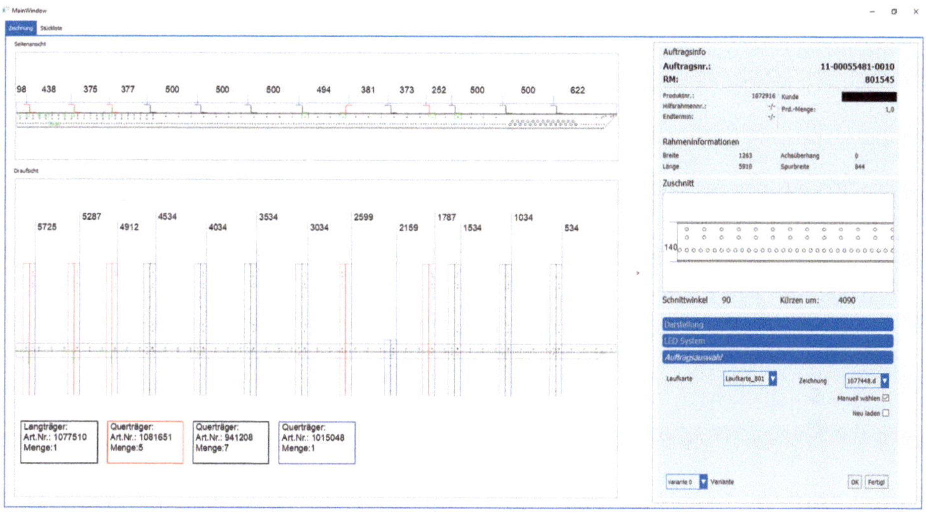

Abb. 8.5 Benutzeroberfläche des Assistenzsystems

zusammengefasst. Dabei werden übergeordnete Informationen, wie Länge und Breite des Rahmens, ermittelt und ebenfalls in der Struktur gespeichert.

Die Datenausgabe erfolgt über die im System integrierte Benutzerschnittstelle. Diese ist in zwei wesentliche Bereiche untergliedert. Der größere Bereich beinhaltet eine Darstellung der vereinfachten Konstruktionszeichnung, die ausschließlich die an der Arbeitsstation benötigten Informationen enthält (s. Abb. 8.5). Der rechte Seitenbereich enthält eine Anzeige von zusätzlichen Informationen sowie Bedienelementen. So findet der Beschäftigte in diesem Bereich alle Informationen, die vor Beginn des eigentlichen Montagevorgangs benötigt werden. Die strukturelle Anordnung der Informationen orientiert sich dabei auch an der Abfolge der einzelnen Arbeitsschritte (s. Abb. 8.2): (1) Auftragsvorbereitung: Sichtung der Auftragsinformationen; (2) Vorbereitende Tätigkeiten: Zuschnitt der Längsträger; (3) Bereitstellung der Längsträger und Fixierung auf dem Montagetisch; (5) Montagedurchführung.

Auch die Bedienelemente für die Auftragsauswahl und die Anpassung der Darstellung (Schriftgröße etc.) sind im Seitenbereich über ein Toolbox-Menü anwählbar. Da eine Priorisierung der Aufträge noch nicht automatisiert werden konnte, muss die Auftragsauswahl zunächst weiterhin durch die Beschäftigten vorgenommen werden. Hierzu werden alle aktuellen Aufträge in einer Auswahlliste aufgeführt. Hat der Beschäftigte den Auftrag ausgewählt und die Arbeitsschritte zur Vorbereitung der Montage abgeschlossen, kann der Seitenbereich optional ausgeblendet werden, so dass eine größere Darstellung der Konstruktionszeichnung ermöglicht wird.

Die Einteilung der Montageinstruktion in einzelne Arbeitsschritte – im Sinne einer Schritt-für-Schritt-Anleitung – ist in diesem Fall nicht sinnvoll, da hierfür wiederholte Eingaben des Beschäftigten erforderlich wären, um zum jeweils nächsten Montageschritt zu wechseln. Je nach Interaktionsform können diese Eingaben Laufwege erforderlich machen. Zudem ist durch die Übersichtsdarstellung eine Variation der Arbeitsmethode möglich. Im Zeichnungsbereich wird deshalb der fertige Hilfsrahmen mit einer Ansicht von oben und von der Seite angezeigt (s. Abb. 8.5). Obwohl hierdurch teilweise redundante Informationen angezeigt werden, wird dieses Format dennoch beibehalten, da es den Beschäftigten aus den Konstruktionszeichnungen bekannt ist und somit der gewohnten Orientierung dient. Ferner sind einige Teile besser in der Draufsicht und andere Teile besser in der Seitenansicht zu erkennen. Auch erhalten beispielsweise besondere Verstärkungsteile eine auffällige Farbe, damit diese in der Zeichnung klar erkennbar sind. Im einfachsten Fall wird eine Sorte Längsträger und eine Sorte Querträger verbaut. Allerdings kommt es vor, dass ein Rahmen verschiedene Querträger enthält, die nur schwer voneinander zu unterscheiden sind. Für diesen Fall werden im Assistenzsystem den Teilenummern der Querträger verschiedene Farben zugeordnet (s. Abb. 8.5). Die am häufigsten verwendete Teilenummer erhält eine Standardfarbe. Querträger, die nur an einer Stelle verbaut werden und somit durch die Unterbrechung des Musters eine Fehlerquelle darstellen, werden farblich hervorgehoben. Zusätzlich wird dem Beschäftigten eine vereinfachte Stückliste angezeigt, in der die Teilenummern der Längs- und Querträger sowie ihre jeweilige Anzahl verzeichnet sind (s. Abb. 8.5 unten links).

Um die Tätigkeit des Markierens von Befestigungspositionen (für Querträger) auf den Längsträgern vermeiden zu können, wurden bereits verschiedene Möglichkeiten (LED-Streifen vs. licht-/laserbasierten Projektoren) angeführt (s. Abschn. 8.3). Nach Rücksprache mit den Projektverantwortlichen des Unternehmens Spier und Abschätzung der zu erwartenden Produktivitätsverbesserung, wurde die LED-Technologie gewählt. Als Low-cost-Lösung konzipiert bietet sie bei vergleichsweise geringen Investitionen den größten Nutzen. Für die Umsetzung dieser Lösung werden zwei LED-Streifen derart am Montagetisch befestigt, dass diese parallel zu den Längsträgern verlaufen und den Montagevorgang nicht behindern. Um die LED-Streifen für das Assistenzsystem verfügbar zu machen, wurde ein individuelles Steuerungssystem entwickelt. Dieses stellt eine Netzwerkverbindung mit dem Assistenzsystem her und bildet die Schnittstelle zwischen den Montageinformationen und dem Steuerungssignal für die LEDs. Die Anzeige der Montageinformationen auf dem LED-Streifen erfolgt über Abfolgen farblich kodierter LEDs an bestimmten Positionen (s. Abb. 8.6). Für die korrekte Montage eines Querträgers sind vier Informationen entscheidend: Position, Orientierung, Teilenummer und Verstärkungsteile. Aus den Informationen der Konstruktionszeichnung und der Auflösung der LED-Streifen wird die korrekte Montageposition ermittelt. Alle LEDs, die aus Sicht des Beschäftigten

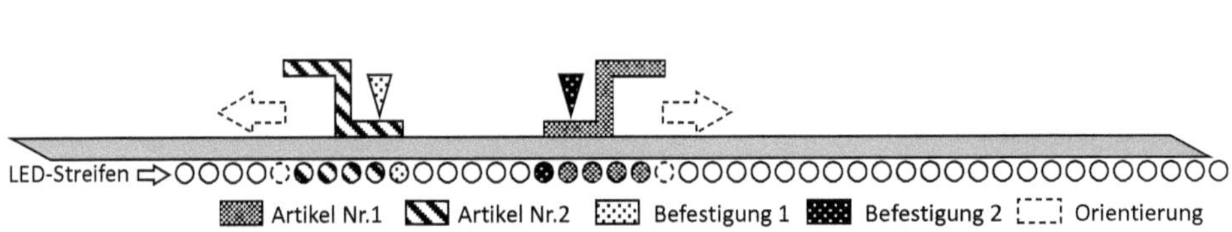

Abb. 8.6 Darstellung der Montageinformationen durch LED-Streifen (Sehr und Bläsing 2020)

unter dem montierten Querträger liegen, leuchten in der Farbe auf, die in der Benutzeroberfläche die Teilenummer des Querträgers repräsentiert. Die beiden LEDs am Anfang und am Ende der Sequenz geben die Orientierung des Querträgers und die zu verwendenden Verstärkungsteile an (s. Abb. 8.6).

8.5 Realisieren und Einsetzen

Nach Einführung des Assistenzsystems zu Testzwecken wurde erneut eine Zeitstudie durchgeführt. Gegenstand der Zeitstudie war wiederum die Montage von zehn Rahmen. Anzumerken ist, dass für diese Untersuchung das Assistenzsystem nur als Bildschirmlösung verwendet wurde. Die Montagezeiten lassen sich durch die Anbindung der LED-Streifen möglicherweise weiter verbessern. Die Ergebnisse der Zeitstudien sind in Abb. 8.7 im Vergleich zu den Daten der Ausgangssituation dargestellt. Potenzial für den Einsatz eines Assistenzsystems bieten nach Abschn. 8.2 die Arbeitsschritte 1, 4 und 6. Nach der Einführung des Assistenzsystems entfallen die Zeiten für den ersten Schritt weitgehend. Es ist u. a. nicht mehr erforderlich, die Auftragsdaten und Zeichnungen manuell im System zu suchen sowie Maße auf einem Blatt Papier zu notieren. Die im sechsten Schritt bestehenden Verbesserungspotenziale konnten bisher noch nicht mit dem Assistenzsystem realisiert werden. Deshalb wird der Schritt 6 im Folgenden nicht betrachtet. Mit Einsatz des Assistenzsystems konnte die durchschnittliche Ausführungszeit für den ersten und

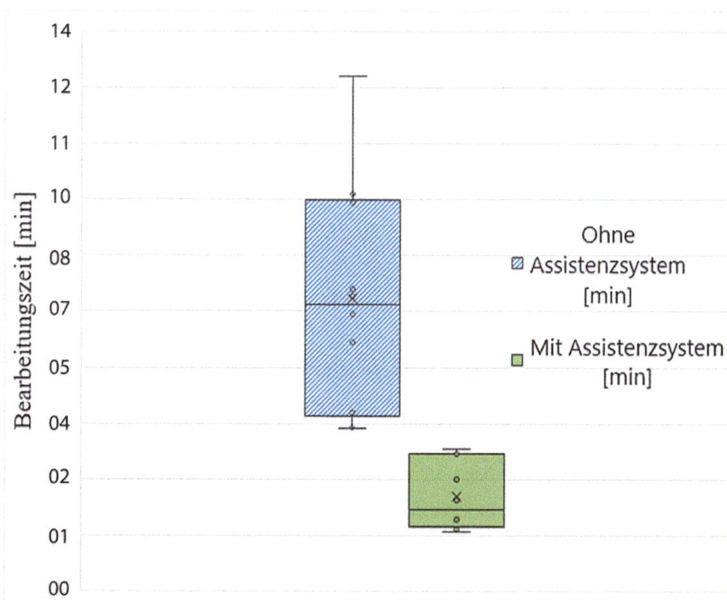

Abb. 8.7 Vergleich der Ausführungszeiten ohne Assistenzsystem (vorher) und mit Assistenzsystem (nachher) für die Arbeitsschritte 1 und 4 (Nikolenko et al. 2020)

vierten Schritt (Auftragsvorbereitung und Übertragung der Montagepositionen) von 7:32 min auf 2:26 Min. reduziert werden. Die große Varianz der Daten ohne Assistenzsystem ist durch die oftmals schwere Zuordnung der Auftragsdaten und Konstruktionszeichnungen zu erklären. Dieser Vorgang wird durch das Assistenzsystem automatisiert. In Einzelfällen der Zeitstudie ohne Assistenzsystem waren Informationen nicht verfügbar, woraufhin der Beschäftigte diese zunächst beschaffen musste. Hierdurch entsteht der erhöhte Maximalwert der Zeitaufnahmen in Abb. 8.7. Insgesamt konnte entsprechend Abb. 8.7 auch die Streuung der Zeiten deutlich verringert werden.

Zur Evaluation der Benutzeroberfläche wurde die System Usability Scala (SUS) verwendet (s. Abschn. 7.4). Der SUS-Fragebogen wurde von drei Mitarbeitern der Hilfsrahmenmontage ausgefüllt. Nach den Ergebnissen ergab sich eine Usability von 77,5. Ein Richtwert für eine gute Usability liegt bei 75 oder höher. Somit ist die Usability der Benutzeroberfläche als gut einzustufen.

8.6 Hinweise für die betriebliche Praxis

Die Einführung eines informatorischen Assistenzsystems in ein bestehendes Arbeitssystem ist ein aufwendiger Prozess, der eine umfangreiche Planung erfordert. Der in Kap. 7 beschriebene Einführungsprozess hat eine Hilfestellung gegeben, allerdings ergaben sich einige Herausforderungen:

Ein wichtiges Ziel eines solchen Projektes ist es, eine hohe Akzeptanz seitens der Beschäftigten zu gewährleisten, denn die Potenziale zur Steigerung der Produktivität können nur erschlossen werden, wenn das System auch von den Beschäftigten verwendet wird. Einige der Beschäftigten zeigten, vor allem zu Projektbeginn, wenig Begeisterung von der Idee, ein Assistenzsystem an ihrem Arbeitsplatz einzuführen. Die Ursache für die anfängliche Skepsis lag möglicherweise darin begründet, dass die Vorteile eines solchen Systems nicht greifbar genug erschienen oder unvorstellbar waren. Auch wurde die Befürchtung geäußert, ein solches System würde die Beschäftigten überwachen. Es empfiehlt sich folglich von Beginn an, den Austausch mit den Beschäftigten zu suchen, auf Kritik einzugehen und transparent mit allen Informationen umzugehen, damit die Beschäftigten das Ziel des Vorhabens verstehen und auch den Nutzen für ihre eigene Arbeit erkennen.

Bei der Entwicklung des Assistenzsystems wurden verschiedene Ideen entwickelt, getestet und einige auch wieder verworfen. Im Zuge dieses Prozesses konnte auch ein Verhaltenswechsel bei den Beschäftigten beobachtet werden. Nachdem die ersten Testversionen des Systems vorgestellt wurden, waren sie dem Vorhaben gegenüber deutlich offener eingestellt und haben sich mit wertvollem Feedback an der Planung beteiligt. Bei der Planung eines solchen Systems ist daher zu beachten, dass möglicherweise nicht alle Beteiligten von Beginn an aktiv mitarbeiten und positiv eingestellt sind. Es ist dennoch empfehlenswert, auf die Belange der Beschäftigten einzugehen und sie von dem Projekt zu überzeugen.

Eine weitere, mitunter unerwartete, Herausforderung stellt die Qualität der zur Verfügung stehenden Daten dar. Vor allem bei der algorithmischen Analyse von Daten ist sicherzustellen, dass die gesamten Konstruktions- und Auftragsdaten nach einheitlichen Richtlinien entwickelt und bereitgestellt werden. Abweichungen von einem Standard führen zu Problemen bei der Datenanalyse. Für die Entwicklung des Algorithmus wurde eine Stichprobe an Daten bereitgestellt, die eine Auswahl an Konstruktionszeichnungen aus dem gesamten Produktspektrum enthielt. Bei der anschließenden Anwendung des Algorithmus auf weitere, über die Stichprobe hinausgehende Daten sind dann zahlreiche Sonderfälle aufgetreten, welche eine Nachbearbeitung des Algorithmus erforderten. Auch bei der Filterung der relevanten Informationen ist es auf diese Weise zu Problemen gekommen, so dass Abstimmungen zur Datenvereinheitlichung vorgenommen wurden.

Literatur

Hinrichsen S, Bendzioch S (2019) How digital assistance systems improve work productivity in assembly. In: Nunes IL (Hrsg) Advances in human factors and systems interaction: proceedings of the AHFE 2018 international conference on human factors and systems interaction, July 21–25, 2018, Loews Sapphire Falls Resort at Universal Studios. Springer, Cham, S 332–342. https://doi.org/10.1007/978-3-319-94334-3

Nikolenko A, Sehr P, Hinrichsen S, Bendzioch S (2020) Digital assembly assistance systems – A case study. In: Nunes IL (Hrsg) Advances in human factors and systems interaction: proceedings of the AHFE 2019 international conference on human factors and systems interaction, July 24–28, 2019. Springer, Cham, S 24–33. https://doi.org/10.1007/978-3-030-20040-4

Sehr P, Bläsing D (2020) Bedarfsgerechte Entwicklung und Evaluation eines informatorischen Assistenzsystems in der manuellen Montage. In: Gesellschaft für Arbeitswissenschaft (Hrsg) Digitaler Wandel, digitale Arbeit, digitaler Mensch? (B.4.7). GfA-Press, Dortmund

9 Low-Code-Programmierung als Ansatz zur Gestaltung bedarfsgerechter informatorischer Assistenzsysteme – eine Fallstudie

Benjamin Adrian, Sven Hinrichsen, Andreas Schulz und Ernst Voß

Inhaltsverzeichnis

Zusammenfassung

Die Low-Code-Programmierung bietet ein erhebliches Potenzial für die Digitalisierung und Optimierung von Geschäftsprozessen. So ist es im Rahmen der Low-Code-Programmierung im Unterschied zur klassischen Softwareentwicklung möglich, Softwareanwendungen ohne erweiterte Programmierkenntnisse mittels einer grafischen Benutzeroberfläche zu erstellen. Im Rahmen einer Fallstudie wird aufgezeigt, wie eine app- und cloudbasierte Software für ein tabletbasiertes Montageassistenzsystem

B. Adrian (✉) · S. Hinrichsen · A. Schulz
Labor für Industrial Engineering, Technische Hochschule Ostwestfalen-Lippe, Lemgo, Deutschland
E-Mail: benjamin.adrian@th-owl.de; sven.hinrichsen@th-owl.de; andreas.schulz@th-owl.de

E. Voß
HOMAG Kantentechnik GmbH, Lemgo, Deutschland
E-Mail: ernst.voss@homag.com

M. Bornewasser, S. Hinrichsen (Hrsg.), *Informatorische Assistenzsysteme in der variantenreichen Montage*, https://doi.org/10.1007/978-3-662-61374-0_9

prototypisch mittels einer Low-Code-Plattform entwickelt wird. Dazu werden zunächst Anforderungen an die Assistenzsystemsoftware ermittelt. Auf Basis dieser Anforderungen wird ein Informationsmodell erstellt, welches anschließend über eine Low-Code-Programmierung umgesetzt wird. Eine wesentliche Erkenntnis dieser Fallstudie ist, dass diese Art der Programmierung helfen kann, in kurzer Zeit eine gebrauchstaugliche Assistenzsystemsoftware zu entwickeln.

9.1 Ausgangssituation und Zielsetzung

Das Unternehmen HOMAG Kantentechnik entwickelt, produziert und beliefert vom Standort Lemgo aus weltweit holzverarbeitende Betriebe mit Kantenanleimmaschinen. Das Unternehmen gehört zur HOMAG AG, gilt als einer der Technologieführer in der Branche und verfügt über einen großen Montagebereich, bestehend aus taktgebundenen Endmontagelinien und Vormontagebereichen. In diesen Bereichen werden einzelne Aggregate bzw. Baugruppen überwiegend an Steh-Geh-Linien montiert und an der entsprechenden Station einer Endmontagelinie bereitgestellt. Die Komplexität in der Montage ist hoch, da die Maschinen in unterschiedlichen Baureihen angeboten, von Kunden nach ihren Bedürfnissen konfiguriert werden und aus einer Vielzahl an Einzelteilen bestehen. Um die hohe Komplexität besser beherrschen zu können (s. Abschn. 1.6), soll in einem Pilotmontagesystem ein informatorisches Montageassistenzsystem eingeführt werden. Ziel ist es dabei, insbesondere die Anzahl der Montagefehler und den administrativen Aufwand für die Bereitstellung von papierbasierten Informationen zu reduzieren.

In einer ersten Projektphase wurden im Unternehmen Erfahrungen mit unterschiedlichen Assistenzsystemen gesammelt. Dabei wurden die Potenziale des Einsatzes eines tabletbasierten Assistenzsystems, eines projektionsgestützten Assistenzsystems sowie eines datenbrillengestützten Assistenzsystems miteinander verglichen. Im Rahmen dieses Vergleichs zeigte sich für das tabletbasierte Assistenzsystem eine erhöhte Anwendungsrelevanz, da die Beschäftigten mit der Nutzung dieses Ausgabegerätes bereits vertraut und dadurch Anlernzeiten kürzer sind. Zudem sind Tablets mit den geringsten Anschaffungskosten für das Unternehmen verbunden und weisen durch ihre Mobilität – im Unterschied zum projektionsbasierten Assistenzsystem – eine hohe Einsatzflexibilität auf. Die Nutzung einer Datenbrille war hingegen mit Akzeptanzproblemen verbunden, auch da die längere Nutzung laut Aussage von Beschäftigten zu Ermüdung und Kopfschmerzen führe. Zudem überzeugten die recht geringen Akkulaufzeiten nicht. Beim projektionsgestützten Assistenzsystem wurde u. a. der Implementierungsaufwand als nachteilig angesehen, da Projektionsflächen und -untergründe hätten angepasst werden müssen. Außerdem wurde bemängelt, dass durch Handhabungs- und Fügevorgänge im Arbeitsbereich projizierte Informationen verdeckt würden. Die in der betrieblichen Praxis gewonnenen Erkenntnisse konnten insgesamt auch in Laboruntersuchungen bestätigt werden (s. Kap. 6). So weisen die Ergebnisse der Untersuchungen darauf hin, dass mit dem tabletbasierten Assistenzsystem – im Vergleich zu einem datenbrillen- und projektionsgestütztem Assistenzsystem – die geringsten Anlern- und Ausführungszeiten sowie eine hohe Nutzerakzeptanz einhergehen.

Eine weitere Erkenntnis aus der Erprobungsphase im Projekt war, dass sich Standardsoftwareprodukte nur begrenzt an unterschiedlichste Anforderungen von Anspruchsgruppen aus Montage, Industrial Engineering oder IT-Abteilung anpassen lassen. Standardsoftware muss daher immer wieder angepasst werden, um sie für verschiedene Anwendungsfälle einsetzbar zu machen und eine hohe Gebrauchstauglichkeit zu erreichen. Diese Anpassungen führen zumeist zu hohen Kosten und langen Wartezeiten, da vielfach ein Mangel an Personalressourcen im IT-Bereich besteht (Mammadova et al. 2018; Bitkom 2018) und interne und damit flexible IT-Kapazitäten nur noch selten vorgehalten werden. Eine Alternative zur Beschaffung und aufwendigen Anpassung von Standardsoftware kann daher darin bestehen, betriebsspezifische Softwareanwendungen auf einfachem und schnellem Wege über Low-Code-Plattformen selbst zu programmieren.

Auf Basis der in dieser ersten Projektphase gewonnenen Erkenntnisse zu den Vor- und Nachteilen einzelner Ausgabegeräte sowie zur Art der Programmierung wurde daher bei HOMAG Kantentechnik das Ziel formuliert, eine Softwareanwendung für ein tabletbasiertes Montageassistenzsystem prototypisch mittels einer Low-Code-Programmierung selbst zu entwickeln und in einem Montagesystem, in dem Pneumatik-Baugruppen montiert werden, zu erproben. Eine Beschreibung dieser Entwicklung ist Gegenstand des vorliegenden Kapitels. Dazu werden zunächst in Abschn. 9.2 Merkmale der Low-Code-Programmierung dargelegt. Gegenstand von Abschn. 9.3 ist eine Beschreibung des betrachteten Arbeitssystems. In Abschn. 9.4 wird die Umsetzung der Softwarelösung dargestellt. Das Kapitel schließt in Abschn. 9.5 mit Hinweisen für die betriebliche Praxis.

9.2 Merkmale der Low-Code-Programmierung

Fünf Generationen von Programmiersprachen lassen sich unterscheiden (s. Abb. 9.1). Diese reichen von der Maschinensprache („First Generation Language“) bis hin zur künstlichen Intelligenz („Fifth Generation Language“) (Kahanwal 2013). Der Begriff der Low-Code-Programmierung hat sich für die vierte Generation von Programmiersprachen, die so genannte deklarative Programmierung, etabliert (Waszkowski 2019). Im Rahmen der Low-Code-Programmierung ist es gegenüber vorherigen Generationen von Programmiersprachen möglich, Softwareanwendungen ohne erweiterte Programmierkenntnisse mittels einer grafischen Benutzeroberfläche zu entwickeln. Der Code wird dabei automatisch im Hintergrund erzeugt (Kahanwal 2013; Waszkowski 2019).

Innerhalb der Benutzeroberfläche einer Low-Code-Plattform können verschiedene Bildschirmansichten einer Software erstellt werden. Über eine Drag- & Drop-Funktion lassen sich Steuerelemente, wie Eingabefelder, Navigations-Buttons oder Dropdown-Felder, in die einzelnen Bildschirmansichten einfügen. Die Bildschirmansichten und Steuerelemente können über vorgefertigte Funktionsbausteine miteinander verknüpft werden. Auf diese Weise

Generationen von Programmiersprachen	Merkmale
1GL Maschinensprache	binär, komplexere Programmierungen kaum realisierbar
2GL Assemblersprache	Umwandlung in ausführbare Maschinensprache
3GL Prozedurale Programmierung	Strukturierte und nutzerfreundliche Programmierung (z. B. Java, C++)
4GL Deklarative Programmierung	Modellgetriebene Softwareentwicklung (Low-Code-Programmierung)
5GL Künstliche Intelligenz	Automatisierte Weiterentwicklung einer Software

Abb. 9.1 Klassifizierung der fünf Generationen von Programmiersprachen (in Anlehnung an Waszkowski 2019; Kahanwal 2013; Henning et al. 2007)

kann Schritt für Schritt eine komplette Softwareanwendung aufgebaut werden. Datenquellen, wie Tabellen, werden in der Regel in einer Cloud abgespeichert, damit unterschiedliche Nutzer der App ortsungebunden dieselbe Datenbasis verwenden können.

Martin (1982, 1985) bezeichnete eine Softwareentwicklung mit wenig Programmieraufwand bereits in den 80er-Jahren als „Fourth Generation Language". Aber erst in den letzten Jahren steigt die Bedeutung dieser Art der Programmierung, da Softwarekonzerne die Funktionalitäten ihrer Low-Code-Plattformen vor dem Hintergrund steigender Marktpotenziale dynamisch an Kundenwünsche anpassen. So nimmt der Bedarf an betriebsspezifisch gestalteten Softwareanwendungen zu, insbesondere auch in App-Form für mobile Endgeräte und über die Nutzung von Cloud-Services. Solche Softwareanwendungen tragen dazu bei, Prozesse und Services zu optimieren und die Arbeitsproduktivität zu steigern (Stieglitz und Brockmann 2016; Gröger et al. 2013; Bal 2013; Goul et al. 2012). Außerdem kann die Low-Code-Programmierung helfen, dem beschriebenen Missverhältnis zwischen steigenden Anforderungen an die Funktionalitäten einer Software einerseits und begrenzten IT-Ressourcen andererseits zu begegnen. Dabei kommt der betrieblichen Funktion des Industrial Engineering eine Schlüsselrolle zu, da die Beschäftigten des Industrial Engineering zum einen über das notwendige Prozess-Know-how verfügen und ihnen zum anderen über die Low-Code-Programmierung ein Werkzeug zur Digitalisierung von Geschäftsprozessen bereitgestellt wird.

Vorteile und Bedeutung der Low-Code-Programmierung
Die Low-Code-Programmierung bietet die Möglichkeit, Software schnell und einfach zu gestalten und Wartezeiten auf Programmierdienstleistungen von IT-Experten zu vermeiden. Es besteht ferner ein hohes Potenzial, eine passgenaue Lösung zu finden, da der Beschäftigte als Prozessexperte die Anforderungen am besten kennt und die Software daher im Idealfall selbst bedarfsgerecht gestalten kann. Ein vermehrter Einsatz der Low-Code-Programmierung bietet darüber hinaus die Möglichkeit, den Auslastungsgrad von IT-Fachabteilungen zu senken, so dass Schwerpunkte auf anspruchsvolle Programmieraufgaben gelegt werden können. Vor dem Hintergrund dieser Vorteile wird prognostiziert, dass der Markt für Low-Code-Anwendungen bzw. -Plattformen sehr schnell wächst und zwar von 4,3 Milliarden Dollar im Jahr 2018 auf 21,2 Milliarden Dollar im Jahr 2022 (Waszkowski 2019).

9.3 Beschreibung des betrachteten Arbeitssystems

Die zu entwickelnde app- und cloudbasierte Software für ein tabletbasiertes Montageassistenzsystem soll an einem Arbeitssystem zur Montage von unterschiedlichsten Pneumatik-Baugruppen eingesetzt werden. Bei dem Montagesystem handelt es sich um eine Steh-Geh-Linie, in der ein Beschäftigter zunächst den Montageauftrag liest, die benötigten Bauteile kommissioniert, die Bauteile schrittweise mit Hilfe der bereitgestellten Werkzeuge montiert und die fertigen Baugruppen bereitstellt (s. Abb. 9.2).

Abb. 9.2 Arbeitssystem zur Montage von Pneumatik-Baugruppen

Die Eingaben des Arbeitssystems beinhalten im Ausgangszustand die über Durchlaufregale in Behältern bereitgestellten Bauteile sowie die Auftragspapiere und den Prüfplan. Die Ausgaben umfassen die fertig montierten Pneumatik-Baugruppen sowie die Begleitpapiere. Als Arbeitsmittel werden Maulschlüssel, Inbusschlüssel, Kreuz- und Schlitzschraubendreher sowie Akkuschrauber mit Steckschlüsseln verwendet. Die Baugruppen werden in kleinen Losen, vielfach in Losgröße 1, montiert. Mit der Einführung des Assistenzsystems sollen die Informationen digital bereitgestellt werden. Insbesondere soll der Beschäftigte alle zur Ausführung des Arbeitsprozesses erforderlichen Informationen über standardisierte Montageanleitungen erhalten.

9.4 App- und cloudbasierte Softwaregestaltung

9.4.1 Ziel und Vorgehensweise

Ziel des Projektes war es, eine app- und cloudbasierte Software für ein tabletbasiertes Montageassistenzsystem mittels Low-Code-Programmierung prototypisch zu entwickeln. Die Software wurde insbesondere für den Einsatz in Montagesystemen der Baugruppen- und Aggregatemontage programmiert und wird zu Testzwecken im beschriebenen Arbeitssystem zur Montage von Pneumatik-Baugruppen (s. Abschn. 9.3) eingesetzt. Für die Softwareentwicklung wurde die Low-Code-Plattform Microsoft PowerApps ausgewählt.

Die Vorgehensweise der Softwareentwicklung gliederte sich in drei Schritte, wobei das Vorgehen zum Teil iterativ geprägt war. Im ersten Schritt wurden Anforderungen an die Assistenzsystemsoftware ermittelt. Im zweiten Schritt wurde auf Basis der Anforderungen ein Informationsmodell entwickelt. Zudem wurden Schnittstellen zum ERP-System definiert. Im dritten Schritt erfolgte die Gestaltung der Benutzeroberfläche der Montageassistenzsystemsoftware und die Realisierung der Software mittels Low-Code-Programmierung.

Einschätzung zum Nutzen von Montageassistenzsystemen

„Durch den Einsatz von Montageassistenzsystemen gelingt es uns noch besser, Nicht-Monteure – wie etwa Maschinenbediener – mit der Montage von Kleinbaugruppen zu beschäftigen, um etwa ablaufbedingte Wartezeiten zu überbrücken. Dadurch wird uns Kapazität im eigenen Haus geschenkt.“

Ralf Ellermeier, Manager Industrial Engineering, HOMAG Kantentechnik, Lemgo

9.4.2 Anforderungen an die Softwaregestaltung

Im Rahmen von Projektbesprechungen wurden wichtige Anforderungen an die Gestaltung der umzusetzenden Montageassistenzsystemsoftware erörtert und in einem Anforderungskatalog festgehalten. Wichtige Anforderungen werden in Tab. 9.1 dargestellt. Sie bildeten die Basis für die Softwareentwicklung.

Tab. 9.1 Wichtige Anforderungen an die Gestaltung der Montageassistenzsystemsoftware

Anforderungen	Beschreibung der Anforderungen
App- und cloudbasierte Softwaregestaltung	Die Umsetzung der Software soll app- und cloudbasiert vorgenommen werden. Es soll gewährleistet werden, dass Tabletfunktionalitäten, wie Touch- und Wischgesten, praktikabel genutzt werden können. Darüber hinaus soll auf diese Weise eine ortsungebundene Nutzung der Software durch verschiedene Benutzer – unter Verwendung derselben Datenbasis – ermöglicht werden.
Ausgabe von Montageanleitungen	Die Software soll digitale Schritt-für-Schritt-Montageanleitungen für verschiedene Erzeugnisse ausgeben können. Das Anlegen neuer oder das Ändern bestehender Montageanleitungen soll dabei für den Softwareadministrator aus dem Industrial Engineering einfach möglich sein.
Darstellung der Lagerorte von Montagekomponenten	In den Montageanleitungen sollen die Lagerorte aller im Montageprozess benötigten Komponenten dargestellt werden. Die Daten sollen dabei aus dem ERP-System bezogen werden. Bei Änderungen von Lagerorten soll eine automatische Aktualisierung in der Assistenzsystemsoftware und damit in den Montageanleitungen vorgenommen werden.
Darstellung von Zusatzinformationen	Zu jedem Montageschritt sollen bei Bedarf Zusatzinformationen – etwa zu benötigten Werkzeugen oder Vorrichtungen – hinzugefügt werden können.
Berücksichtigung unterschiedlicher Erfahrungen	Mit dem Aufruf eines Auftrages soll eine Übersicht zum Montageauftrag angezeigt werden. Erfahrene Montagebeschäftigte sollen somit die Möglichkeit erhalten, auf Basis dieser Informationen das Erzeugnis zu montieren und den Auftrag abzuschließen, ohne die Schritt-für-Schritt-Anleitung durchlaufen zu müssen.
Eingaben zur Qualitätssicherung	Im Montageprozess soll es Nutzern möglich sein, über die Software Eingaben zur Qualitätssicherung zu machen. So können beispielsweise Mängel in Montageanleitungen oder an Montagekomponenten erfasst werden.
Eingaben zu Unterbrechungen und Störungen	Nutzern soll es möglich sein, über die Software Hinweise zu Unterbrechungen und Störungen im Montageprozess zu geben.
Hilfe-Funktion	Nutzern soll es über eine ausgewiesene Schaltfläche möglich sein, Hilfe am Arbeitsplatz anzufordern. Der hinterlegte Ansprechpartner, z. B. der Schichtleiter, soll dabei mit Betätigen der Hilfe-Funktion eine entsprechende Benachrichtigung erhalten.
Erfassung von Montage-zeiten	Ausführungszeiten zu Montageaufträgen sollen durch die Software automatisch erfasst werden und in einem später zu entwickelnden Kennzahlencockpit personenunabhängig ausgegeben werden können.

9.4.3 Informationsmodell und Schnittstellengestaltung (Back-End)

Software lässt sich in ein Front-End und ein Back-End einteilen. Das Front-End stellt den für den Benutzer sichtbaren Teil der Applikation – die Benutzeroberfläche – dar. Als Back-End wird die für den Benutzer nicht sichtbare Datenzugriffsebene bezeichnet (Hansen und

Peschanel 1995). Im Back-End ist die Software für eine Ausgabe der Montageassistenzfunktionen mit drei Datenquellen verbunden, die jeweils in Tabellenkalkulationsdateien in einem Cloud-Service hinterlegt sind. Auf diese Weise ist eine ortsungebundene Nutzung der Software durch verschiedene Benutzer – unter Verwendung derselben Datenbasis – überall dort möglich, wo eine Internetverbindung besteht. Die Tabellenkalkulationsdateien, aus denen die Software Daten erhält, beinhalten Daten zu

1. Auftragsübersichten,
2. Lagerorten von Bauteilen und
3. Montageanleitungen.

Daten für die Auftragsübersichten und Lagerorte von Bauteilen werden über Fertigungsaufträge aus dem ERP-System bereitgestellt. Diese liegen nach Ausgabe durch das ERP-System standardmäßig im XML-Format vor. Da dieses Format noch nicht durch Microsoft PowerApps unterstützt wird, sind die Daten der Fertigungsaufträge automatisch in ein XLS-Format zu übertragen, um eine Nutzung der Daten durch die Low-Code-Plattform zu ermöglichen. Die Daten aus den Fertigungsaufträgen werden durch ein Zusatzprogramm extrahiert und in der jeweiligen Tabellenkalkulationsdatei für die Auftragsübersichten und Lagerorte von Bauteilen bedarfsgerecht aufbereitet. Die Dateien werden anschließend im Cloud Service (Microsoft OneDrive for Business) abgelegt. Darüber hinaus findet ein permanenter Datenabgleich hinsichtlich möglicher Aktualisierungen im ERP-System statt, so dass in der Assistenzsystemsoftware stets auf aktuelle Daten zugegriffen wird.

Montageanleitungen sind individuell durch einen Administrator zu gestalten. Mit einer wachsenden Anzahl an Montageanleitungen steigt die Informationsmenge, die durch die Software zu verarbeiten ist. Um lange Ladezeiten zu vermeiden und die Dateigröße der Software gering zu halten, wurden in der gestalteten Software auftragsunabhängige Masken für die Bildschirmansichten angelegt. In diesen Masken sind Funktionen hinterlegt, die auf die im Cloud-Service hinterlegte Tabellenkalkulationsdatei zur Gestaltung von Montageanleitungen zugreifen. In der Tabellenkalkulationsdatei können Montageanleitungen einfach und schnell über eine Ergänzung eines vordefinierten Formulars erstellt werden. Dazu ist es lediglich erforderlich, ein entsprechendes Tabellenblatt zu duplizieren und die vordefinierten Spalten (z. B. Arbeitsschritt, Foto, Arbeitsanweisung, Materialnummer) nach Bedarf auszufüllen. Zusätzlich ist durch den Administrator in PowerApps eine vordefinierte Maske nach einem festen Schema zu duplizieren. Nach der Speicherung greift die Low-Code-Plattform automatisch auf neu angelegte Datensätze zurück.

Daten, welche die Software nach der Bearbeitung eines Auftrags ausgibt, sind – neben übergeordneten Grunddaten eines Auftrags – die Auftragsausführungszeiten, die Ist-Fertigungstermine, Prüfplaninformationen und durch Mitarbeiter hinterlegte Textdokumentationen. Die Daten werden automatisiert in einer Excel-Datei ausgegeben und in der Cloud abgelegt. Von dort aus kann der Administrator für die weitere Verwendung auf die Daten zugreifen, beispielsweise für Datenauswertungen. Abb. 9.3 zeigt ein Modell des Informationsflusses und der Schnittstellengestaltung der Softwarelösung.

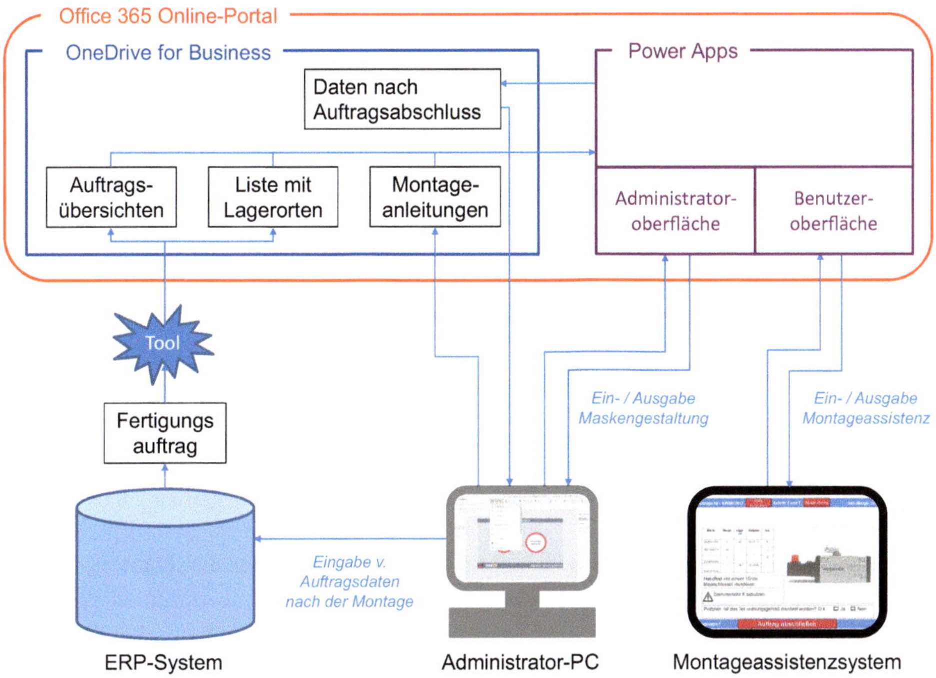

Abb. 9.3 Informationsmodell und Schnittstellengestaltung der Softwarelösung

9.4.4 Gestaltung der Benutzeroberfläche (Front-End)

Bei der Gestaltung der Benutzeroberfläche wurden die Grundsätze der Dialoggestaltung nach DIN EN ISO 9241-110:2008-09 berücksichtigt. Dabei wurde ein besonderes Augenmerk auf die Darstellung und Verwendung der Software auf einem Tablet gelegt. Einzelne Bildschirmansichten und darauf angelegte Steuerelemente wie Navigationspfeile oder Schaltflächen wurden so angelegt, dass sie sich für typische Steuerungsmodi von Tablets wie Touch- oder Wischgesten eignen.

Im Startbildschirm der Benutzeroberfläche wird eine Auftragsvorschau dargestellt. In dieser wird dem Nutzer eine Liste mit terminierten Aufträgen gemäß den Einträgen im ERP-System ausgegeben. Neben jedem zeilenweise aufgeführten Auftrag wird ein Pfeil-Symbol zur Navigation angezeigt. Über das Betätigen eines Pfeil-Symbols kann ein Auftrag zur Bearbeitung ausgewählt werden. Daraufhin werden dem Nutzer in einer nächsten Bildschirmansicht übergeordnete Daten zum Auftrag (Auftragsnummer, Bezeichnung, Fertigungstermin, Menge) sowie eine Schaltfläche zum Starten des Auftrags dargestellt (s. Abb. 9.4).

Wird die Schaltfläche zum Starten eines Auftrags betätigt, wird im Hintergrund ein Zeitstempel für den Startzeitpunkt der Bearbeitung eines Auftrags gesetzt und die Zeitangabe gespeichert. Dem Nutzer wird in einer neuen Bildschirmansicht eine Schritt-für-Schritt-Anleitung für den Montageauftrag ausgegeben. Je nach Qualifizierungsniveau des Mitarbeiters kann auch die Schaltfläche „Auftrag mit Stuckliste fertigen" betätigt werden

Abb. 9.4 Bildschirmansicht mit übergeordneten Daten für einen ausgewählten Auftrag

(s. Abb. 9.4). In diesem Fall wird keine Schritt-für-Schritt-Anleitung durchlaufen, sondern die wichtigsten Informationen, insbesondere die Stückliste mit Lagerorten zu einzelnen Positionen, werden in einer Übersicht angezeigt. Die Ist-Zeiten werden in beiden Fällen erfasst, ebenso sind notwendige Protokollierungen (z. B. im Prüfplan) in beiden Fällen vorzunehmen. In der Schritt-für-Schritt-Anleitung werden in einer Hauptansicht für jeden Montageschritt die benötigten Komponenten mitsamt der Materialnummer, der Menge, des Lagerortes und einer spezifischen Klassifizierung der Komponenten in einer Tabelle angezeigt. Der vorgesehene Endzustand nach Ausführung des Montageschritts kann über ein Foto oder eine Zeichnung dargestellt werden. Ferner können in Textfeldern spezielle Hinweise zur Montage ausgegeben werden, beispielsweise hinsichtlich zu verwendender Werkzeuge oder einzustellender Drehmomente. Zwei Informationsleisten – auf dem Bildschirm ganz oben bzw. unten angeordnet – versorgen den Nutzer stets mit wichtigen Grundinformationen zum Auftrag und bieten ihm die Möglichkeit, zusätzliche Funktionen zu nutzen. Zum einen werden dem Nutzer einige wichtige Auftragsdaten wie die Auftragsnummer, die Soll-Menge und der Montagefortschritt angezeigt. Ferner sind in den Leisten die drei Schaltflächen „Hilfe", „Abweichung" und „Auftrag abschließen" angelegt. Der in Abb. 9.5 dargestellte Screenshot zeigt beispielhaft eine Bildschirmansicht für einen Montageschritt.

Über die Schaltfläche „Hilfe" ist es dem Nutzer möglich, im Bedarfsfall die Hilfe des Schichtleiters anzufordern. Dieser erhält beim Betätigen des Buttons eine standardisierte Bildschirmanzeige an seinem Arbeitsplatz. Über eine Auswahl der Schaltfläche „Abweichung" gelangt der Montagemitarbeiter in eine Bildschirmansicht, in der in einem Freitextfeld Hinweise zu Auffälligkeiten im Rahmen der Montage eingetragen werden können (s. Abb. 9.6). Dazu sind in der Software Fehlercodes vordefiniert, um eine spätere Auswertung zu vereinfachen. So muss der verfasste Hinweis über ein Dropdown-Menü zunächst einer der drei Kategorien „Montageanleitung", „Verbesserungsantrag" oder „Qualitätsfehler" zu-

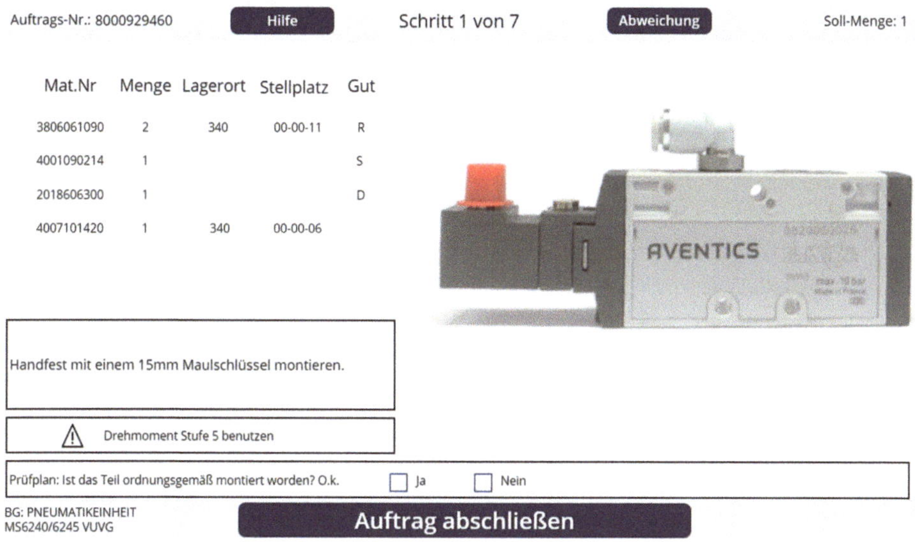

Abb. 9.5 Bildschirmansicht für einen durchzuführenden Montageschritt

Abb. 9.6 Bildschirmansicht zur Meldung von Abweichungen

geordnet werden. Konkret wird bei einem Fehler in einer Montageanleitung das Industrial Engineering, bei einem Verbesserungsantrag die Konstruktionsabteilung und bei Qualitätsfehlern die Qualitätssicherung informiert. Ein Fehler in einer Montageanleitung kann beispielsweise darin bestehen, dass ein Montageschritt nicht angelegt oder falsch beschrieben wurde. Die Kategorie „Verbesserungsantrag" bezieht sich auf konstruktiv bedingte Probleme im Montageprozess, etwa Fügeprobleme bei Bauteilen infolge fehlender Fügehilfen. Qualitätsfehler beziehen sich auf Bauteile, die eine mangelhafte Qualität aufweisen. Über die Auswahl der unten in der Bildschirmansicht angelegten Schaltfläche „Abweichung schließen“ wird automatisch eine E-Mail mit dem verfassten Hinweis an die zuständige Abteilung gesendet und der Nutzer gelangt zurück zur Bildschirmansicht der Montageanleitung.

Um einen Auftrag abschließen zu können, muss der Nutzer zunächst eine Entscheidung darüber vornehmen, ob die Montage ordnungsgemäß durchgeführt werden konnte (ja/nein). Betätigt der Nutzer anschließend die Schaltfläche „Auftrag abschließen“, wird in einer neuen Bildschirmansicht eine Auftragsdokumentation dargestellt. In dieser wird neben den Daten aus der Auftragsübersicht auch der Ist-Fertigungstermin, die Ist-Menge und der Auftragsstatus (abgeschlossen oder nicht abgeschlossen) ausgegeben. Sofern in der vorangegangenen Abfrage eingegeben wurde, dass die Montage nicht ordnungsgemäß durchgeführt werden konnte, ist es dem Nutzer darüber hinaus in dieser Bildschirmansicht möglich, in einem Freitextfeld Hinweise zu vermerken, um beispielsweise auf Unterbrechungen oder Störungen im Montageprozess hinzuweisen. Am unteren Ende des Bildschirms ist erneut der Button „Auftrag abschließen“ angelegt, um den Auftrag nach Durchsicht der Angaben zum Auftrag final abschließen zu können. Über eine Betätigung des Buttons gelangt der Nutzer zurück zum Startbildschirm. Gleichzeitig wird im Hintergrund ein Zeitstempel gesetzt, aus dem in Verbindung mit dem Startzeitpunkt der Montage die Auftragsausführungszeit errechnet und in einer Tabellenkalkulationsdatei dokumentiert wird.

Die Entwicklung von Software für ein tabletbasiertes Montageassistenzsystem über eine Low-Code-Programmierung hat sich in ersten Tests als praxistauglich erwiesen. Eine prototypische Lösung konnte anforderungsgerecht, mit einem vergleichsweise geringen Zeitaufwand und ohne erweiterte Programmierkenntnisse gestaltet werden. Die Lösung ist im nächsten Schritt systematisch im Betrieb zu evaluieren und dahingehend zu optimieren, dass sie im Unternehmen HOMAG Kantentechnik im Pilotarbeitssystem dauerhaft genutzt und auf weitere Arbeitssysteme übertragen wird.

9.5 Hinweise für die betriebliche Praxis

Die Möglichkeit, Softwareanwendungen in Fachabteilungen über eine Low-Code-Programmierung – ohne Inanspruchnahme von internen oder externen IT-Dienstleistungen – erstellen zu können, bietet für Betriebe ein erhebliches Potenzial für die Digitalisierung und Optimierung von Geschäftsprozessen, letztlich weit über die Entwicklung einer Assistenzsystemsoftware hinaus. Insbesondere mittelständische Betriebe mit kleinen IT-Abteilungen können von solchen Lösungen maßgeblich profitieren. Denn Low-Code-Programmierung ist ein vergleichsweise kostengünstiges Werkzeug zur Digitalisierung und Optimierung von Prozessen. Durch die Möglichkeiten von Low-Code-Plattformen können sich insbesondere Chancen für die betriebliche Funktion des Industrial Engineering ergeben, indem diese Funktion – mit ihrem ausgeprägtem Prozess-Know-how – befähigt wird, Low-Code-Anwendungen zu entwickeln und damit Prozesse anforderungsgerecht zu digitalisieren.

Vorteile der Low-Code-Programmierung

„Über die Low-Code-Programmierung sind wir in die Lage versetzt, mit eigenen Mitteln das Assistenzsystem mit Leben zu füllen. Im Vergleich zur Programmierung über IT-Fachkräfte sind wir damit schneller und vor allem günstiger."

Guido Letmathe, Industrial Engineering, HOMAG Kantentechnik, Lemgo

Grenzen der Low-Code-Programmierung liegen im Allgemeinen in einem limitierten Möglichkeitsraum gegenüber der klassischen Programmierung. So gibt es Einschränkungen hinsichtlich der Programmierfunktionalitäten und grafischen Darstellungsmöglichkeiten, da zunächst einmal nur die bereitstehenden Elemente konfiguriert und genutzt werden können. Eine Herausforderung in dem Projekt bildete vor allem die Gestaltung der Schnittstelle zum ERP-System. Aufgrund eines Mangels an Konnektoren mussten Hilfsprogramme entwickelt werden, um die Übernahme, Umwandlung und automatische Aktualisierung von Daten aus dem ERP-System zu gewährleisten. Je nach gewählter Low-Code-Plattform existieren zudem unterschiedliche Lizenzmodelle zur Nutzung solcher Plattformen und zur Verteilung erstellter Apps. Auch arbeiten Low-Code-Plattformen zumeist über Cloud-Services, so dass sich Fragen der Sicherheit und des Schutzes eigener Daten auf fremden Servern stellen können. Ferner bedarf es einer unternehmensinternen Klärung, welche Low-Code-Plattform den eigenen Anforderungen insgesamt am besten entspricht, um durch Nutzung einer einzigen Plattform Synergien – zum Beispiel in Form von gegenseitigen Hilfestellungen bei der App-Entwicklung – nutzen zu können.

Die Vorgehensweise bei der Entwicklung der App war auf der einen Seite durch ein phasenweises Vorgehen und auf der anderen Seite durch ein hohes Maß an Agilität (s. Kap. 7) geprägt, da sich neue Anforderungen während des Tests erster Prototypen ergeben haben und in den Entwicklungsprozess integriert werden mussten. Da mit Hilfe von Low-Code-Programmierungen sehr schnell erste Gebrauchsmuster oder Prototypen erstellt und getestet werden können, eignet sich diese Art der Programmierung in hohem Maße für ein agiles Vorgehen.

Literatur

Bal S (2013) Mobile web – enterprise application advantages. Int J Comput Sci Mob Comput 2(2):36–40

Bitkom e V (2018, Dezember 13) 82.000 freie Jobs: IT-Fachkräftemangel spitzt sich zu. https://www.bitkom.org/Presse/Presseinformation/82000-freie-Jobs-IT-Fachkraeftemangel-spitzt. Zugegriffen am 10.03.2020

Goul M, Marjanovic O, Baxley S, Vizecky K (2012) Managing the enterprise business intelligence app store: sentiment analysis supported requirements engineering. In: 45th Hawaii international conference on system sciences. IEEE, Piscataway, S 4168–4177. https://doi.org/10.1109/hicss.2012.421

Gröger C, Silcher S, Westkämper E, Mitschang B (2013) Leveraging apps in manufacturing. A framework for app technology in the enterprise. Procedia CIRP 7:664–669. https://doi.org/10.1016/j.procir.2013.06.050

Hansen WR, Peschanel FD (1995) Gabler Lexikon Innovative Informations-Verarbeitung: Integration und Anwendung in Wirtschaft und Verwaltung. Gabler, Wiesbaden

Henning PA, Hoffmann DW, Vogelsang H (2007) Grundlagen. In: Henning PA, Vogelsang H (Hrsg) Taschenbuch Programmiersprachen. Carl Hanser, München, S 24–61

Kahanwal B (2013) Abstraction level taxonomy of programming language frameworks. Inter J Program Lang Appl 3(4):1–12

Mammadova M, Jabrayilova Z, Mammadzada FR (2018) Intelligent management of the unbalance supply chain and demand in the labor market for IT specialists. Inter J Supply Chain Manag 7(4):347–354

Martin J (1982) Application development without programmers. Prentice Hall, Englewood Cliffs/London

Martin J (1985) Fourth-generation languages. Prentice Hall, Englewood Cliffs

Stieglitz S, Brockmann T (2016) Einsatz mobiler Anwendungen im Unternehmen. In: Knoll M, Meinhardt S (Hrsg) Mobile Computing: Grundlagen – Prozesse und Plattformen – Branchen und Anwendungsszenarien. Springer Vieweg, Wiesbaden, S 1–12. https://doi.org/10.1007/978-3-658-12029-0

Waszkowski R (2019) Low-code platform for automating business processes in manufacturing. IFAC-PapersOnLine 52(10):376–381. https://doi.org/10.1016/j.ifacol.2019.10.060

Normen und Richtlinien

DIN EN ISO 9241-110:2008-09 (2008) Ergonomie der Mensch-System-Interaktion – Teil 110: Grundsätze der Dialoggestaltung. Beuth, Berlin. https://doi.org/10.31030/1464024

Entwicklungstrends in der Montage 10

Sven Hinrichsen, Natalia Moriz und Manfred Bornewasser

Inhaltsverzeichnis

S. Hinrichsen (✉)
Labor für Industrial Engineering, Technische Hochschule Ostwestfalen-Lippe,
Lemgo, Deutschland
E-Mail: sven.hinrichsen@th-owl.de

N. Moriz
Institut für industrielle Informationstechnik, Technische Hochschule Ostwestfalen-Lippe,
Lemgo, Deutschland
E-Mail: natalia.moriz@th-owl.de

M. Bornewasser
Institut für Psychologie, Universität Greifswald, Greifswald, Deutschland
E-Mail: bornewas@uni-greifswald.de

M. Bornewasser, S. Hinrichsen (Hrsg.), *Informatorische Assistenzsysteme in der variantenreichen Montage*, https://doi.org/10.1007/978-3-662-61374-0_10

Zusammenfassung

Die Funktion der Montage wird im Zeitverlauf immer wieder grundlegend verändert, indem neue Gestaltungsparadigmen umgesetzt werden. Damit es zu solchen Paradigmenwechseln kommt, bedarf es neben veränderten Marktanforderungen zwingend neuer Erkenntnisse. Diese können sich dabei auf den Einsatz einzelner Technologien, die Anwendung neuer Organisationsprinzipien oder eine veränderte Rolle der Beschäftigten in der Montage beziehen. Die zunehmende Individualisierung der Erzeugnisgestaltung und sich verkürzende Innovationslebenszyklen führen aktuell zu einem Anstieg der Komplexität in der Montage. Damit nehmen die zu verarbeitenden Informationsmengen deutlich zu und es stellt sich die Frage, wie mit diesen großen Mengen an Informationen umzugehen ist. Dabei kommen dem Einsatz von Informations- und Kommunikationstechnologien eine Schlüsselrolle in der Montagesystemgestaltung zu. Wie diese Rolle und mit ihr verbundene Entwicklungen aussehen, wird in fünf Handlungsfeldern beschrieben. Zum Handlungsfeld der Montageassistenzsysteme, das im Mittelpunkt dieses Buches steht, werden zudem einzelne Trends dargestellt. Abschließend werden Hinweise für die betriebliche Praxis formuliert.

10.1 Einführung

Die Montage stellt eine wichtige Funktion innerhalb der industriellen Wertschöpfung dar, die im Zeitverlauf immer wieder grundlegend unter wirtschaftlichen, technischen, organisatorischen und personellen Aspekten weiterentwickelt wurde. In historischer Perspektive wird zwischen handwerklicher Montage, Massenmontage, variantenreicher Serienmontage und industrieller Individualmontage unterschieden (s. Kap. 1). Ein solches Stufenmodell nimmt – wie jedes Modell – eine Vereinfachung der Realität vor. So lassen sich einzelne Stufen wenig präzise voneinander abgrenzen. Übergänge zwischen einzelnen Entwicklungsstufen sind fließend, so dass eine Zuordnung von konkreten Montagesystemen nicht immer eindeutig vorgenommen werden kann. Das Modell hilft jedoch, Entwicklungslinien der Montagesystemgestaltung zu veranschaulichen und darüber hinaus auch wesentliche Gestaltungsparadigmen im Verlauf der Geschichte zu differenzieren. Jede der aufgezeigten Entwicklungsstufen ist als eine Konsequenz der historischen Entwicklung von Märkten, Technologien und organisatorischen Erneuerungen zu begreifen.

Im folgenden Abschn. 10.2 wird – aufbauend auf den skizzierten Entwicklungsstufen – vertiefend den Fragen nachgegangen, wie sich die Gestaltungsprinzipien in den einzelnen Stufen der Montagesystemgestaltung verändert haben, welche Gemeinsamkeiten und Unterschiede bestehen. Diese Fragen werden am Beispiel von Massenmontage und variantenreicher Serienmontage erörtert, die jeweils als Antwort auf spezifische wirtschaftliche, technologische und organisatorische Rahmenbedingungen zu begreifen sind. Anschließend wird in Abschn. 10.3 die Entwicklung hin zur aktuellen Stufe der industriellen Individualmontage aufgegriffen. Auch hier gilt wieder die Annahme, dass diese Entwicklung und ihr aktueller Stand einerseits auf dem Fundament vorangegangener Stufen basieren, andererseits aber auch von veränderten – vor allem technologischen – Rahmenbedingungen geprägt sind. Dabei spielt die Digitalisierung eine entscheidende Rolle. Ohne die modernen Informations- und Kommunikationstechnologien ist eine industrielle Individualmontage und damit der Anspruch, ein kundenindividuelles Erzeugnis unter Bedingungen einer industriellen Produktion herzustellen, kaum denkbar. Von daher werden zwei zentrale Handlungsfelder einer industriellen Individualmontage besonders hervorgehoben. Sie betreffen einmal den Einsatz dieser Technologien und sodann ihre Integration in einen umfassenden organisatorischen Kontext, der über die Funktion der Montage hinausgeht. Dazu werden auch in der Wissenschaft diskutierte Entwicklungstrends skizziert und kritisch gewürdigt.

In Abschn. 10.4 erfolgt eine Fokussierung auf einen speziellen Aspekt des Designs einer industriellen Individualmontage, indem Entwicklungstrends zur Gestaltung von informatorischen Montageassistenzsystemen aufgezeigt werden. Solche Systeme sind als Teil eines geordneten Informationssystems zu begreifen, welches Beschäftigte und verschiedene Montagesystemelemente – Arbeitsaufträge, Arbeitsmittel, Arbeitsgegenstände oder Arbeitsplätze – höchst intelligent miteinander verbindet, unter Berücksichtigung einer Datenauswertung in Echtzeit dem Beschäftigten direkt Hinweise zur Montage ausgibt und wichtige Prozessparameter dokumentiert. Abschließend werden in Abschn. 10.5 einige Hinweise für die betriebliche Praxis gegeben.

10.2 Paradigmenwechsel in der Montagesystemgestaltung

Betriebe sind wirtschaftliche Akteure, die über ihre Produkte Einfluss auf Märkte ausüben, aber vor allem umgekehrt auch von diesen beeinflusst werden. In diesem Sinne werden aus Sicht eines Betriebes auch grundlegende Änderungen in der Gestaltung der eigenen Montagesysteme vor allem durch Märkte, aber auch weitere externe, neuartige Anforderungen ausgelöst. Externe Anspruchsgruppen sind dabei neben einzelnen Kundengruppen am Markt vor allem betriebliche Kooperationspartner sowie der Staat und gesellschaftliche Institutionen. Damit es zu neuen Paradigmen der Montagesystemgestaltung kommt, bedarf es aber neben veränderten Anforderungen zwingend neuer Erkenntnisse, wie Montagesysteme künftig zu gestalten sind. Diese Gestaltungsgrundsätze können dabei den Einsatz neu entwickelter Technologien, die Anwendung neuer Organisationsprinzipien oder eine veränderte Rolle der Beschäftigten in der Montage beinhalten. Neben veränderten Anforderungen und neuem Wissen zum Umgang mit diesen Anforderungen ist ein intensiver Wettbewerb förderlich für einen Paradigmenwechsel, da Betriebe ansonsten dazu neigen können, in bestehenden mentalen Modellen zu verharren. Dieses Festhalten an bewährten Verhaltensmustern wird in der Wissenschaft als Methodismus bezeichnet (z. B. Dörner 2016). Im Folgenden wird kurz dargestellt, wie veränderte Anforderungen und neu entwickelte Gestaltungsprinzipien zum Aufkommen von Massenmontage und variantenreicher Serienmontage geführt haben. Dabei wird jeweils auf Veränderungen im

Hinblick auf die Nachfrage am Markt sowie Technik, Organisation und Personal eingegangen.

Die Massenmontage prägte vor allem die erste Hälfte des vorigen Jahrhunderts, ist in einzelnen Branchen des Verarbeitenden Gewerbes – insbesondere im Zusammenhang mit der Produktion von Komponenten und einfachen Baugruppen zu Beginn einer Lieferkette – aber bis auf den heutigen Tag noch von Relevanz. Das Aufkommen der Massenmontage kann als Folge von Marktveränderungen, sprich einer zunehmenden Nachfrage einer schnell wachsenden Bevölkerung nach Produkten, interpretiert werden. Gleichzeitig bedurfte es aber neuer wissenschaftlicher Erkenntnisse, wie Montagesysteme so gestaltet werden können, dass sie dieser hohen Nachfrage mit möglichst geringem Ressourceneinsatz Rechnung tragen. Wichtige Beiträge dazu haben seinerzeit insbesondere Frederik Winslow Taylor und Henry Ford – wie auch immer ihre Organisationsprinzipien aus heutiger Sicht beurteilt werden mögen – geliefert. So hat Taylor (1995, erstmals 1913) unter anderem propagiert, dass durch Steigerung der Arbeitsteilung Spezialisierungsvorteile erzielt werden und durch Standardisierung der Arbeitsabläufe Produktivitätssteigerungen zu realisieren sind („the one best way" anstelle des „Faustregeltums"). Ford hat mit der Einführung von Fließmontagesystemen in seiner Automobilproduktion die Arbeitsproduktivität zusätzlich erheblich steigern können (Womack et al. 2007). Diese Veränderung der Organisation von Montagearbeit – von einer ganzheitlichen Tätigkeit in der Handwerksmontage hin zu einer hocharbeitsteiligen, im Wesentlichen auf die körperliche Ausführung beschränkte Tätigkeit – führte insgesamt zu einer Dequalifikation der Montagearbeit. Mit der Einführung von hocharbeitsteiligen Systemen wurde die Komplexität der Arbeit reduziert, die vor allem aus Erzeugnissen resultiert, die am Ende der Lieferkette stehen, sich aus einer Vielzahl an Komponenten und Baugruppen zusammensetzen und die in gleichbleibender Qualität zu günstigen Preisen herzustellen sind. Neben einer veränderten Betriebsorganisation, die Taylor (1995, erstmals 1913) als „wissenschaftliche Betriebsführung" bezeichnete, wurden mit der Einführung arbeitsteiliger Strukturen in der Fließfertigung zentrale Voraussetzungen für eine Mechanisierung und Automatisierung von Montageverrichtungen geschaffen. Die Einführung einer mechanisch gesteuerten Taktstraße im Jahr 1923 und einer Rundtaktmaschine mit automatischer Teilezuführung im Jahr 1924 sind zwei Beispiele für die rasante Fortentwicklung der Montagetechnik im Zeitalter der Massenproduktion (Hesse 2013).

Die für die Massenmontage noch typische Homogenität der Nachfrage wich in der zweiten Hälfte des letzten Jahrhunderts in einzelnen Branchen einer zunehmend heterogenen und segmentierten Nachfrage. Kunden reichte es angesichts wachsender Einkünfte von Haushalten und eines zunehmenden internationalen Wettbewerbs nicht mehr aus, nur standardisierte Erzeugnisse am Markt erwerben zu können. Stattdessen wollten sie zwischen verschiedenen Modellen auswählen können und erwarteten immer wieder Innovationen, so dass sich Produktlebenszyklen weiter verkürzten. Aus Verkäufermärkten entwickelten sich mehr und mehr Käufermärkte, die eine deutliche Kundenorientierung der Betriebe erforderlich machten (Penrose 1959). Diese Entwicklungen der Nachfrage beförderten in der Folgezeit seitens der Betriebe verstärkt eine Wertschöpfungs-, Innovations- und Qualitätsorientierung von

Produktionsprozessen. Wesentliche Erkenntnisse darüber, wie Montagesysteme auch unter Berücksichtigung etablierter Montageprinzipien im Kontext der variantenreichen Serienproduktion zu gestalten sind, haben die Begründer des Toyota-Produktionssystems und insbesondere der Toyota-Produktionschef Taiichi Ohno (1993, erstmals 1978) in der zweiten Hälfte des 20. Jahrhunderts geliefert (s. Abschn. 1.1).

Das weltweit anerkannte und vielfach praktizierte Toyota-Produktionssystem beinhaltet dabei eine ganzheitliche Strategie zur Bewältigung der komplexeren Nachfrage nach Produkten, wobei der Begriff der Komplexität in Standardwerken zum Toyota-Produktionssystem keine oder kaum Verwendung findet (z. B. Ohno 1993; Womack und Jones 2003; Womack et al. 2007). Dabei erfolgt der Umgang mit Komplexität im Toyota-Produktionssystem auf zweierlei Weise. Zum einen wird Komplexität in der Montage für die Beschäftigten reduziert, indem etwa grundlegende Gedanken zur Arbeitsprozessstandardisierung und – mit Einschränkungen – auch zur Arbeitsteilung von Taylor übernommen werden. In der Folge können sich durch häufiges Wiederholen von standardisierten, wenngleich auch mitunter wechselnden Vorgängen Routinen entwickeln. Zum anderen wird Komplexität aber auch als systeminhärent angesehen, so dass der Frage nachgegangen wird, wie die verbleibende Komplexität beherrscht werden kann. Dabei wird dem Lernen eine große Bedeutung beigemessen. So wird etwa über Schulungspläne für Beschäftigte, Coaching-Programme oder Trainings sichergestellt, dass die unterschiedlichen Anforderungen in der Montage zur Zufriedenheit des jeweils nachfolgenden Prozesses und damit des Kunden umgesetzt werden (Liker und Meier 2008). Auch wird der erforderlichen Einsatzflexibilität Rechnung getragen, indem Beschäftigte Mehrfachqualifikationen erhalten und damit bei Bedarf in anderen Montagesystemen bzw. an anderen Montagestationen eingesetzt werden können. Die konsequente Umsetzung des Flussprinzips verbunden mit einer Reduzierung von Beständen und einer zunehmenden organisatorischen oder technischen Verkettung von Verrichtungen machen geradezu zielgerichtete Lernprozesse zwingend erforderlich, da das Funktionieren dieses Prinzips davon abhängig ist, ob Störungen jeglicher Art in der Wertschöpfungskette schnell beseitigt und die den Störungen zugrunde liegenden Probleme dauerhaft gelöst werden können. Dabei sind im Unterschied zu dem von Taylor propagierten Produktionssystem alle Beschäftigten angehalten, sich in den Kontinuierlichen Verbesserungsprozess einzubringen (Ohno 1993).

In Verbindung mit der Forcierung dieser personellen Ansätze der Beherrschung von Komplexität werden im Toyota-Produktionssystem aber auch organisationale Ansätze des Komplexitätsmanagements – wie beispielsweise Fertigungssegmentierung, Kanban oder Gruppenarbeit – umgesetzt. Diesen Ansätzen ist gemein, dass mit ihnen dezentrale, kundenorientierte Regelkreise geschaffen und organisationale Lernprozesse gefördert werden. So wird mittels des Konzepts der Fertigungssegmentierung eine in der Ausgangssituation vielfach verrichtungsorientiert gestaltete in eine objektorientierte Fertigungsorganisation transformiert, indem Produkte mit ähnlichem oder identischem Materialfluss zu Produktgruppen, den Segmenten oder im Englischen Cells (Bicheno und Holweg 2009), zusammengefasst werden und die erforderlichen Betriebsmittel in räumlicher Nähe zueinander angeordnet werden. Diese Transformation führt zu kürzeren Durchlaufzeiten, einer deutlichen einfacheren Planung und Steuerung der Aufträge, einer schnelleren Erkennung von Fehlern und einer höheren Volumenflexibilität (Bicheno und Holweg 2009). Gleichzeitig verändern sich mit Einführung des Konzeptes der Fertigungssegmentierung in aller Regel die Arbeitsorganisation und Logistik, indem einzelne Gruppen jeweils für ein Fertigungssegment zuständig sind, diese Gruppen ihre Arbeit in einem definierten Rahmen selber organisieren und die Materialversorgung der einzelnen Fertigungssegmente zumeist über standardisierte Regelkreise mittels Kanban erfolgt. Der Schwerpunkt der Ausführungen zum Toyota-Produktionssystem liegt damit auf organisatorisch-personellen Prinzipien und Methoden, die der extern bedingten Komplexität Rechnung tragen.

Technische Aspekte der Montagesystemgestaltung beinhalten beispielsweise die Ansätze der Einfachautomation und Fehlervermeidung über Poka Yoke. Im Hinblick auf das Konzept der Einfachautomation schlägt Takeda (2006) zwölf Maßnahmen vor, mit denen der aus neun unterschiedlichen Verrichtungen bestehende Montageprozess (von der Bereitstellung der Komponenten über das Aufnehmen, Positionieren und Montieren des Bauteils bis hin zum Ablegen des fertigen Erzeugnisses) rationalisiert und automatisiert werden kann. Das Konzept der Einfachautomation geht dabei von einer schrittweisen Rationalisierung und Teilautomatisierung des Montageprozesses aus. Damit trägt dieser Ansatz dem Problem Rechnung, dass die Prognose von Absatzmengen neuer Produkte sich in der Nachbetrachtung oftmals als zu optimistisch erweist, d. h. eine auf Basis von Prognosedaten parallel zur Produktentwicklung angestoßene Realisierung eines hochautomatisierten Montagesystems führt nicht selten zu einer Fehlallokation von Finanzmitteln und damit zu einer geringen Investitionseffizienz. Zudem korrespondiert dieses Konzept der Einfachautomation mit der Kaizen-Methode, die auf eine schrittweise Weiterentwicklung von Prozessen abzielt und ein „Overprocessing" als Verschwendungsart (Ohno 1993) zu vermeiden versucht. So führt ein zu hoher Automationsgrad u. a. zu einer Inflexibilität gegenüber sich ändernden Kundenwünschen und einer zu großen technischen Kapazität, die wiederum eine Überproduktion begünstigen kann (Bicheno und Holweg 2009). Poka Yoke, ein weiterer Ansatz aus Japan, zielt darauf ab, der Wertschöpfung nachgelagerte, personell aufwendige und nicht-wertschöpfende Qualitätsprüfungen – wie sie in der Massenmontage von Spezialisten der Qualitätssicherung vorgenommen werden – zu vermeiden, indem insbesondere Montagevorrichtungen, Werkzeuge, Betriebsmittel oder Erzeugnisse so gestaltet werden, dass im Idealfall ein Fehler nicht mehr auftreten kann (Hirano 2007). Während im Konzept der Massenmontage Produktivität und Liefertermintreue zentrale Zielgrößen sind, kommt in der variantenreichen Serienmontage zusätzlich der Flexibilität, unterschiedliche Varianten in wechselnden Mengen herzustellen, eine große Bedeutung zu. Darüber hinaus führt die im Vergleich zur Massenmontage gewachsenen Komplexität dazu, dass es deutlich mehr Fehlermöglichkeiten gibt. Prozessfähigkeit und Fehlervermeidung („Poka Yoke") rücken daher stärker in den Fokus der Arbeitsgestaltung. In der Zusammenschau bleibt damit festzuhalten, dass mit der zunehmend heterogenen Nachfrage nach Erzeugnissen neue Paradigmen der Montagesystemgestaltung entwickelt wurden. Das Forcieren von Lernprozessen, das Etablieren von Regelkreisen oder eine Segmentierung der Produktion sind dabei als Antworten auf die gestiegene Komplexität zu verstehen.

10.3 Entwicklungstrends im Kontext der industriellen Individualmontage

10.3.1 Komplexität als Auslöser von Veränderung

Die Beschreibung von Merkmalen der Massenmontage und der variantenreichen Serienmontage gelingt vergleichsweise einfach, da zum einen zahlreiche Publikationen zu diesen beiden Entwicklungsstufen vorliegen und zum anderen die Umsetzung beider Konzepte – sicher oftmals nicht idealtypisch, aber in unterschiedlichsten betriebsspezifischen Ausprägungen – in einer Vielzahl von Betrieben weltweit erfolgt ist. Anders verhält es sich mit dem Konzept der industriellen Individualmontage, welches aus dem Produktionskonzept der „Industrie 4.0" (Kagermann et al. 2013) abgeleitet wird und sich erst in den letzten Jahren mehr und mehr herausbildet. Zwar wurden bereits zu unterschiedlichen Handlungsfeldern und Bestandteilen dieses Montagekonzepts Forschungsprojekte durchgeführt, Demonstratoren realisiert und erste betriebliche Umsetzungen in der industriellen Praxis vorgenommen. Allerdings befindet sich der Umsetzungsprozess – zumindest bezogen auf einzelne Technologien – erst in den Anfängen, so dass auch vor dem Hintergrund unterschiedlicher Technologiereifegrade noch nicht abschließend geklärt ist, welche technologischen und organisatorischen Entwicklungen dauerhaft die betriebliche Praxis prägen werden. Recht sicher scheint hingegen, dass der Trend einer steigenden unternehmensexternen Komplexität in vielen Industriebranchen ungebrochen ist, da sich Innovationszyklen weiterhin dynamisieren, Kraftzentren der Weltwirtschaft in kurzer Zeit verschieben, Anforderungen von Kunden im Hinblick auf Lieferfähigkeit, Funktionalität und Individualität von Leistungsangeboten steigen oder sich für Betriebe immer wieder neue Anforderungen etwa vor dem Hintergrund von Klimawandel, Ressourcenverknappung, Fachkräftemangel oder Inklusion ergeben (Abele und Reinhart 2011; Bauernhansl 2017).

10.3.2 Lösungsansätze zur industriellen Individualmontage

Um mit dieser wachsenden äußeren Komplexität und den sich dynamisch verändernden Komplexitätstreibern umgehen zu können, ändern sich die Anforderungen an die Gestaltung von Montagesystemen. Da eine hohe Komplexität immer mit einer großen Menge an zu verarbeitenden Informationen zusammenhängt, steht im Mittelpunkt des Modells der industriellen Individualmontage die Frage, wie mit diesen großen Mengen an zu verarbeitenden Informationen umzugehen ist. Dabei können zwei grundsätzliche Lösungsansätze angeführt werden.

Ein erster Lösungsansatz beinhaltet den Einsatz neuer Technologien, insbesondere Informations- und Kommunikationstechnologien, in der Montage. Mit ihnen kann die zunehmende Komplexität beherrscht werden, auch indem durchgängige digitale Prozessketten umgesetzt werden. Technologien gelten in diesem Zusammenhang als ein Garant dafür, eine digital gesteuerte Produktion mit variantenreicher Montage bis hin zur Losgröße Eins unter industriellen Bedingungen zu realisieren. Dabei werden cyber-physische Systeme (z. B. Schuh et al. 2014), das Internet der Dinge (z. B. Schöning und Dorchain 2014), Cloud Computing (z. B. Abolhassan 2016), maschinelles Lernen (z. B. Günthner et al. 2017) oder Augmented Reality als generelle Befähiger des Wandels zu einer Industrie 4.0 betrachtet (Kagermann et al. 2013). Wesentliche Merkmale einer industriellen Individualmontage („Assembly 4.0") bilden nach Bortolini et al. (2017) Assistenzsysteme („aided assembly"), ein intelligentes Lagermanagement, eine Selbstkonfiguration von Montagesystemen, eine Produkt- und Prozessrückverfolgbarkeit, eine späte kundenbezogene Produktkonfiguration und ein Montagesteuerungssystem. Weiter konkretisierend gehen Cohen et al. (2019) davon aus, dass in der Montage künftig vermehrt der 3D-Druck, Augmented Reality, kollaborative Roboter (sog. Cobots), fahrerlose Transportfahrzeuge und Self-X-Technologien (wie Selbstkonfiguration oder Selbstdiagnose) zum Einsatz kommen werden.

Ein zweiter Lösungsansatz stammt aus der Systemtheorie. Aus dieser resultiert die Erkenntnis, dass sich in hochkomplexen Systemen die unterschiedlichsten, wechselnden externen Anforderungen und die daraus resultierenden großen Informationsmengen zumeist nicht zentral verarbeiten lassen, da zentrale Organisationseinheiten oftmals nicht über die erforderliche Flexibilität im Umgang mit variierenden Anforderungen unterschiedlicher Anspruchsgruppen verfügen, einen Engpass bei der Verarbeitung von Informationen bilden oder infolge mangelnder Kenntnis einzelner Anspruchsgruppen suboptimale Entscheidungen treffen können (s. Abschn. 4.3). Prinzipien der Selbstorganisation und Dezentralisation stellen von daher auch weiterhin Schlüsselfaktoren im Umgang mit hoher informatorischer Komplexität dar (Kirchhof 2003). Diesem Ansatz wird im Toyota-Produktionssystem entsprechend Abschn. 10.2 beispielsweise über den Ansatz der Fertigungssegmentierung Rechnung getragen.

Im Hinblick auf die Frage der künftigen Gestaltung der Betriebsorganisation im Allgemeinen und der Montagesysteme im Speziellen herrscht einerseits die Einschätzung vor, dass die im Toyota-Produktionssystem bewährten Ansätze der Selbstorganisation und des organisationalen Lernens etwa im Kontext der Kontinuierlichen Verbesserung beibehalten und mit neuen Informationstechnologien kombiniert werden (Soder 2014; Bauernhansl 2017; Adrian et al. 2020). Dabei wird angenommen, dass die Informationstechnik auch zur verbesserten Realisierung von Selbstorganisation und organisationalem Lernen beiträgt. Diese Vermutung lässt allerdings die Eigendynamik moderner Informations- und Kommunikationstechnologien außer Acht, die möglicherweise auch zu ganz neuen organisatorischen Formen der Montage und damit zu einer Abkehr von einzelnen Prinzipien des Toyota-Produktionssystem führen. So kann etwa bezweifelt werden, dass die Umsetzung des Flussprinzips über lose oder starr verkettete Linienmontagesysteme die künftig notwendige Variantenflexibilität tatsächlich ermöglicht. Auch ist die Ausnutzung einzelner Betriebsmittel im Rahmen einer segmentierten Montage, in der ein Produkttyp in jeweils einem dezentral organisierten Segment über ein Linienmontagesystem hergestellt wird, mitunter gering. Vor diesem Hintergrund wurde das Konzept der frei verketteten Montage entwickelt, bei dem solche Linienmontagesysteme aufgelöst, alle Montageressourcen – wie etwa einzelne Arbeitsstationen – örtlich und zeitlich voneinander entkoppelt und – ganz im Gegensatz zur Dezentralisationsannahme – zentral gesteuert werden (Göppert et al. 2019). Zu einem Montageauftrag wird dann jeweils eine Auftragsroute eingeplant, die den planmäßigen Weg des Montageobjekts von Ressource zu Ressource beschreibt. Ein Leitsystem, das den Prozessfortschritt zu allen Aufträgen überwacht und stets über aktuelle Informationen zu Beständen und Status aller Aufträge verfügt, nimmt bei Störungen automatisch Anpassungen der Auftragsroute vor, indem redundante (d. h. z. B. doppelt vorgehaltene) Ressourcen über einen alternativen Weg angesteuert werden. Dabei zeigt ein solches Konzept der frei verketteten Montage deutliche Parallelen zu den Prinzipien einer traditionellen Werkstattfertigung. Allerdings sollen die auftretenden Nachteile der Verrichtungsorientierung dann durch moderne informationstechnische Lösungen, wie Planungsalgorithmen oder die Durchführung ereignisdiskreter Simulationen, kompensiert werden. Erkennbar wird, dass auch bei einem solchen alternativen System die Informationstechnik als der entscheidende Schlüssel zur Beherrschung einer hohen Komplexität und damit zur Gewährleistung von Effektivität und Effizienz in der industriellen Individualmontage anzusehen ist.

Unternehmen und Autonomie

Unternehmen sind autonome Agenten an Märkten, die einerseits im Wettbewerb stehen, die andererseits aber auch kooperative Beziehungen zu Lieferanten und Kunden aufbauen und pflegen. Diese Ambivalenz erfordert einerseits strikte Abgrenzung, andererseits aber eine begrenzte Öffnung, ohne dass dadurch aber die grundsätzliche Autonomie des Unternehmens in Frage gestellt wäre. So wird sich kaum ein Unternehmen finden, das gänzlich auf eine nachfragegesteuerte Produktion setzt und nicht selbst auch dazu beiträgt, die Nachfrage zu steuern oder über Rabattierungen für eine bessere Auslastung der vorgehaltenen Produktionskapazitäten zu sorgen. Von daher wird es immer eine Differenz zwischen nach Außen gezeigter und im Inneren tatsächlich gelebter Orientierung geben (Kühl 2015, spricht in diesem Zusammenhang von der Schauseite der Organisation). In dem Sinne impliziert jegliche Kundenorientierung in der Regel auch eine Art vorgegebener Dezentralisation, so dass im Sinne von hoher Transparenz bereits auf der operativen Gruppenebene Kontakte mit Kunden aufgenommen und Absprachen getroffen werden können. Diese Dezentralisierung kann allerdings durch den Einsatz digitaler Instrumente und entsprechender Vernetzung auch wieder zurückgefahren werden. Auf diese Weise könnte der Versuch unternommen werden, traditionell steile Hierarchien aufrechtzuerhalten und dennoch kundennah zu agieren.

10.3.3 Ziele der industriellen Individualmontage

Die industrielle Individualmontage (sie wird in der amerikanischen Literatur meist als Komponente der Mass Customization, neuerdings auch der Mass Individualization bezeichnet) steht in unvergleichlich höherem Maße als die variantenreiche Serienmontage vor der Herausforderung, eine extrem hohe Vielfalt an Kundenaufträgen in kürzester Zeit mit hoher Qualität zu bearbeiten. Mass Customization gilt zumindest in der Theorie als Mantra und verspricht die Herstellung individualisierter Produkte bei hoher Liefertermintreue zu Kosten, die bislang nur durch Massenproduktion zu realisieren waren (Pine 1993; Modrak 2017). Um die großen Unterschiede zwischen beiden Typen von Montagesystemen noch einmal zu akzentuieren: Wo in der Massenmontage noch ein standardisiertes Produkt in einer Linie mit hoher Ausbringungsmenge erzeugt wurde, wird in der industriellen Individualmontage eine extrem hohe Variantenvielfalt eines Produktes bis hin zur Losgröße Eins hergestellt. Produkte können dabei aus einem „Baukasten" konfiguriert oder kundenindividuell konstruiert werden. In Bezug auf die Montage gilt der Anspruch, trotz der immensen Anforderungen eine hohe Produktivität zu erzielen und Verteilzeiten, Fehler und Nacharbeit zu vermeiden.

Die Variabilität der Kundennachfrage stellt im Kontext industrieller Fertigung und Montage folglich die zentrale Herausforderung dar. Diese erfordert eine hohe Flexibilität der Montagesysteme, d. h. es muss möglich sein, verschiedenste Produktvarianten einer Produktfamilie in einem Montagesystem zu erzeugen. Diese Anforderung erfüllen z. B. sog. Mixed Model Assembly Lines (MMAL), in denen verschiedene Produktmodelle unter Verwendung unterschiedlicher Bauteile oder bereits vorgefügter und just-in-time bereitgestellter Baugruppen montiert werden (Hu et al. 2008). Darüber hinaus führt die hohe Variabilität der Kundennachfrage dazu, dass die Vermeidung der vielfältig möglichen Fehler zu einer zentralen Anforderung an die Montage wird. Gleichzeitig tragen die Dynamisierung der Innovations- und Produktlebenszyklen einerseits und der zunehmende Technikeinsatz andererseits dazu bei, dass die Wandlungsfähigkeit der Montage zu einer wichtigen Zielgröße wird (Hinrichsen et al. 2014). Zu den Kernmerkmalen wandlungsfähiger Systeme wird explizit die Integrierbarkeit gezählt, die über geeignete Schnittstellen gewährleistet werden muss (Koren et al. 2018). Verschiedene (aber kompatible) Funktionseinheiten werden so über Hardware- und Software-Schnittstellen als weitere Elemente in bestehende Montagesysteme integriert.

Wandlungsfähigkeit von Montagesystemen
Während der Begriff der Flexibilität in Bezug auf ein bestehendes Montagesystem verwendet wird, bedeutet Wandlungsfähigkeit, ein Montagesystem mit einfachen Mitteln umbauen zu können, um die Systemfunktionen an veränderte oder neue Anforderungen strukturell anzupassen (Westkämper und Löffler 2016). Koren et al. (2018) beschreiben ausführlich Prinzipien der Realisierung wandlungsfähiger Pro-

duktions- und Montagesysteme (Reconfigurable Manufacturing oder Assembly Systems, RMS, RAS), deren oberstes Ziel darin besteht, durch strukturelle Anpassungen des Systems die Reaktionsfähigkeit bei unvorhergesehenen oder rasch eintretenden Änderungen der Nachfrage zu erhöhen. Das setzt seitens des bestehenden Systems verschiedene Eigenschaften voraus, die eine rasche Anpassung an veränderte Nachfrageverhältnisse ermöglichen. Diese werden als Wandlungsbefähiger beschrieben. Zu diesen zählen Skalierbarkeit (Erweiterbarkeit eines Montagesystems), Modularität (Zusammensetzbarkeit verschiedener Funktionseinheiten des Montagesystems), Mobilität (Bewegbarkeit einzelner Einheiten), Universalität (Nutzbarkeit für unterschiedlichste Aufgaben) und Kompatibilität (Verknüpfbarkeit über Schnittstellen, Wiendahl et al. 2014). Das Ausmaß der Wandlungsfähigkeit kann durch einen mathematischen Index bestimmt werden, der den Beitrag verschiedener Wandlungsbefähiger berücksichtigt (Gumasta et al. 2011; Andersen et al. 2017). Die Wandlungsfähigkeit von Montagesystemen bezieht sich in der betrieblichen Praxis einerseits auf Systemänderungen innerhalb eines Produktlebenszyklus, indem insbesondere der Automationsgrad möglichst einfach an die Nachfragemenge angepasst werden kann und so jeweils eine in hohem Maße wirtschaftliche Systemkonfiguration realisiert wird. Damit korrespondiert dieser Ansatz mit dem der Einfachautomation, der ebenfalls eine schrittweise Automatisierung vorsieht (s. Abschn. 10.2). Andererseits bedeutet Wandlungsfähigkeit, dass zumindest ein Teil der Betriebsmittel über eine Modulbauweise auch nach Ende des Lebenszyklus eines Produktes in neu gestalteten Montagesystemen weitergenutzt werden kann, um eine hohe Investitionseffizienz einzelner Module zu gewährleisten (Hinrichsen et al. 2014).

Der Aspekt der Integration stellt eine weitere gravierende Herausforderung für die Zukunft dar. Battaia et al. (2018) beschreiben diese Herausforderung aber nicht allein in Bezug auf die Integration von Betriebsmitteln, sondern vornehmlich hinsichtlich der vertikalen Integration von Planungsprozessen (z. B. Prozess- und IT-Planung) sowie der horizontalen Integration zwischen verschiedenen, am Produktentstehungsprozess beteiligten Funktionen wie Konstruktion, Arbeitsvorbereitung oder Logistik. Wo bislang eine starke Funktionsorientierung vorherrschte, wird durch vernetzte Informations- und Kommunikationstechnologien immer mehr integratives, aufeinander abgestimmtes Denken und Entscheiden gefordert.

Aus diesen Überlegungen ergeben sich verschiedene Handlungsfelder im Bereich der industriellen Individualmontage, die im Folgenden kurz erörtert werden. Sie betreffen insbesondere Aspekte der Intelligenz von Montagetechnik, Informationslogistik, einzusetzenden Assistenzsystemen sowie der horizontalen Integration von IT-Systemen. Dabei soll der Begriff „Intelligenz" verdeutlichen, dass dispositive Tätigkeiten künftig mehr und mehr von technischen Systemen, die über eine Künstliche Intelligenz verfügen, übernommen werden oder operativ Beschäftigte bei der Ausführung ihrer Tätigkeiten von solchen Systemen unterstützt werden.

10.3.4 Handlungsfeld 1: Intelligente Montagetechnik

Vor dem Hintergrund einer hohen Innovationsdynamik, sinkender Produktlebenszyklen, einer zunehmenden Unsicherheit im Hinblick auf die Entwicklung von Absatzzahlen und hohen Qualitätsanforderungen kommen der Wandlungsfähigkeit auf der einen Seite und der Prozessfähigkeit von Montagesystemen auf der anderen Seite eine hohe Bedeutung zu. Die Wandlungsfähigkeit eines teil- oder vollautomatischen Montagesystems wird daher vor allem durch seinen modularen Systemaufbau mit weitgehend autonomen und mobilen Montage- und Bearbeitungszellen bewerkstelligt. Der Werkstücktransfer erfolgt dabei von Zelle zu Zelle beispielsweise über ein lose verkettetes Transfersystem mit dezentralen Motorsteuerungen an den einzelnen Transfermodulen. Die Kompatibilität der Module untereinander wird zum einen dadurch erreicht, dass alle Module bzw. Zellen über jeweils einen einheitlichen hybriden Industriesteckverbinder (Druckluft, Strom, Ethernet) verfügen, welche in einer Bustopologie miteinander verbunden sind. Zum anderen wird die Mechanik des Montagesystems dahingehend gestaltet, dass die einzelnen Module innerhalb weniger Minuten getrennt werden können, ohne dass ein manuelles Engineering des Automatisierungssystems erforderlich ist (Hinrichsen et al. 2014).

Die Selbstkonfiguration, auch als „Plug and Produce" bezeichnet, kann als spezielle Merkmalsausprägung der Kompatibilität eines Montagesystems aufgefasst werden. Mit ihr ist gemeint, dass einzelne neue Montagemodule, z. B. eine Roboterstation – analog zur „Plug-and-Play"-Funktion eines Rechners bzw. seiner Peripherie – von der Systemsteuerung erkannt werden und sich selbst konfigurieren können. Darüber hinaus hilft eine Selbstkonfiguration dabei, dass sich die Montagetechnik nach Identifikation eines Montagebeschäftigten (z. B. durch Erkennen über einen personalisierten RFID-Chip) an seine, in einer Benutzerverwaltung hinterlegten Merkmale anpasst, indem beispielsweise die Höhe des Montagetisches, die Schriftgröße am Bildschirm oder der Unterstützungsumfang automatisch eingestellt werden. Vor dem Hintergrund einer Vielzahl an Anbietern von Montagetechnik und unterschiedlicher Montagesystemtypen (s. Abschn. 1.5) kann die Selbstkonfiguration von Montagemodulen aktuell eher als langfristige Entwicklung betrachtet werden, da es zahlreicher anerkannter Standards zu mechanischen, elektrischen, informations- und energietechnischen Schnittstellen sowie zur Steuerungstechnik bedarf, die bislang aber noch nicht alle vorliegen.

Weitere Entwicklungstrends beinhalten die Selbstdiagnose und Selbstoptimierung von Montagesystemen (Cohen et al. 2019). Die Selbstdiagnosefunktion kann sich dabei auf einzelne Bestandteile des Montagesystems oder Montageobjekte beziehen. Hinsichtlich der Montageobjekte, der im Aufbau befindlichen Erzeugnisse, wird das automatische Sichtprüfen eingesetzt, um Abweichungen oder Fehler zu erkennen (Beyerer et al. 2012). So werden bereits seit vielen Jahren Bildverarbeitungssysteme in der vollautomatischen

Montage eingesetzt. Aber auch in der manuellen Montage stellen diese Systeme einen erfolgversprechenden Ansatz dar, da durch eine kontinuierliche Überprüfung des Montageprozesses menschliche Fehler erkannt werden und die Prozessfähigkeit verbessert wird. Eine Herausforderung bei der Anwendung einer solchen Lösung bilden die schwankenden Lichtverhältnisse in manuellen Montagebereichen. Zudem ist die Implementierung mit einem recht hohen Aufwand verbunden, da für jeden Montageschritt entsprechende Prüfmerkmale zu berücksichtigen sind. Gerade in der industriellen Individualmontage ist es daher empfehlenswert, auf Basis einer Fehlermöglichkeits- und -einflussanalyse (FMEA) nur eine gezielte Auswahl an Prüfungen über Bildverarbeitungssysteme vorzunehmen (Nikolenko und Hinrichsen 2020). Die Selbstdiagnosefunktion kann sich aber nicht nur auf Montageobjekte, sondern auch auf die Montagetechnik beziehen, indem Abweichungen vom Normalbetrieb über Sensoren erkannt werden (Ebert 2018). Beispielsweise wird bei Überschreiten von Eingriffsgrenzen durch einen Montageroboter eine automatische Meldung an einen Beschäftigten aus der Instandhaltung generiert, dass eine Wartung am Montageroboter in den nächsten zwei Wochen vorzunehmen sei. Während die Selbstdiagnose die Absicherung eines Montageprozesses beinhaltet, hat die Selbstoptimierung eine automatische Prozessverbesserung zum Gegenstand, indem beispielsweise Prozessparameter automatisch angepasst werden, um die Anzahl an Störungen im Montagesystem oder den Energieverbrauch zu reduzieren. Dabei kommt es aus arbeitswissenschaftlicher Sicht darauf an, dass die Steuerung eines Systems letztlich durch den Beschäftigten erfolgt, indem dieser etwa Funktionen der Selbstdiagnose konfigurieren und auch abschalten kann.

Mit der Gestaltung der Montagetechnik geht die Frage nach der Anordnung einzelner Montagemodule (z. B. Schraubstation) und ihrer Verkettung untereinander einher. Dabei besteht in der variantenreichen Montage die Anforderung, dass die auszuführenden Verrichtungen und damit die benötigten Ressourcen von Erzeugnis zu Erzeugnis variieren und damit immer wieder unterschiedliche Durchlaufrouten und -zeiten bestehen. Bei der Planung des Layouts kommt es darauf an, einerseits kurze Durchlaufzeiten zu realisieren, andererseits aber auch eine hohe Auslastung kapitalintensiver Betriebsmittel zu gewährleisten. Im Hinblick auf die Art der Verkettung einzelner Verrichtungen und der damit verbundenen Layoutgestaltung in der Montage sind die Vor- und Nachteile von Flussorientierung (mit loser Verkettung von Montagemodulen) und Verrichtungsorientierung (mit freier Verkettung) abzuwägen (s. Abschn. 10.3.2). Dabei können auch Kombinationen vorgenommen werden, indem bei komplexen Erzeugnissen mehrere Verrichtungen in einer Linie lose verkettet werden, während einzelne kapitalintensive Stationen (z. B. zur Laserbeschriftung oder zum automatischen Verpacken) räumlich und zeitlich von einzelnen Linien entkoppelt werden und daher auch besser ausgelastet werden können. Eine starre Verkettung – einhergehend mit einheitlichen Taktzeiten – wird aufgrund der großen Varianz der Erzeugnismerkmale in der industriellen Individualmontage in der Regel nicht umsetzbar sein.

10.3.5 Handlungsfeld 2: Intelligente Informationslogistik

Trotz einer partiellen Integration von Fertigungsmodulen in Montagesysteme (s. o.) bleibt die industriellen Individualmontage geprägt von einer hohen logistischen und organisatorischen Komplexität, da eine Vielzahl unterschiedlicher, teilweise kundenspezifischer Bauteile und Baugruppen an den verschiedenen Montagestationen eines Montagesystems bereitzustellen sind. Um diese Komplexität zu beherrschen, werden zumindest ausgewählte Montageobjekte, Ladungs- oder Werkstückträger über immer kleiner werdende, eingebettete Rechner- oder Speichersysteme mit einem „digitalen Produktgedächtnis" ausgestattet, wodurch sie jederzeit eindeutig im Montagebereich identifizierbar und lokalisierbar sind (Kagermann et al. 2013). In den Erzeugnissen können Informationen zu ihrem aktuellen Status, zur Montagehistorie und zum Zielzustand inklusive der geplanten, noch auszuführenden Montageschritte gespeichert werden, so dass Zustandsabfragen zu einzelnen, im Aufbau befindlichen Erzeugnissen in Echtzeit möglich sind. Montageobjekte können so von autonom agierenden Transportfahrzeugen und von automatischen Kleinteilelagersystemen, die in Montagesystem integriert sind, erkannt werden, um diese zum richtigen Verwendungsort zu transportieren bzw. am richtigen Verwendungsort zu speichern und bei Bedarf bereitzustellen. Die Umsetzung einer solchen intelligenten Informationslogistik ist eine wichtige Voraussetzung für die Beherrschung der variantenreichen Montageprozesse.

10.3.6 Handlungsfeld 3: Intelligente Assistenzsysteme

Montage wird künftig in einzelnen Branchen weniger durch Wiederholung und Redundanz, sondern vermehrt durch Abwechslung und geringe Vorhersehbarkeit geprägt sein. Statt immer wiederkehrender, identisch ablaufender Montageverrichtungen an gleichen Erzeugnissen werden Verrichtungen von Erzeugnis zu Erzeugnis deutlich stärker variieren, um kundenspezifische Produktkonfigurationen oder Sonderwünsche umzusetzen (Bornewasser et al. 2018). Je größer diese Vielfalt in Verbindung mit der Verkürzung von Produktlebenszyklen sein wird, desto weniger wahrscheinlich wird eine Automatisierung der Montage (Ross 2002) und desto größer wird die Wahrscheinlichkeit, einen hohen Anteil manueller Montage aufrechtzuerhalten. Dadurch werden einerseits Arbeitsplätze in der Montage gesichert, andererseits werden diese jedoch mit hoher mentaler Beanspruchung verbunden sein, die sich in Zeitverlusten, Fehlern und Qualitätseinbußen niederschlägt (s. Kap. 4). Ein möglicher Ansatz zur Vermeidung dieser Mängel liegt in der Integration von intelligenten Assistenzsystemen (s. Kap. 2) in Montagesysteme. Diese wirken wie externe Wissensspeicher, die solche Informationen kompensatorisch bereitstellen, die im Falle einer manuellen Großserien- oder Massenmontage im Langzeitgedächtnis der Beschäftigten vorliegen und über Automatismen abgegriffen werden. Durch ein verbessertes Informationsmanagement wird der Werker in die Lage versetzt, rechtzeitig zu erkennen, welche konkrete Variante jeweils zu montieren ist und welche Teile oder Baugruppen mit welchen Werkzeugen zu verarbeiten sind. Auf diese Weise werden kognitiv beanspruchende Auswahlentscheidungen zwischen mehr oder weniger ähnlichen Teilen und einzusetzenden Werkzeugen erleichtert und die begrenzten Kapazitäten des Arbeitsgedächtnisses geschont (s. Kap. 5). Im Ergebnis wird eine hohe Prozessfähigkeit realisiert (Wolfartsberger et al. 2019). Informatorische Assistenzsysteme geben damit mentale Unterstützung und schützen vor kognitiver Überlastung. Diese Funktion ist besonders für Beschäftigte mit geringer Erfahrung von Bedeutung.

Solche intelligenten Assistenzsysteme – mit ihren unterschiedlichen Ausgabegeräten (s. Kap. 2) – sind generell als Schnittstellen oder Mensch-Maschine-Interfaces zu begreifen, die den Beschäftigten mit der betriebsinternen Welt der Daten verbinden, jedoch nicht direkt, sondern vermittelt über Selektions-, Aufbereitungs- und Visualisierungsprozeduren. Die Datenwelt setzt sich wiederum vor allem aus betrieblichen Auftrags-, Produkt- und Montagedaten zusammen. Dabei können Montageinstruktionen auch kurze Filme, die z. B. kritische Montageverrichtungen zeigen, oder Animationen enthalten. Vorauszusetzen ist dabei, dass alle diese Daten den primären Zweck erfüllen, dem Werker durch spezifische Aufbereitung verfügbarer Daten unterstützende Instruktionen für die Ausführung komplexer Montageprozesse zu geben. Die entscheidende Zukunftsaufgabe besteht angesichts immer wieder neuer und veränderter Varianten darin, die erforderlichen Daten in möglichst kurzer Zeit verfügbar zu machen und aufzubereiten, also etwa eine Montageinstruktion für eine neue Produktvariante automatisiert zu generieren. Sensoren und Kameras ermöglichen es, Montagefehler frühzeitig zu entdecken und dem Beschäftigten Hilfestellung zu geben.

Die serielle Montage von verschiedensten Varianten in immer wieder anderen Reihenfolge wirft nicht nur das Problem auf, die richtigen Instruktionen zur richtigen Zeit in der richtigen Form bereitzustellen. Die hohe Anzahl von Wechseln und Umstellungen erzeugt auch eine hohe mentale Beanspruchung, insbesondere dann, wenn die Montage unter hohem Zeitdruck erfolgen muss (s. Kap. 4). Von daher ist eingebaute Sensortechnik in geeigneten Wearables auch dort gefragt, wo im Sinne der kognitiven Ergonomie (s. Kap. 5) der Beanspruchungsgrad der Werker bei der Montage fortlaufend ermittelt wird, um bei Anzeichen einer wiederholten oder dauerhaften Überschreitung von definierten Beanspruchungsgrenzen Einfluss auf relevante Parameter des technischen Montagesystems zu nehmen (Dehais und Ayaz 2019). Anzustreben wäre in einem solchen Fall etwa, über eingehende physiologische Daten unmittelbar Taktzeiten oder Soll-Auftragszeiten für einen einzelnen Arbeitsplatz oder die gesamte Linie anzupassen. Alternativ könnten auch Rotationen des Personals vorgenommen werden. Aus solchen Daten können sodann auch Ableitungen etwa für potenzielle Qualifizierungen und Trainings oder neuartige Produktgestaltungen vorgenommen werden. Längerfristig denkbar wäre es, über cyber-physische Systeme etwa kognitiv ausgerichtete digitale Menschmodelle und reale physiologisch erfassbare Vorgänge über Cloudcomputing-Technologien in Verbindung zu bringen und per Simulation gewonnene optimale oder semioptimale Problemlösungen aus dem Cyber-System in das reale physische System zu übertragen und so erforderliche Anpassungen zu ermöglichen.

10.3.7 Handlungsfeld 4: Integriertes Informationsmanagement

Ein integriertes Informationsmanagement geht auf einer ersten Entwicklungsstufe der Frage nach, wie Daten bzw. Informationen in der Montage generiert, gespeichert, übermittelt, ausgewertet, miteinander kombiniert und ausgegeben werden, um den bestehenden Informationsbedarfen, z. B. zu Auftragsstatus, Qualität oder Produktivität, gerecht zu werden. Die Generierung von zunehmend großen Datenmengen erfolgt in der Montage etwa durch den Einsatz von mehr und mehr Sensoren (z. B. Bewegungssensoren in Wearables, s. Kap. 2) und manuellen Eingaben (s. Kap. 9). Die Speicherung der Daten wird je nach Anwendungsfall dezentral oder zentral vorgenommen. Eine dezentrale Speicherung liegt zum Beispiel vor, wenn Daten zum Montageauftrag auf einem RFID-Chip, der an einem Werkstückträger befestigt ist, gespeichert sind, der Werkstückträger mit dem Montageobjekt von Montagestation zu Montagestation bewegt wird, an jeder einzelnen Montagestation über einen RFID-Schreib-Lesekopf Auftragsdaten ausgelesen werden und nach Ausführung der Montagevorgänge jeweils zurückgeschrieben wird, welche Vorgänge bereits ausgeführt wurden. Durch eine solche dezentrale Bereitstellung von Daten in digitaler Form können die Auftragssteuerung und -bearbeitung in der Montage vereinfacht werden (Hinrichsen et al. 2014). Eine zentrale Speicherung erfolgt beispielsweise über die letzte Arbeitsstation, indem alle auf dem RFID-Chip gespeicherten Auftragsdaten inkl. der Fertigstellungszeiten an einzelnen Montagestationen in eine Cloud übertragen werden, so dass von diesem zentralen Ort der Zugriff bzw. die Verteilung von Daten organisiert werden kann. Auch können durch Nutzung einer Cloud im Vergleich zu einer dezentralen Datenverwaltung Synergieeffektive genutzt werden, indem zum Beispiel Wartung, Systemschutz, Updates, Schulung und Betreuung zentral organisiert werden (Scheer 2016). Die automatische Auswertung und Interpretation von Daten kann über Algorithmen der Künstlichen Intelligenz vorgenommen werden, indem etwa Anomalien bei der Ausführung von Montageprozessen erkannt und diese Informationen dem Industrial Engineering als Grundlage für Prozessverbesserungen breitgestellt werden. Die Verteilung von Daten an Nutzer erfolgt idealerweise in Echtzeit. Dabei kommen ganz unterschiedliche Ausgabegeräte zum Einsatz, wobei die Anzahl dieser Geräte je Nutzer tendenziell steigt, wie dies der Begriff der Screenification (Leonhard 2017) deutlich macht. Auch die Möglichkeiten der Eingaben des Nutzers nehmen zu, indem beispielsweise vermehrt Eingaben über Gestik und Sprache in der Montage möglich werden.

Während auf der ersten Entwicklungsstufe des Informationsmanagements in erster Linie Vergangenheits- und Echtzeitdaten Gegenstand der Betrachtung sind, werden auf einer zweiten Entwicklungsstufe Prognosedaten generiert, auf deren Basis Optimierungen vorgenommen werden. Dabei wird die Montage über ein Modell, den sogenannten digitalen Zwilling, abgebildet (Zhuang et al. 2018). Dieses Modell beinhaltet Ressourcen – Betriebsmittel, Beschäftigte, Montageobjekte – sowie Prozesse, um über fortlaufende Simulationen mögliche Störungen vorherzusagen und Optimierungen (z. B. Änderung der Auftragsreihenfolge) vorzunehmen. Auf Basis der Vorhersagen zu Störungen können Beschäftigte proaktiv Maßnahmen ergreifen. Zudem soll die Nutzung eines solchen Modells zu einem vorausschauenden Management des Montagebereichs beitragen. Das Modell nutzt dabei die in der Montage entstehenden großen Datenmengen (Zhuang et al. 2018). Kritisch ist anzumerken, dass diese aufwendig zu erstellenden, mathematischen Ansätze den Makel aufweisen, dass sie zumeist nur begrenzte Aussagekraft haben, da sie die Komplexität eines sozio-technischen Systems – wie das eines manuellen Montagesystems – nicht annähernd vollständig erfassen können. Zudem bedarf es einer Betrachtung des gesamten Produktentstehungsprozesses, indem etwa Daten aus Konstruktion, Arbeitsvorbereitung, Montage und Logistik zusammengeführt werden.

10.3.8 Handlungsfeld 5: Integration einzelner Fertigungsmodule in die Montage

In der variantenreichen Produktion wird die Strategie verfolgt, Bauteile und Baugruppen möglichst kundenanonym vorzuproduzieren, um erst in der Endmontage auftragsspezifische Varianten zu bilden (Schuh und Schmidt 2014). Durch Anwendung dieser Strategie wird die logistische Komplexität begrenzt. Künftig werden – mit einem Fortschreiten der Fertigungstechnik – vermehrt einzelne variantenreiche oder kundenspezifische Bauteile erst in der Montage „just-in-time" hergestellt, d. h. mehr und mehr Fertigungsmodule werden in Montagesysteme integriert werden (Bortolini et al. 2017), so dass die bisherigen internen Abteilungsgrenzen zwischen Teilefertigung und Montage zumindest partiell aufgehoben werden. In einem solchen Szenario werden flexible, werkzeugungebundene Fertigungsverfahren – etwa aus der additiven Fertigung oder Laserbearbeitung – an Bedeutung gewinnen. Auch gehen mit diesem Szenario veränderte Anforderungen an die Qualifikation der Beschäftigten und an die Organisation einher. Dabei kommt mit zunehmender Einbindung von Fertigungsmodulen in die Montage der nachhaltigen Beseitigung von Störungen und Schwankungen im integrierten Arbeitssystem – analog zum Toyota-Produktionssystem – eine wachsende Bedeutung zu (s. Abschn. 10.2). Hindernisse eines solchen Szenarios können in einer unzureichenden Anpassung der Fertigungstechnik an den Kundentakt des Montagesystems oder in einer unzureichenden Nutzung der Fertigungskapazitäten liegen.

10.4 Entwicklungstrends in der Gestaltung von Montageassistenzsystemen

Zum Abschluss dieser Überlegungen wird noch einmal das Handlungsfeld der informatorischen Assistenzsysteme betrachtet, indem einzelne Entwicklungstrends näher beschrieben werden.

1) **Von der einheitlichen zur individuellen Montageinstruktion**

Bisher werden Montageinstruktionen den Beschäftigten zumeist in standardisierter Form bereitgestellt, d. h. unabhängig von konkreten Merkmalen eines Beschäftigten (z. B. Umfang seiner Erfahrungen mit der Montageaufgabe, Sehfähigkeiten) erfolgt die Informationsbereitstellung immer in einem identischen Umfang und in gleicher Struktur. Mit der Bereitstellung von digitalen Montageinstruktionen besteht die Chance, den besonderen Merkmalen und Anforderungen von einzelnen Beschäftigten Rechnung zu tragen, indem individuelle Möglichkeiten der Softwarekonfiguration eingeräumt werden. In der Folge kann beispielsweise vermieden werden, zu viele Detailinformationen auszugeben, die ein sehr erfahrener Montagebeschäftigter gar nicht mehr benötigt. Auch ist es möglich, beispielsweise Schriftgrößen individuell anzupassen, um die Arbeitsbedingungen für Menschen mit verminderten Sehfähigkeiten zu verbessern (s. Abschn. 8.3). Zudem bieten individualisierte Montageinstruktionen – auch in Verbindung mit Gamification-Elementen (z. B. Herzig et al. 2012) – wichtige Ansätze für eine Inklusion von Menschen mit Beeinträchtigungen (Bächler et al. 2018; Apt und Bovenschulte 2018).

2) **Von der Stand-Alone-Sofwarelösung zur integrierten Assistenzsystemsoftware**

Die Bereitstellung von digitalen und individualisierten Montageinstruktionen über Assistenzsysteme wirkt sich in aller Regel positiv auf die Arbeitsproduktivität aus (s. Kap. 6). Die Einsatzpotenziale von Montageassistenzsystemen werden allerdings erst dann voll ausgeschöpft, wenn nicht mehr jede Montageinstruktion von einem Beschäftigten in der Arbeitsvorbereitung am Rechner erstellt werden muss, sondern (teil-)automatisiert generiert wird. Basis für eine solche Generierung sind die Auftragsdaten aus dem ERP-System und Daten des zugehörigen digitalen Produktmodells, das auch als digitaler Zwilling bezeichnet wird. Dazu werden der Assistenzsystemsoftware in regelmäßigen Abständen die aktuellen Montageaufträge über eine Schnittstelle bereitgestellt. Auf Basis der Fertigstellungstermine erfolgt eine Priorisierung der Aufträge (s. Kap. 8). Zu dem Auftrag mit der höchsten Priorität werden dann die digital bereitgestellten Produktmodelle in die Software eingelesen und nach vorgegebenen Regeln als Anleitung dargestellt (s. Kap. 9). Mit der Realisierung solcher durchgängig digital gestalteten Prozessketten werden administrative Tätigkeiten in der Arbeitsvorbereitung oder dem Industrial Engineering eliminiert, so dass Freiräume für anspruchsvollere Aufgaben – wie der Planung und Optimierung von Prozessen – geschaffen werden.

3) **Von der Standardsoftware zur betriebsspezifisch anpassbaren Assistenzsystemsoftware**

Erwägt ein Betrieb, ein Montageassistenzsystem einzuführen, werden zumeist zu Beginn die Erwartungen und Anforderungen an ein solches System spezifiziert (s. Abschn. 7.4). Wird dann ein formales Projekt zur Einführung eines Assistenzsystems initiiert, so werden im Laufe des Projektes immer wieder neue Detailanforderungen, Restriktionen und Lösungsansätze angeführt, die sich in hohem Maße an den betriebsspezifischen Rahmenbedingungen orientieren. Eine auf dem Markt angebotene Standardsoftware kann in der Regel nicht ohne aufwendige betriebsspezifische Anpassungen eingeführt werden. Aber auch nach der Implementierung einer solchen Assistenzsystemsoftware ergeben sich mit zunehmender Anwendungserfahrung weitere Änderungsanforderungen, die zumeist nicht kurzfristig umsetzbar sind und Zusatzkosten verursachen. Vor diesem Hintergrund bietet die Low-Code-Programmierung die Chance, eine cloud- und app-basierte Softwareanwendung ohne erweiterte Programmierkenntnisse mittels einer grafischen Benutzeroberfläche betriebsintern zu entwickeln. Der Code wird automatisch im Hintergrund erzeugt. Dabei kann der betrieblichen Funktion des Industrial Engineering eine Schlüsselrolle zukommen, da die Beschäftigten des Industrial Engineering zum einen über das notwendige Prozess-Know-how verfügen und ihnen zum anderen über die Low-Code-Programmierung ein passendes Werkzeug zur Digitalisierung von Geschäftsprozessen im Allgemeinen und zur Entwicklung von Assistenzsystemsoftware im Speziellen bereitgestellt wird. Im Ergebnis können betriebsspezifisch gestaltete Anwendungen realisiert und bedarfsgerecht weiterentwickelt werden (s. Abschn. 9.2).

4) **Von Bildschirm und Tastatur zur Integration diverser Ein- und Ausgabegeräte**

Neben der persönlichen Kommunikation und der Nutzung von papierbasierten Montageanleitungen werden heute Montageinformationen vor allem über Bildschirme bereitgestellt. Eingaben erfolgen zumeist über Tastaturen. In Zukunft werden diverse Ein- und Ausgabegeräte mit unterschiedlichen Ein- und Ausgabemodalitäten genutzt werden (s. Kap. 2). Durch Fortschritte in der Spracherkennung können beispielsweise – trotz Hintergrundgeräuschen in Montagebereichen – Spracheingaben von Beschäftigten erkannt und passende Informationen zum Beispiel über eine Lichtprojektion ausgegeben werden, so dass der Beschäftigte durch diese Form der Interaktion seine Montagetätigkeit nicht unterbrechen muss (z. B. im Unterschied zu Tastatureingaben). Auch ist damit zu rechnen, dass aktuell noch bestehende Probleme mit neueren Ausgabegeräten wie Datenbrillen (z. B. eingeschränkte Akkulaufzeiten, vorzeitige Ermüdung, s. Kap. 9) zumindest teilweise gelöst werden und insgesamt die Vielfalt der in der Montage genutzten Ein- und Ausgabegeräte steigt. Dadurch können sich die Arbeitsbedingungen für die Beschäftigten verbessern, gleichzeitig wirkt sich eine anforderungsgerechte Auswahl der Hardware positiv auf die Produktivität aus.

5) **Von der digitalen Montageanleitung zur Integration von Arbeitsmitteln in Montageassistenzsysteme**

In der manuellen und hybriden Montage werden verschiedene Arbeitsmittel und technische Systeme verwendet, die einzelne Funktionen der Montage (s. Abschn. 1.3) unterstützen. Beispielsweise werden Schrauber zum Fügen, Messmittel zum Kontrollieren oder

Dosiersysteme für das Zuführen einer festgelegten Menge an Schmierstoff eingesetzt. Bisher kommen diese Arbeitsmittel zumeist als Stand-alone-Lösung zur Anwendung, d. h. eine Anbindung der Arbeitsmittel an eine Assistenzsystemsoftware ist in den meisten Fällen nicht gegeben. In der Folge müssen bestimmte Prozessparameter an den einzelnen Arbeitsmitteln manuell eingestellt und Ist-Werte zu abgeschlossen Vorgängen mitunter auch händisch dokumentiert werden. In Zukunft wird die verwendete Montagetechnik über eine Schnittstelle zur Assistenzsystemsoftware verfügen und automatisch im Sinne einer Selbstkonfiguration (s. Abschn. 10.3) integriert, so dass in den Arbeitsplänen der Software zu einzelnen Erzeugnissen Soll-Parameter oder -Prüfvorgänge hinterlegt sind und diese von den entsprechenden Geräten ausgelesen werden. Dabei werden Einstellungen oder Ausführungen automatisch vorgenommen (z. B. automatische Einstellung eines Soll-Drehmoments am Schrauber) und Ist-Prozessparameter nach Ausführung des Vorgangs zu Dokumentationszwecken an die Assistenzsystemsoftware zurückgemeldet (z. B. Ist-Drehmoment, mit der eine bestimmte Schraube angezogen wurde) (s. Abschn. 2.4).

6) **Vom zeitlich verzögerten Berichtswesen zum Echtzeit-Informationsmanagement über Assistenzsysteme**

Die Aufbereitung von Montagekennzahlen ist in Betrieben vielfach mit administrativem Aufwand verbunden, da in regelmäßigen Abständen – etwa täglich oder wöchentlich – Daten aus verschiedenen IT-Systemen ausgelesen, in Tabellenkalkulationsprogrammen zusammengeführt, ausgewertet und per E-Mail oder Aushang verteilt werden müssen. Eine zentrale cloud-basierte Speicherung sämtlicher Daten aus der Montage ermöglicht es hingegen, diese Daten entsprechend der Informationsbedarfe von Führungskräften und Beschäftigten über Regeln und Algorithmen auszuwerten und nahezu in Echtzeit bereitzustellen. Dabei lassen sich Informationen entsprechend des eigenen Informationsbedarfes über eine App zusammenstellen und auch über mobile Endgeräte ausgeben. Entscheidungsrelevante Informationen (z. B. Kennzahlen zu Ausschuss und Nacharbeit) werden künftig ohne nennenswerte Zeitverzögerungen und entsprechend individueller Präferenzen dargestellt, so dass Führungskräfte von administrativen Tätigkeiten entlastet und sich in höherem Maße um ihre eigentlichen Führungsaufgaben kümmern können.

7) **Von der menschlichen Intelligenz zur KI-basierten Unterstützung**

Selbstkonfiguration, -diagnose und -optimierung sind nicht nur Entwicklungstrends der Montagesystemgestaltung im Allgemeinen (s. Abschn. 10.3), sondern auch im Zusammenhang mit der Entwicklung von Montageassistenzsystemen (Koren et al. 2018). Dabei kommen Algorithmen der Künstlichen Intelligenz, z. B. Verfahren des maschinellen Lernens, zum Einsatz. Beispielsweise werden dem Beschäftigten auf Basis von Indikatoren zu seinem Übungsgrad (z. B. Ausführungszeiten zu einzelnen Verrichtungen) Vorschläge einer passenden Konfiguration der Software unterbreitet, so dass Art und Umfang der ausgegebenen Informationen idealerweise genau seinen Bedürfnissen entsprechen. Auch können Rückmeldungen zu Fehlern und unzureichenden Darstellungen in automatisch generierten Montageinstruktionen, die der Beschäftigte über die Assistenzsystemsoftware vornimmt, zu einer automatischen Optimierung von Instruktionen führen. Darüber hinaus werden Montagefehler – durch maschinelles Lernen – immer besser vom Assistenzsystem etwa mit Hilfe von Kameras erkannt (Cohen et al. 2019).

Maschinelles Lernen – ein Teilgebiet der Künstlichen Intelligenz

Die Künstliche Intelligenz (KI) ist eines der neueren Gebiete in Wissenschaft und Technik und umfasst ganz unterschiedliche Teilgebiete wie z. B. Agentensysteme, Bildverarbeitung, Logik oder Verarbeitung natürlicher Sprache. Dennoch sind das Verständnis der Intelligenz und die Erschaffung von intelligenten, technischen Systemen die primären Ziele der KI. Russel und Norvig (2012) beschreiben die historische Entwicklung dieses Gebiets, diskutieren Definitionen der KI ausgehend aus den unterschiedlichen Ansätzen – menschliches Denken, menschliches Handeln, rationales Denken und rationales Handeln – und geben eine fundierte Einführung in KI-Methoden. Die Definition von KI nach Rich et al. (2008) – „Artificial Intelligence is the study of how to make computers do things at which, at the moment, people are better" – macht deutlich, dass die Erforschung der Lernmechanismen und die Entwicklung von maschinellen Lernverfahren einer der zentralen Bereiche der KI darstellen. Es ist wichtig zu betonen, dass unter dem Begriff „Lernen" nicht die Fähigkeit des Auswendiglernens gemeint ist, sondern die der Generalisierung, d. h. die Fähigkeit, das anhand von bekannten Beispielen Gelernte auf unendlich viele weitere, vorher nicht bekannte Beispiele anwenden zu können. Im Einklang dazu steht die Definition des maschinellen Lernens von (Mitchell 1997): „Machine Learning is the study of computer algorithms that improve automatically through experience." Angelehnt an Flach (2012) kann die Bedeutung der maschinellen Lernverfahren wie folgt zusammengefasst werden: Beim maschinellen Lernen geht es darum, die richtigen Merkmale zu nutzen, um die richtigen Modelle zu bilden, welche die richtigen Aufgaben lösen.

Heute ist eine rasche technologische Entwicklung im Bereich KI zu beobachten. Neue KI-Technologien forcieren globale Veränderungen der Produktions- und Wertschöpfungsketten. Laut der Strategie „Künstliche Intelligenz der Bundesregierung" (Bundesregierung 2018) sollen industrielle KI-Anwendungen die Instrumente liefern, um Daten aus industriellen Prozessen effizient verarbeiten und zum Nutzen der Unternehmen und ihrer Kunden interpretieren zu können. Die Industrie 4.0 und intelligente Produkte setzen dafür neue Maßstäbe und bewirken massive Veränderungen: Der Trend geht hin zu vernetzten, dezentralen und intelligenten Systemen mit Self-X Eigenschaften. Diese Entwicklungen wirken sich auch auf Montagebetriebe aus, sodass diese sich den neuen Herausforderungen stellen müssen (Cohen et al. (2019)). Die technologische Grundlage für die neuen Entwicklungen bilden die cyber-physischen Systeme. Die KI-Methoden bieten dabei Entscheidungsunterstützung und erleichtern den Umgang mit Komplexität.

10.5 Hinweise für die betriebliche Praxis

Es fällt schwer sich vorzustellen, wie die Dampfmaschine oder die Elektrizität die Organisation von Montagesystemen konkret beeinflusst und verändert hat. Aus historischen Analysen ist bekannt, dass es in beiden Fällen zu sprunghaften Entwicklungen kam. Vergleichbare Veränderungen erfolgen aktuell auch mit der Durchsetzung der modernen, nicht umsonst als disruptiv bezeichneten Informations- und Kommunikationstechnologien und damit verbundener Geschäftsmodelle und Organisationsformen. Sie stellen einerseits jedes Unternehmen, jedes Management und auch jeden Arbeitnehmer vor die herausfordernde Frage, ob Anpassung an das Neue oder Festhalten am Bestehenden angezeigt sind. Niemand nimmt leichtfertig Veränderungen vor. Hierauf gehen die beiden ersten Hinweise ein, die einerseits Öffnungsbereitschaft, andererseits aber auch ein offenes Ohr für Vorbehalte ansprechen. Die weiteren vier Hinweise betreffen eher die Art und Weise, wie ein erfolgreiches Verknüpfen von traditioneller Montage mit dem Internet und modernen Technologien erfolgen kann.

1) **Offen sein für technologische Veränderungen**

Anpassung an neue Gegebenheiten und Veränderungen der Organisation sind Alltag in jedem Unternehmen. Das gilt ganz besonders aktuell, wenn fast täglich neue Technologien vorgestellt werden und Konsens besteht, dass ohne diese Technologien kaum der Anspruch auf eine industrielle Individualmontage zu realisieren ist. Von daher stellt sich für kein kundenorientiertes Unternehmen mehr die Frage, ob, sondern nur noch wann und wie man sich an diese Technologien anpassen und anschlussfähig machen kann. Wegschauen und Stillstand sind keine erfolgversprechenden Strategien. Zu bedenken ist auch, dass mit jedem technologischen Wandel in der Regel ein organisatorischer Wandel angegangen werden muss. Gerade im Falle von Käufermärkten gilt zudem, dass man es in vernetzten Strukturen nicht mehr allein in der Hand hat zu entscheiden, wie man sich anpasst. Auch der Kunde mit seiner Vorstellung von personalisierter Montageproduktion übt aufgrund vielfältiger Vernetzung zunehmend Druck auf Unternehmen aus. Entscheidend ist, offen für einen Anfang zu sein.

2) **Verlustängste offen angehen**

Ein zentraler Hemmschuh ist die vielfach beklagte, mangelnde Veränderungsbereitschaft der Belegschaft, die in Europa tendenziell immer älter wird und dadurch in den Einstellungen gefestigt ist. Zudem bestehen oft Verlustängste, die optimistische Gewinnaussichten in den Hintergrund treten lassen. Befeuert werden solche Ängste noch durch wissenschaftliche Studien, die aufzeigen, dass viele Jobs mit manueller Tätigkeit durch den Einsatz von Computern und Automaten aufgegeben werden können (z. B. Frey und Osborne 2013). Dabei zeigt sich bei genauerem Hinsehen, dass Montagearbeit nicht generell mit einfachen repetitiven Tätigkeiten gleichgesetzt werden kann, schon gar nicht, wenn sie infolge hoher Variantenvielfalt ausgeprägte Flexibilität und zahlreiche dezentrale Entscheidungen erfordert. Das gilt ganz besonders für die individuelle Industriemontage, die hohe kognitiven Ansprüche an die Beschäftigten stellt und für viele Beschäftigte nur durch den begleitenden Einsatz informatorischer Assistenzsysteme zu bewältigen ist. Die wachsende Komplexität selbst der manuellen Montage erfordert von daher eine spezifische Qualifizierung (Bonin et al. 2015). Gefordert ist hier aber vermutlich weniger einzutrichterndes funktionales Schulwissen z. B. über Systeme, Schnittstellen oder Algorithmen als vielmehr ein Set von formalen Fähigkeiten, wie in neuen dezentralen Organisationsformen und bei veränderten Technologien offen, flexibel und agil gearbeitet wird oder wie gemeinsam mit internen und externen Kunden Problemlöseprozesse gestaltet werden. Es bringt wenig Vorteile, spezifisches kognitives Wissen nach bestimmten Curricula auf Vorrat zu vermitteln, wenn man gar nicht exakt weiß, was angesichts noch unbekannter technologischer Veränderungen benötigte Inhalte sein könnten, zumal ein solches Wissen auch wieder sehr rasch veraltet. In dieser Situation dürfte es von Vorteil sein, verstärkt betriebliche Konzepte zu entwickeln und ein unmittelbar bedarfsorientiertes Learning-on-the-job mit vornehmlich visuellen Komponenten zu installieren und zu praktizieren.

3) **Mensch und Maschine aufeinander zuwachsen lassen**

Die geforderte Grundeinstellung, stärker flexibel und anpassungsfähig zu sein, ist nicht vollkommen neu, aber auch nicht isoliert von der Digitalisierung und den damit verbundenen Technologien zu sehen. Vielfalt und Vielseitigkeit ergänzen sich nun in hohem Maße mit neuartigen Produktionstechniken und Organisationsformen. Anders ausgedrückt: Vielfalt und Vielseitigkeit verstärken den Nutzen der modernen Technologien und die neuen Technologien verstärken wiederum die Bereitschaft zu Vielseitigkeit und Flexibilität. Hier zeigt sich ein Trend, dass Mensch und Technik aufeinander zuwachsen, wobei es letztlich immer Menschen sind, die Maschinen kontrollieren. Dabei sollte jedoch beachtet werden, dass der Mensch nicht durch die Informationstechnik überfordert wird, zumal Menschen sich nicht mit Maschinen messen können, wenn es um regelgeleitetes Verhalten geht. Dann droht die Anzahl der Erkrankungen infolge von mentaler Überforderung anzusteigen. Das Zusammenspiel von Konzentration und Abschalten per Sensorik zu überwachen und zu gestalten, wird zu einer zentralen Herausforderung.

4) **Technologien zusammenführen und Synergieeffekte erzeugen**

Die Informations- und Kommunikationstechnologien stellen mittlerweile einen ganzen Strauß von Verfahren bereit, um z. B. durchgängige Produktionsketten in Netzwerken zu digitalisieren, Daten zu speichern und auszuwerten oder Assistenzsysteme in der Montage mit Datenbanken zu verknüpfen. Einzelne Technologien in bestehende Abläufe zu integrieren, gilt noch als relativ einfach, viel komplizierter ist es, verschiedene Technologien aufeinander zu beziehen und sie reibungslos zum Laufen zu bringen, d. h. zu integrieren.

Gerade wenn man es zulassen möchte oder muss, dass der Kunde generell und dann auch noch relativ spät Einfluss auf die Gestaltung des ihm zugedachten, personalisierten Produkts nehmen kann, braucht man aufeinander bezogene Technologien etwa zur Veränderung von Montagereihenfolgen, zur schnellen Erzeugung von Teilen mittels additiver Fertigung oder zur raschen Instruktion der Werker. Dies setzt aber wiederum voraus, mehr spezielle Expertise in diesem Bereich vorzuhalten und diese gezielt integrativ zum Einsatz zu bringen.

5) **Technologie erlaubt es, auch wieder Gruppenarbeit jenseits von Linien ins Auge zu fassen**

Seit Jahren wird daran gearbeitet, Werker in Teams autonom oder zumindest teilautonom arbeiten zu lassen, um so hierarchisch organisierter Linienarbeit mit kurzen Zykluszeiten zu entgehen und umfassendere Arbeitspakete in selbstorganisierten Gruppen zu übernehmen. Viel diskutierte Ansätze in der Automobilindustrie sind dann aber daran gescheitert, dass die wachsende Variantenvielfalt in der Montagesequenz im Verbund mit den hohen Arbeitsumfängen nicht zeit- und qualitätsgerecht bewältigt werden konnten. Detaillierte Analysen legten die entscheidenden Ursachen offen: Es gab Defizite bei der Ausbildung von automatisierter Routine und Unsicherheiten bei der Tätigkeitsausübung infolge geringer Wiederholhäufigkeiten, was es nicht nur erfahrenen Facharbeitern, sondern noch stärker angelernten Arbeitskräften schwer machte, Fehler zu vermeiden und Planzeiten einzuhalten (Haller et al. 1999). Dabei sind solche Defizite letztlich auf mentale Überforderungen bei der Entscheidung zwischen Varianten und zugeordneten Montagetätigkeiten zurückzuführen. Moderne Informations- und Kommunikationstechnologien könnten etwa über vernetzte Assistenzsysteme Ansatzpunkte liefern, solche mentalen Überforderungen und damit verbundene Unsicherheiten gerade auch bei größeren Arbeitsumfängen und selbst bei häufigen Wechseln der zu montierenden Produktvarianten zu vermeiden. Gleichzeitig kann parallel über AR-Technologien jeder Einsatz vorbereitet werden, indem z. B. die Sequenz der zu bearbeitenden Montageobjekte vorab bekannt gegeben und über die häufigsten Fehler instruiert wird. Auf diese Weise können auch kurzfristige Rotationen innerhalb der Gruppe gesteuert oder sogar über Echtzeitanalysen Unterstützungen organisiert werden. Es gibt dann auch keine definierten Aufgaben mehr für den einzelnen Mitarbeiter in der Gruppe, sondern die Gruppe organisiert elastisch und agil die Zuordnung von Mensch und technisch unterstützter Arbeit.

6) **Technologie und Organisation zusammenführen und zusammendenken**

Man ist versucht, alle betrieblichen Effekte der Digitalisierungstechnik zuzuschreiben und Menschen mehr und mehr als „Opfer von Technik“ zu begreifen. Dabei wird schnell verkannt, dass mit der modernen Technik immer auch neue Organisationskonzepte verknüpft sind. Unternehmen müssen Technologie und Organisation als eine verknüpfte Einheit denken und sehen. Selbst eine Insellösung, etwa bei einem Assistenzsystem, führt bereits zu einer Verknüpfung von verschiedenen operativen Bereichen und damit intendiert oder nicht intendiert zu einem Abbau von Hierarchie und einem Aufbau von dezentralen, stärker prozessbezogenen Strukturen. Daraus lässt sich ableiten, dass die Auswirkungen neuer Technologien auf die Arbeit eher aus den mit ihnen verbundenen Organisationskonzepten resultieren als aus Merkmalen der Technik selbst. Wer offen für neue Technologie sein möchte, sollte daran denken, auch offen für neue Organisationsformen sein zu müssen.

Literatur

Abele E, Reinhart G (2011) Zukunft der Produktion – Herausforderungen, Forschungsfelder, Chancen. Carl Hanser, München

Abolhassan F (2016) Digitalisierung als Ziel – Cloud als Motor. In: Abolhassan F (Hrsg) Was treibt die Digitalisierung? Springer Gabler, Wiesbaden, S 15–26. https://doi.org/10.1007/978-3-658-10640-9_1

Adrian B, Hinrichsen S, Nikolenko A, Meyer F (2020) How to combine lean, human factors and digital manufacturing – a teaching concept. In: Nunes IL (Hrsg) Advances in human factors and systems interaction. AHFE 2019, Advances in intelligent systems and computing. Springer, Cham, S 45–55. https://doi.org/10.1007/978-3-030-20040-4_5

Andersen A-L, Brunoe TD, Nielsen K, Rösiö C (2017) Towards a generic design method for reconfigurable manufacturing systems: analysis and synthesis of current design methods and evaluation of supportive tools. J Manuf Syst 42(1):179–195. https://doi.org/10.1016/j.jmsy.2016.11.006

Apt W, Bovenschulte M (2018) Die Zukunft der Arbeit im demografischen Wandel. In: Wischmann S, Hartmann E (Hrsg) Zukunft der Arbeit – Eine praxisnahe Betrachtung. Springer Vieweg, Berlin, Heidelberg, S 159–173. https://doi.org/10.1007/978-3-662-49266-6_12

Bächler A, Bächler L, Autenrieth S, Behrendt H, Funk M, Krüll G, Hörz T, Heidenreich T, Misselhorn C, Schmidt A (2018) Systeme zur Assistenz und Effizienzsteigerung in manuellen Produktionsprozessen der Industrie auf Basis von Projektion und Tiefendatenerkennung. In: Wischmann S, Hartmann E (Hrsg) Zukunft der Arbeit – Eine praxisnahe Betrachtung. Springer Vieweg, Berlin, Heidelberg, S 33–49. https://doi.org/10.1007/978-3-662-49266-6_3

Battaia O, Otto A, Sgarbossa F, Pesch E (2018) Future trends in management and operation of assembly systems: from customized assembly systems to cyber-physical systems. Omega 78:1–4. https://doi.org/10.1016/j.omega.2018.01.010

Bauernhansl T (2017) Die Vierte Industrielle Revolution – Der Weg in ein wertschaffendes Produktionsparadigma. In: Vogel-Heuser B, Bauernhansl T, ten Hompel M (Hrsg) Handbuch Industrie 4.0, Bd 4. Springer Vieweg, Berlin, Heidelberg, S 1–31. https://doi.org/10.1007/978-3-662-53254-6_1

Beyerer J, León FP, Frese C (2012) Automatische Sichtprüfung – Grundlagen, Methoden und Praxis der Bildgewinnung und Bildauswertung. Springer Vieweg, Berlin, Heidelberg. https://doi.org/10.1007/978-3-642-23966-3

Bicheno J, Holweg M (2009) The lean toolbox – the essential guide to lean transformation, 4th Aufl. PICSIE, Buckingham

Bonin H, Gregory T, Zierahn U (2015) Übertragung der Studie von Frey/Osborne (2013) auf Deutschland (No. 57). Zentrum für Europäische Wirtschaftsforschung (ZEW) Kurzexpertise

Bornewasser M, Bläsing D, Hinrichsen S (2018) Informatorische Assistenzsysteme in der manuellen Montage: Ein nützliches Werkzeug zur Reduktion mentaler Beanspruchung? Zeitschrift für Arbeitswissenschaft 72(4):264–275. https://doi.org/10.1007/s41449-018-0123-x

Bortolini M, Ferrari E, Gamberi M, Pilati F, Faccio M (2017) Assembly system design in the Industry 4.0 era: a general framework. IFAC-PapersOnLine 50(1):5700–5705. https://doi.org/10.1016/j.ifacol.2017.08.1121

Cohen Y, Faccio M, Pilati F, Yao X (2019) Design and management of digital manufacturing and assembly systems in the Industry 4.0 era. Int J Adv Manuf Technol 105:3565–3577. https://doi.org/10.1007/s00170-019-04595-0

Ebert B (2018) Prozessoptimierung bei Industrie 4.0 durch Risikoanalysen – Gefährdungen erkennen und minimieren. Springer Vieweg, Berlin, Heidelberg. https://doi.org/10.1007/978-3-662-55729-7

Dehais F, Ayaz H (2019) Progress and direction in neuroergonomics. In Neuroergonomics. Academic Press, S 3–7. https://doi.org/10.1016/B978-0-12-811926-6.00001-4

Dörner D (2016) Planen in komplexen Systemen. In: Kamp G (Hrsg) Langfristiges Planen – Zur Bedeutung sozialer und kognitiver Ressourcen für nachhaltiges Handeln. Springer, Berlin, Heidelberg, S 131–163. https://doi.org/10.1007/978-3-642-42004-7

Flach P (2012) Machine learning. Cambridge University Press, Cambridge

Frey CB, Osborne MA (2013) The future of employment: how susceptible are jobs to computerization? Working Paper, University of Oxford

Göppert A, Lettmann P, Jung S, Grunert D, Hüttemann G, Schmitt R (2019) Planung und Steuerung von frei verketteten Montagesystemen. wt Werkstattstechnik online 109(9):618–621. https://www.werkstattstechnik.de/wt/article.php?data[article_id]=92331

Günthner W, Klenk E, Tenerowicz-Wirth P (2017) Adaptive Logistiksysteme als Wegbereiter der Industrie 4.0. In: Vogel-Heuser B, Bauernhansl T, ten Hompel M (Hrsg) Handbuch Industrie 4.0, Bd 4. Springer Vieweg, Berlin, Heidelberg, S 99–125. https://doi.org/10.1007/978-3-662-53254-6_6

Gumasta K, Kumar Gupta S, Benyoucef L, Tiwari MK (2011) Developing a reconfigurability index using multi-attribute utility theory. Int J Prod Res 49(6):1669–1683. https://doi.org/10.1080/00207540903555536

Haller E, Heer O, Schiller EF (1999) Innovation in Organisation schafft Wettbewerbsvorteile. FB/IE 48(1):8–17

Herzig P, Strahringer S, Ameling M (2012) Gamification of ERP systems – exploring gamification effects on user acceptance constructs. In: Multikonferenz Wirtschaftsinformatik. GITO Braunschweig, S 793–804

Hesse S (2013) Grundlagen der Handhabungstechnik, 3. Aufl. Hanser, München

Hinrichsen S, Jasperneite J, Schrader F, Lücke B (2014) Versatile assembly systems – requirements, design principles and examples. In: Villmer F-J, Padoano E (Hrsg) Production engineering and management – proceedings 4th international conference 25.- 26.09.2014 in Lemgo. Schriftenreihe Logistik, S 37–45

Hirano H (2007) Overview of Poka-yoke. In: Shimbun NK (Hrsg) Poka-yoke improving product quality by preventing defects. CRC Press, Boca Raton, S 1–28

Hu SJ, Zhu X, Wang H, Koren Y (2008) Product variety and manufacturing complexity in assembly systems and supply chains. CIRP Annu Manuf Technol 57:45–48. https://doi.org/10.1016/j.cirp.2008.03.138

Kagermann H, Wahlster W, Helbig J (2013) Deutschlands Zukunft als Produktionsstandort sichern – Umsetzungsempfehlungen für das Zukunftsprojekt Industrie 4.0 – Abschlussbericht des Arbeitskreises Industrie 4.0. https://www.bmbf.de/files/Umsetzungsempfehlungen_Industrie4_0.pdf Zugegriffen am 31.03.2020

Kirchhof R (2003) Ganzheitliches Komplexitätsmanagement – Grundlagen und Methodik des Umgangs mit Komplexität im Unternehmen. Springer Fachmedien, Wiesbaden. https://doi.org/10.1007/978-3-663-10129-1_4

Koren Y, Gu X, Guo W (2018) Reconfigurable manufacturing systems: principles, design, and future trends. Front Mech Eng 13(2):121–136. https://doi.org/10.1007/s11465-018-0483-0

Kühl S (2015) Wenn die Affen den Zoo regieren. Die Tücken der flachen Hierarchien, 6. Aufl. Campus, Frankfurt, New York

Leonhard G (2017) Technology vs. Humanity: Unsere Zukunft zwischen Mensch und Maschine. Vahlen, München

Mitchell TM (1997) Machine learning. McGraw-Hill Education, New York

Modrak, W. (2017). Mass customized manufacturing. Theoretical concepts and practical approaches. CRC-Press, Boca Raton

Liker JK, Meier DP (2008) Praxisbuch Der Toyota Weg, 2. Aufl. FinanzBuch, München

Nikolenko A, Hinrichsen S (2020) Potential of industrial image processing in manual assembly. In: Ahram T, Karwowski W, Pickl S, Taiar R (Hrsg) Human systems engineering and design II. IHSED 2019, Advances in intelligent systems and computing. Springer, Cham, S 795–800. https://doi.org/10.1007/978-3-030-27928-8_121

Ohno T (1993) Das Toyota-Produktionssystem. Campus, Frankfurt a.M.

Penrose ET (1959) The theory of the growth of the firm. Oxford University Press, Oxford

Pine BJ (1993) Mass customization: the new frontier in business competition. Harvard Business School

Rich E, Knight K, Nair SB (2008). Artificial Intelligence, 3. Aufl. Tata McGraw-Hill Education, New York

Ross P (2002) Bestimmung des wirtschaftlichen Automatisierungsgrades von Montageprozessen in der frühen Phase der Montageplanung. Utz, München

Russell SJ, Norvig P (2012) Künstliche Intelligenz: Ein moderner Ansatz, 3. Aufl. Pearson, München

Scheer A-W (2016) Thesen zur Digitalisierung. In: Abolhassan F (Hrsg) Was treibt die Digitalisierung? Springer Gabler, Wiesbaden, S 49–61. https://doi.org/10.1007/978-3-658-10640-9_4

Schöning H, Dorchain M (2014) Data mining und analyse. In: Bauernhansl T, ten Hompel M, Vogel-Heuser B (Hrsg) Industrie 4.0 in Produktion, Automatisierung und Logistik. Springer Vieweg, Wiesbaden, S 543–554. https://doi.org/10.1007/978-3-658-04682-8_27

Schuh G, Potente T, Thomas C, Hauptvogel A (2014) Steigerung der Kollaborationsproduktivität durch cyber-physische Systeme. In: Bauernhansl T, ten Hompel M, Vogel-Heuser B (Hrsg) Industrie 4.0 in Produktion, Automatisierung und Logistik. Springer Vieweg, Wiesbaden, S 277–295. https://doi.org/10.1007/978-3-658-04682-8_14

Schuh G, Schmidt C (2014) Grundlagen des Produktionsmanagements. In: Schuh G, Schmidt C (Hrsg) Produktionsmanagement. VDI-Buch. Springer Vieweg, Berlin, Heidelberg, S 1–62. https://doi.org/10.1007/978-3-642-54288-6_1

Soder J (2014) Use Case Production: Von CIM über Lean Production zu Industrie 4.0. In: Bauernhansl T, ten Hompel M, Vogel-Heuser B (Hrsg) Industrie 4.0 in Produktion, Automatisierung und Logistik. Springer Vieweg, Wiesbaden, S 85–102. https://doi.org/10.1007/978-3-658-04682-8_4

Takeda H (2006) LCIA – low cost intelligent automation – Produktivitätsvorteile durch Einfachautomatisierung, 2. Aufl. mi-Fachverlag, Landsberg am Lech

Taylor FW (1995) Die Grundsätze wissenschaftlicher Betriebsführung. Repr. der autorisierten Ausg. Oldenbourg, München 1913, neu hrsg. Beltz, Weinheim

Westkämper E, Löffler C (2016) Strategien der Produktion – Technologien, Konzepte und Wege in die Praxis. Springer Vieweg, Berlin, Heidelberg. https://doi.org/10.1007/978-3-662-48914-7

Wiendahl H-P, Reichardt J, Nyhuis P (2014) Handbuch Fabrikplanung – Konzept, Gestaltung und Umsetzung wandlungsfähiger Produktionsstätten, 2. Aufl. Hanser, München

Wolfartsberger J, Hallewell Haslwanter JD, Lindorfer R (2019) Perspectives on assistive systems for manual assembly tasks in industry. Technologies 7(1):1–12. https://doi.org/10.3390/technologies7010012

Womack JP, Jones DT (2003) Lean thinking – banish waste and create wealth in your corporation. Simon & Schuster, London

Womack JP, Jones DT, Roos D (2007) The machine that changed the world. Free Press, New York

Zhuang C, Liu J, Xiong H (2018) Digital twin-based smart production management and control framework for the complex product assembly shop-floor. Int J Adv Manuf Technol 96(1-4):1149–1163. https://doi.org/10.1007/s00170-018-1617-6

Stichwortverzeichnis

M. Bornewasser, S. Hinrichsen (Hrsg.), *Informatorische Assistenzsysteme in der variantenreichen Montage*, https://doi.org/10.1007/978-3-662-61374-0

MIX
Papier aus verantwortungsvollen Quellen
Paper from responsible sources
FSC® C105338

If you have any concerns about our products,
you can contact us on
ProductSafety@springernature.com

In case Publisher is established outside the EU,
the EU authorized representative is:
Springer Nature Customer Service Center GmbH
Europaplatz 3, 69115 Heidelberg, Germany

Printed by Libri Plureos GmbH
in Hamburg, Germany